JN029483

●基礎物理学選書5B

新装版

●編集委員会
金原寿郎
原島 鮮
野上茂吉郎
押田勇雄
西川哲治
小出昭一郎

量子力学(II)

小出昭一郎 著
Shoichiro Koide

Quantum Mechanics (II)

裳 華 房

本書は 1990 年刊,「量子力学（II）(改訂版)」を“新装版”として刊行するものです.

JCOPY〈出版者著作権管理機構 委託出版物〉

編集趣旨

長年，教師をやってみて，つくづく思うことであるが，物理学という学問は実にはいりにくい学問である．学問そのもののむつかしさ，奥の深さという点からいえば，どんなものでも同じであろうが，はじめて学ぼうとする者に対する“しきい”の高さという点では，これほど高い学問はそう沢山はないと思う．

しかし，それでも理工科方面の学生にとっては物理学は必須である．現代の自然科学を支えている基礎は物理学であり，またいろいろな方面での実験も物理学にたよらざるを得ないものが少なくないからである．

物理学では数学を道具として非常によく使うので，これからくるむつかしさももちろんある．しかしそれよりも，中にでてくる物理量が何をあらわすかを正確につかむことがむつかしく，その物理量の間の関係式が何を物語るか，真意を知ることがさらにむつかしい．そればかりではない．われわれの日常経験から得た知識だけではどうしても理解のでき兼ねるような実体をも対象として扱うので，ここが最大の難関となる．

学生諸君に口を酸っぱくして話しても一度や二度ではわかって貰えないし，わかったという学生諸君も，よくよく話し合ってみると，とんでもない誤解をしていることがある．

私達はさきに，大学理工科方面の学生のために“基礎物理学”という教科書（裳華房発行）を編集したが，その時にも以上の事をよく考えて書いたつもりである．しかし，頁数の制限もあり，教科書には先生の指導ということが当然期待できるので，説明なども，ほどほどに止めておいた．

今度,“基礎物理学選書”と銘打って発行することになった本シリーズは上記の“基礎物理学”の内容を20編以上に分けて詳しくしたものである. いずれの編でも説明は懇切丁寧を極めるということをモットーにし, 先生の助けを借りずに自力で修得できる自学自習の書にしたいというのがわれわれの考えである.

各編とも執筆者には大学教育の経験者をお願いした上, これに少なくとも一人の査読者をつけるという編集方針をとった. 執筆者はいずれも内容の完璧を願うために, どうしても内容が厳密になり, したがってむつかしくなり勝ちなものである. このことがかえって学生の勉学意欲を無くしてしまう原因になることが多い. 査読者は常に大学初年級という読者の立場に立って, 多少ともわかりにくく, 程度の高すぎるところがあれば, 原稿を書きなおして戴くという役目をもっている. こうしてでき上がった原稿も, さらに編集委員会が目を通すという, 二段三段の構えで読者諸君に親しみ易く, 面白い本にしようとした訳である.

私共は本選書が諸君のよき先生となり, またよき友人となって, 基礎物理学の学習に役立ち, 諸君の物理学に抱く深い興味の源泉となり得ればと, それを心から願っている.

昭和43年1月10日

編集委員長　　金 原 寿 郎

改訂版序

「量子力学Ⅰ，Ⅱ」を書いてから20年が経過してしまった．幸い多くの読者の好評を得て版を重ねることができたのは，非常に有難いことだと思っている．あちこちの本の切りばりでなく，自分なりにできるだけ咀嚼した内容を，自分の言葉で書こうと努力したのがよかったのではないかと思っている．その代り，説明が我流になるわけなので，こんな書き方でよいのかという一抹の不安が伴うはずであるが，その点は原島 鮮先生，野上茂吉郎先生という勿体ないような立派な査読者に原稿を読んでいただけたので，安心して勝手なことを書くことができたのである．

版も古くなり活字も今の傾向からいうと小さ過ぎるので，改訂することになったが，結果としてみると旧版とあまり違わないものになってしまった．旧版を読み返してみると，20年前に全力投球をしただけあって，自分でいうのもおかしいが，我ながらよく書けていると感心して，そのままにしたいところが大部分だったのである．量子力学も生誕から60年以上たって，もはや古典の域に達しているということもある．

この20年で一番違ったことは，コンピューターの普及であろう．量子力学の多くの問題も，むずかしい特殊関数の式をひねくり回すより，数値計算にかけたほうがてっとり早く結果をグラフに描かせ，眼で見ることができるようになった．本書を抜本的に現代化するとしたら，そういう点であろう．しかし，そのような目的のためには，筆者よりずっと適任の桜井捷海氏による「パーソナルコンピューターを用いた 量子力学入門」のようなよい書物が裳華房から出されたので，読者はぜひ本書と併用していただきたい．

この20年の間に，上記査読者の両先生も，本選書の編集委員長の金原寿郎先生も，みな故人となってしまわれた．これら諸先生の御助言は本書にとってまことに貴重であった．それを大切にしたかったので改訂個所が少なくなってしまったのだといったら，著者のものぐさに対する言いわけじみているだろうか．原稿の整理や面倒な校正など，いろいろお世話になった裳華房の真喜屋実孜氏，野村孝子氏に厚く感謝したい．

1990年9月

小出昭一郎

初版序

「量子力学Ⅰ」では，もっぱら１個の粒子の場合を扱ったが，この「量子力学Ⅱ」では多粒子系の場合をまず扱う．実際，問題に応用する場合には，ほとんど常に多粒子系を扱うことになるから，そのアプローチの仕方を自分のものにしておくことは，実際に量子力学を使う人にとっては不可欠である．しかしながら，扱う対象によって，用いられる方法には大きな差があり，同じものを異なる名前でよぶような場合も珍しくない．そのために，ともすれば初学者は量子力学の骨組みを見失いがちである．そこで本書では，なるべくもとになる波動関数の具体的な形に立ち戻って考えることから出発するように心がけ，読者がいろいろと外見上異なる方法の基本に横たわる本質を見失わないように工夫したつもりである．

量子力学の応用は極めて広汎なので，くわしく書き出すと紙数がいくらあっても足りない．そこで本書では，この選書の趣旨に沿うために，どのような方面に進むにしても基礎としてこれだけは必要と考えられる事項に話を限定し，その限られた項目に対してはできるだけていねいな説明を加える，という方針を守ったつもりである．これより先のことは，それぞれの目的に応じた専門書で学んでいただくべきであると考えられる．

本書を書くことによって，著者もずい分勉強させていただくことができた．本書の執筆期間は「東大紛争」の最盛期とほぼ完全に重なっている．教育も研究もそっちのけで日夜ゲバルト対策に奔走させられたこの期間に，寸暇を見出しては本書執筆のペンをとることは，物理学の教師としての著者にとってほとんど唯一の慰めであったともいえる．この間，非常な御多忙にもかかわらず，絶えず著者を励まし，適切な助言を与えて下さった査読者の原島 鮮，

野上茂吉郎 両先生に心から感謝申し上げる次第である.

また，本書がⅠ，Ⅱとも本年内に出版される運びになったのは，いつもながら精力的な裳華房の遠藤恭平氏の督励と，菅沼洋子氏の魅力の結果である.書かされているときは恨めしかったにしても，今となってはお礼を申し上げざるをえない気持ちである.

昭和 44 年 11 月

小 出 昭 一 郎

目　次

9　多粒子系の波動関数

10　原子と角運動量

11　数表示と第二量子化

12 相対論的電子論

13 光子とその放出・吸収

9

多粒子系の波動関数

粒子が多数ある場合のシュレーディンガー方程式とその解を調べるのが本章の目的である．粒子間に相互作用がない場合には，シュレーディンガー方程式を解く問題は本質的には1粒子の場合と差はない．しかし，粒子の不可弁別性という新しい課題が登場し，電子系の場合にはスレイター行列式というものを用いねばならないことが示される．

相互作用を考慮した場合には，正確な解を求めることは到底不可能なので，ここでは最も重要なハートレーの近似法と，それを改良したハートレー - フォックの近似法とを説明する．本章に述べられているような取扱い法は，原子や分子等を調べる際に不可欠のものであるし，もっと一般的な問題を扱うときにも，その基本的な考え方は適用できる．

§9.1　多粒子系のシュレーディンガー方程式

いままでは1個の粒子の振舞を調べてきたのであるが，それの一方向（たとえば x 方向）だけの運動に着目したときには1変数だけのシュレーディンガー方程式を解いたし，x, y, z（あるいは r, θ, ϕ）の他にスピン座標 σ をも考えた4変数の波動関数を扱ったこともある．このように，場合によって変数の数や定義域もさまざまなので，(I) 巻の§6.3以下で一般論を展開したときには，変数をまとめて $\boldsymbol{q}$ と表した．したがって，いままでの議論のうちの一般的な部分 ― たとえば，関数をベクトルと考え，演算子を行列で表すなど ― は変数の種類や数によらず，一般的に適用できることである．

さて,たとえば N 個の粒子(さしあたりスピンは考えない)からできている系を扱うときに,古典力学では $3N$ 個の座標 $x_1, y_1, z_1, x_2, y_2, z_2, \cdots, x_N, y_N, z_N$ を用いる.場合によっては極座標 $r_1, \theta_1, \phi_1, \cdots, r_N, \theta_N, \phi_N$ などを用いてもよいが,ベクトルとしてまとめて $\boldsymbol{r}_1, \boldsymbol{r}_2, \cdots, \boldsymbol{r}_N$ と書いてもよい.この系のハミルトニアンは,

$$\mathcal{H} = \frac{1}{2m_1}\boldsymbol{p}_1{}^2 + \frac{1}{2m_2}\boldsymbol{p}_2{}^2 + \cdots + \frac{1}{2m_N}\boldsymbol{p}_N{}^2 + V(\boldsymbol{r}_1, \boldsymbol{r}_2, \cdots, \boldsymbol{r}_N) \quad (1)$$

と書くことができる.ここで,$V(\boldsymbol{r}_1, \boldsymbol{r}_2, \cdots, \boldsymbol{r}_N)$ は位置のエネルギーであって,各粒子が外から受ける力(たとえば,核を固定した静電引力の中心と見たときに,そこから電子が受けるクーロン引力)のポテンシャルだけでなく,粒子間相互の内力(たとえば,電子間のクーロン反発力)のポテンシャルをも合わせたものである.磁場から受ける力のように,位置だけの関数としてのポテンシャルで表されない力の場合には,それに応じた表式を用いればよい.いまは,さしあたり(1)式で表される場合を考えることにしよう.

量子力学的ハミルトニアンを得るには $\boldsymbol{p}_j \to -i\hbar\nabla_j$ という置き換えを行えばよい.そうして得られる演算子

$$\mathcal{H} = -\sum_{j=1}^{N}\frac{\hbar^2}{2m_j}\nabla_j{}^2 + V(\boldsymbol{r}_1, \boldsymbol{r}_2, \cdots, \boldsymbol{r}_N) \quad (2)$$

の相手は,$3N$ 個の変数 $\boldsymbol{r}_1, \boldsymbol{r}_2, \cdots, \boldsymbol{r}_N$ および時間 t の関数でなくてはならないであろう.それを $\Psi(\boldsymbol{r}_1, \boldsymbol{r}_2, \cdots, \boldsymbol{r}_N, t)$ とするとき,時間を含むシュレーディンガー方程式は

$$i\hbar\frac{\partial\Psi}{\partial t} = \mathcal{H}\Psi \quad (3)$$

で与えられる.これの解を

$$\int\cdots\int|\Psi(\boldsymbol{r}_1, \boldsymbol{r}_2, \cdots, \boldsymbol{r}_N, t)|^2\, d\boldsymbol{r}_1\, d\boldsymbol{r}_2 \cdots d\boldsymbol{r}_N = 1 \quad (4)$$

のように規格化した場合に,

$$|\Psi(\boldsymbol{r}_1{}', \boldsymbol{r}_2{}', \cdots, \boldsymbol{r}_N{}', t)|^2\, d\boldsymbol{r}_1\, d\boldsymbol{r}_2 \cdots d\boldsymbol{r}_N \quad (5)$$

は，時刻 t に粒子 1 が $\boldsymbol{r}_1 = \boldsymbol{r}_1'$ を含む微小体積 $d\boldsymbol{r}_1$ 内に，粒子 2 が $\boldsymbol{r}_2 = \boldsymbol{r}_2'$ を含む $d\boldsymbol{r}_2$ 内に，…，粒子 N が $\boldsymbol{r}_N = \boldsymbol{r}_N'$ を含む $d\boldsymbol{r}_N$ 内に見出される確率を表す．

このように，多粒子系の波動関数は，普通の 3 次元空間内の波ではなく，$3N$ 次元空間の波を表しているので，一般には大変複雑である．特に，粒子間に相互作用がある場合には，反発力で粒子が互いによけ合う，というような位置の**相関**が生じるのであるが，これを正確にとり入れることは非常に困難である．そこで多くの場合に，いままで考えてきたような各粒子ごとの運動を表す 1 粒子の波動関数 $\psi(\boldsymbol{r}, t)$ あるいは $\varphi(\boldsymbol{r})$ を組み合わせたもので，多粒子系の波動関数 $\Psi(\boldsymbol{r}_1, \boldsymbol{r}_2, \cdots, \boldsymbol{r}_N, t)$ を近似的に表すことが多い．その区別を明確にするために，1 粒子の場合には ψ, φ などの小文字を使い，N 粒子系全体に対しては Ψ, Φ などの大文字を用いることにする．エネルギーについても，N 粒子系のときには大文字 E を用いることにする．

(3) 式の解の特別な場合は，定常状態

$$\Psi(\boldsymbol{r}_1, \boldsymbol{r}_2, \cdots, \boldsymbol{r}_N, t) = \mathrm{e}^{-iEt/\hbar}\Phi(\boldsymbol{r}_1, \boldsymbol{r}_2, \cdots, \boldsymbol{r}_N) \tag{6}$$

である．これを (3) 式に代入すれば，時間を含まないシュレーディンガー方程式

$$\mathscr{H}\Phi(\boldsymbol{r}_1, \boldsymbol{r}_2, \cdots, \boldsymbol{r}_N) = E\Phi(\boldsymbol{r}_1, \boldsymbol{r}_2, \cdots, \boldsymbol{r}_N) \tag{7}$$

がただちに得られる．また，(6) 式については，

$$|\Psi|^2 = |\Phi|^2 \tag{8}$$

であるから，定常状態では粒子の存在確率は時間的に変化しない．

(7) 式が，勝手な E に対しては物理的に意味のある解をもたず，特定の**固有値**

$$E_1,\ E_2,\ E_3,\ \cdots,\ E_n,\ \cdots \tag{9}$$

に対してだけ意味のある解をもち，それらの関数

$$\Phi_1,\ \Phi_2,\ \Phi_3,\ \cdots,\ \Phi_n,\ \cdots \tag{10}$$

が $\mathscr{H}$ の**固有関数**とよばれることも，1 粒子のときと全く同じである．量子数

n は，多数の量子数の組で表されるのであるが，ここではまとめて1つの文字で書いた．

二原子分子

上では $\boldsymbol{r}_1, \boldsymbol{r}_2, \cdots$ を用いるように書いたが，場合によっては重心座標，相対座標を用いた方が便利なこともある．たとえば，二原子分子を扱うときに，原子を質点とみなしてよい場合を考えよう．* 古典的な場合の扱いについては (I) 巻の付録1を参照していただくことにして，量子論的な扱いだけを以下に記す．2つの原子の質量を m_1, m_2 とし，その位置を $\boldsymbol{r}_1, \boldsymbol{r}_2$ とすると，重心の位置は

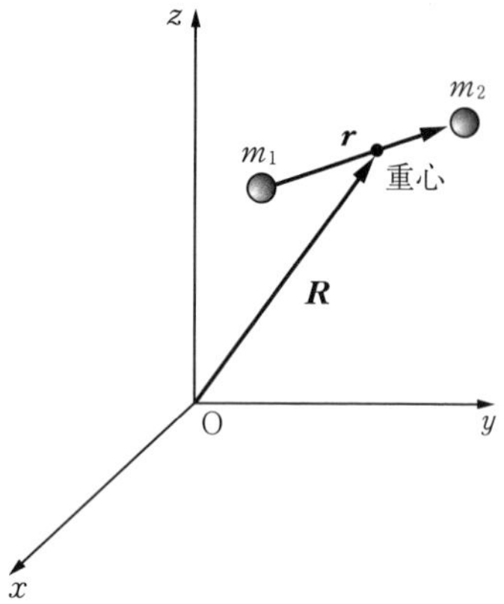

9-1 図　二原子分子を重心座標と相対座標で表す．

$$\boldsymbol{R} = \frac{m_1\boldsymbol{r}_1 + m_2\boldsymbol{r}_2}{m_1 + m_2} \qquad (11)$$

で与えられ，原子1から見た2の相対的な位置は

$$\boldsymbol{r} = \boldsymbol{r}_2 - \boldsymbol{r}_1 \qquad (12)$$

で表される．そこで，$\boldsymbol{r}_1$ と $\boldsymbol{r}_2$ の代りに $\boldsymbol{R}$ と $\boldsymbol{r}$ を用いて運動エネルギーを表すことを考えよう．

$\boldsymbol{R}$ と $\boldsymbol{r}$ の成分をそれぞれ X, Y, Z および x, y, z とすると

$$X = \frac{m_1x_1 + m_2x_2}{m_1 + m_2}, \qquad x = x_2 - x_1$$

などであるから

$$\frac{\partial}{\partial x_1} = \frac{\partial X}{\partial x_1}\frac{\partial}{\partial X} + \frac{\partial x}{\partial x_1}\frac{\partial}{\partial x} = \frac{m_1}{m_1 + m_2}\frac{\partial}{\partial X} - \frac{\partial}{\partial x}$$

---

*　原子内部の電子の運動状態の変化（遷移）を無視することに相当する．

$$\frac{\partial}{\partial x_2}=\frac{\partial X}{\partial x_2}\frac{\partial}{\partial X}+\frac{\partial x}{\partial x_2}\frac{\partial}{\partial x}=\frac{m_2}{m_1+m_2}\frac{\partial}{\partial X}+\frac{\partial}{\partial x}$$

が得られる．したがって，$m_1+m_2=M$ として

$$\begin{aligned}\frac{\partial^2}{\partial {x_1}^2}&=\left(\frac{m_1}{M}\frac{\partial}{\partial X}-\frac{\partial}{\partial x}\right)\left(\frac{m_1}{M}\frac{\partial}{\partial X}-\frac{\partial}{\partial x}\right)\\&=\left(\frac{m_1}{M}\right)^2\frac{\partial^2}{\partial X^2}-\frac{2m_1}{M}\frac{\partial^2}{\partial X\,\partial x}+\frac{\partial^2}{\partial x^2}\\\frac{\partial^2}{\partial {x_2}^2}&=\left(\frac{m_2}{M}\frac{\partial}{\partial X}+\frac{\partial}{\partial x}\right)\left(\frac{m_2}{M}\frac{\partial}{\partial X}+\frac{\partial}{\partial x}\right)\\&=\left(\frac{m_2}{M}\right)^2\frac{\partial^2}{\partial X^2}+\frac{2m_2}{M}\frac{\partial^2}{\partial X\,\partial x}+\frac{\partial^2}{\partial x^2}\end{aligned}$$

を得る．ゆえに

$$-\frac{\hbar^2}{2m_1}\frac{\partial^2}{\partial {x_1}^2}-\frac{\hbar^2}{2m_2}\frac{\partial^2}{\partial {x_2}^2}=-\frac{\hbar^2}{2M}\frac{\partial^2}{\partial X^2}-\frac{\hbar^2}{2\mu}\frac{\partial^2}{\partial x^2} \tag{13}$$

となる．ただし

$$\frac{1}{\mu}=\frac{1}{m_1}+\frac{1}{m_2} \tag{14}$$

で定義される μ は**換算質量**である．y や z 成分についても同様であるから，運動エネルギーは

$$\begin{aligned}&-\frac{\hbar^2}{2m_1}\left(\frac{\partial^2}{\partial {x_1}^2}+\frac{\partial^2}{\partial {y_1}^2}+\frac{\partial^2}{\partial {z_1}^2}\right)-\frac{\hbar^2}{2m_2}\left(\frac{\partial^2}{\partial {x_2}^2}+\frac{\partial^2}{\partial {y_2}^2}+\frac{\partial^2}{\partial {z_2}^2}\right)\\&\qquad=-\frac{\hbar^2}{2M}\left(\frac{\partial^2}{\partial X^2}+\frac{\partial^2}{\partial Y^2}+\frac{\partial^2}{\partial Z^2}\right)-\frac{\hbar^2}{2\mu}\left(\frac{\partial^2}{\partial x^2}+\frac{\partial^2}{\partial y^2}+\frac{\partial^2}{\partial z^2}\right)\\&\qquad\equiv-\frac{\hbar^2}{2M}{\nabla_R}^2-\frac{\hbar^2}{2\mu}{\nabla_r}^2\end{aligned} \tag{15}$$

のように変換されることがわかる．

この二原子分子が外力を受けていないとすれば，位置のエネルギーは2つの原子の間の力のポテンシャルだけであり，それは二原子間の距離 r だけの関数である．ただし

$$r=\sqrt{x^2+y^2+z^2}$$

である．このポテンシャルを $V(r)$ とすると，$-\partial V/\partial r$ が r の関数としての二原子間の力に等しい．

ハミルトニアンは

$$\mathscr{H} = -\frac{\hbar^2}{2M}\nabla_R{}^2 - \frac{\hbar^2}{2\mu}\nabla_r{}^2 + V(r) \tag{16}$$

と表せる．固有関数を $\Phi(\boldsymbol{R}, \boldsymbol{r}) = F(\boldsymbol{R})f(\boldsymbol{r})$ とおくと，いつもの方法で変数分離ができて

$$-\frac{\hbar^2}{2M}\nabla_R{}^2 F(\boldsymbol{R}) = (E - \varepsilon)F(\boldsymbol{R}) \tag{17}$$

$$\left\{-\frac{\hbar^2}{2\mu}\nabla_r{}^2 + V(r)\right\}f(\boldsymbol{r}) = \varepsilon f(\boldsymbol{r}) \tag{18}$$

が得られる．(17) 式は質量 M をもった自由粒子のシュレーディンガー方程式であって，その固有関数が平面波で固有値が $\hbar^2K^2/2M$ になることはすでに見たとおりである．外力がないのであるから，この結果は当然である．

(18) 式は相対運動を表し，式の形は中心力場内の 1 粒子の運動の場合と全く同じであるから，極座標 r, θ, ϕ を用いた方が便利である．その場合，

$$f(\boldsymbol{r}) = \chi(r)\,Y_l{}^m(\theta, \phi) \tag{19}$$

と書くことができ，$\chi(r)$ は r の変化，すなわち分子の**振動**を記述する波動関数である．その具体的な形は $V(r)$ によってきまるので，ここでは立ち入らない．$Y_l{}^m(\theta, \phi)$ の部分は，分子軸が空間内で**回転**する運動を表すと解釈される．(19) 式を (18) 式に入れると

$$\left\{-\frac{\hbar^2}{2\mu}\left(\frac{\partial^2}{\partial r^2} + \frac{2}{r}\frac{\partial}{\partial r}\right) + \frac{\hbar^2}{2\mu}\frac{l(l+1)}{r^2} + V(r)\right\}\chi(r) = \varepsilon\chi(r)$$

となるが，左辺の { } 内の第 2 項 $\hbar^2 l(l+1)/2\mu r^2$ は r が仮に一定値をもつと考えた場合の回転エネルギーを表す．なぜなら，重心から測った原子 1，2 までの距離は $r_1 = m_2 r/M$，$r_2 = m_1 r/M$ なので，重心のまわりの慣性モーメントは

$$I = m_1 {r_1}^2 + m_2 {r_2}^2 = \frac{m_1 m_2}{M} r^2 = \mu r^2$$

となり，

$$\frac{1}{2\mu r^2} \hbar^2 l(l+1) = \frac{(\text{角運動量の大きさ})^2}{2 \times (\text{慣性モーメント})}$$

となっていることがわかるからである．

［例題 1］ 水素原子において，陽子を固定した力の中心と考えず，有限の質量（電子の約 1800 倍）をもつ粒子とみなした場合に，エネルギー固有値の補正はどのくらいか．ただし，重心の運動は考えない．

［解］ 重心運動を考えないから，(18) 式で表される相対運動だけを扱うことになる．この式は，質量が電子の質量 m でなく換算質量 μ になっている点を除けば，陽子を固定した場合のシュレーディンガー方程式と全く同じである ($V(r) = -e^2/4\pi\epsilon_0 r$ は変わらない)．§4.3 で見たように，水素原子のエネルギー固有値は m に比例したから，この m を μ で置き換えたものが正しいエネルギー固有値である．

$$\mu = \frac{1}{\dfrac{1}{m} + \dfrac{1}{M_p}} = m\left(1 + \frac{m}{M_p}\right)^{-1} \approx m\left(1 - \frac{1}{1800}\right)$$

であるから，エネルギー固有値を約 2000 分の 1 程度減らせばよい．

［例題 2］ 普通の電子（質量 m，電荷 $-e$）と，陽電子（質量 m，電荷 $+e$）とが，互いのクーロン引力で束縛されて重心のまわりで運動している系を**ポジトロニウム**という．* その相対運動のエネルギー固有値はどうなるか．

---

* 陽電子については§12.6 を参照のこと．陽電子と普通の電子が出会うと，対消滅という現象（158 ページ参照）が起こって，2 個以上の γ 線を出す．物質中に陽電子を送り込んで対消滅を起こさせ，そのとき出る γ 線の放出方向の関係を測定することによって，物質中の電子の振舞を調べることができる．このような研究を行うと，かなりの数の陽電子は，対消滅の前に電子と結合してポジトロニウムをつくることがわかる．ポジトロニウムの基底状態は，水素原子の 1s に対応する S 状態であるが，陽電子のスピンと電子のスピンとが平行か反平行かで ^{3}S, ^{1}S の 2 つの状態がある．^{3}S で対消滅が起こるときは γ 線が 3 個放出され，^{1}S では 2 個放出される．このような対消滅でポジトロニウムがなくなるまでの平均寿命はそれぞれ 10^{-7} 秒，10^{-10} 秒の程度である．

［**解**］ 換算質量は

$$\mu = \frac{1}{\dfrac{1}{m} + \dfrac{1}{m}} = \frac{m}{2}$$

であるから，（陽子を固定しているとして求めた）水素原子のエネルギー固有値を 1/2 倍したものに等しい．

§9.2　相互作用がない場合の波動関数

粒子が多数あっても，相互作用がない場合には，ハミルトニアンは

$$\mathscr{H} = -\frac{\hbar^2}{2m_1}\nabla_1{}^2 + V_1(\boldsymbol{r}_1) - \frac{\hbar^2}{2m_2}\nabla_2{}^2 + V_2(\boldsymbol{r}_2) - \cdots = \sum_{j=1}^{N} H_j \tag{1}$$

のように各粒子に対するハミルトニアン

$$H_j = -\frac{\hbar^2}{2m_j}\nabla_j{}^2 + V_j(\boldsymbol{r}_j) \tag{2}$$

の和の形に書かれる．このような場合に，シュレーディンガー方程式

$$\mathscr{H}\Phi = E\Phi \tag{3}$$

の解は

$$\Phi(\boldsymbol{r}_1, \boldsymbol{r}_2, \cdots) = \varphi(\boldsymbol{r}_1)\chi(\boldsymbol{r}_2)\cdots \tag{4}$$

のように積の形に書くことができる．(4) 式を (3) 式に代入して変数分離をすれば，

$$H_1\,\varphi(\boldsymbol{r}_1) = \varepsilon\varphi(\boldsymbol{r}_1) \tag{5a}$$

$$H_2\,\chi(\boldsymbol{r}_2) = \varepsilon'\chi(\boldsymbol{r}_2) \tag{5b}$$

$$\cdots\cdots\cdots$$

$$E = \varepsilon + \varepsilon' + \cdots \tag{6}$$

が得られるが，(5a), (5b), …式はいずれも 1 粒子のシュレーディンガー方程式であって，これらを解いて

H_1 の固有値　$\varepsilon_1, \varepsilon_2, \cdots$　および固有関数　$\varphi_1(\boldsymbol{r}_1), \varphi_2(\boldsymbol{r}_1), \cdots$

H_2 の固有値　$\varepsilon_1', \varepsilon_2', \cdots$　および固有関数　$\chi_1(\boldsymbol{r}_2), \chi_2(\boldsymbol{r}_2), \cdots$

$$\cdots\cdots\cdots\cdots\cdots\cdots$$

を求める手続きは前章までに学んだとおりである．これらが求められれば

$$\Phi_n(\boldsymbol{r}_1, \boldsymbol{r}_2, \cdots) = \varphi_l(\boldsymbol{r}_1)\,\chi_m(\boldsymbol{r}_2)\cdots \tag{7}$$

$$E_n = \varepsilon_l + \varepsilon_m{}' + \cdots \tag{8}$$

によって $\mathscr{H}$ の固有関数 Φ_n と固有値 E_n が定まる．量子数 n は $(l, m, \cdots)$ の1組をまとめて表したものであるが，$l, m, \cdots$ 自身もいくつかの数の組であることはすでに知っているとおりである．*

以上は，粒子の種類が違っていてもよい一般的な場合であるが，実際によく現れるのは多電子の問題など，すべての粒子が同一種類のものの場合である．このときには質量は全部同じであるし，V_j の関数形も共通であるから，(2) 式は

$$H_j = -\frac{\hbar^2}{2m}\nabla_j{}^2 + V(\boldsymbol{r}_j) \tag{9}$$

となる．そうすると，(5a), (5b)，…式は変数が $\boldsymbol{r}_1, \boldsymbol{r}_2, \cdots$ と違うだけで，微分方程式としては全く同じものである．したがって，われわれは

$$\left\{-\frac{\hbar^2}{2m}\nabla^2 + V(\boldsymbol{r})\right\}\varphi(\boldsymbol{r}) = \varepsilon\varphi(\boldsymbol{r}) \tag{10}$$

という方程式だけを解けばよいことがわかる．これの固有値および規格化された固有関数を $\varepsilon_1, \varepsilon_2, \cdots$；$\varphi_1(\boldsymbol{r}), \varphi_2(\boldsymbol{r}), \cdots$ とすれば**

$$\mathscr{H}\Phi(\boldsymbol{r}_1, \boldsymbol{r}_2, \cdots) = E\Phi(\boldsymbol{r}_1, \boldsymbol{r}_2, \cdots) \tag{11}$$

ただし

$$\mathscr{H} = \sum_{j=1}^{N}\left\{-\frac{\hbar^2}{2m}\nabla_j{}^2 + V(\boldsymbol{r}_j)\right\} \tag{11a}$$

の規格化された*** 固有関数は

$$\Phi(\boldsymbol{r}_1, \boldsymbol{r}_2, \cdots) = \varphi_l(\boldsymbol{r}_1)\,\varphi_{l'}(\boldsymbol{r}_2)\cdots \tag{12}$$

---

*　文字 $l, m, n, \cdots$ を用いているが，中心力場のときの方位，磁気，主量子数とは一応別である．

**　$\int \varphi_l{}^*(\boldsymbol{r})\,\varphi_m(\boldsymbol{r})\,d\boldsymbol{r} = \delta_{lm}$

***　$\int\cdots\int |\Phi(\boldsymbol{r}_1, \boldsymbol{r}_2, \cdots)|^2\,d\boldsymbol{r}_1\,d\boldsymbol{r}_2\cdots d\boldsymbol{r}_N = \int |\varphi_l(\boldsymbol{r}_1)|^2\,d\boldsymbol{r}_1 \int |\varphi_{l'}(\boldsymbol{r}_2)|^2\,d\boldsymbol{r}_2\cdots = 1^N = 1$

固有値は

$$E = \varepsilon_l + \varepsilon_{l'} + \cdots \tag{13}$$

と表される．

ここで同種粒子の場合に問題になるのは $\boldsymbol{r}_1, \boldsymbol{r}_2, \cdots$ の右下につけた粒子の番号である．粒子は区別がつかないのであるから，どれを 1，どれを 2 としても（12）式が解であることに変わりはない．そうすると，N 個の φ の積を

$$\varphi_l(\quad)\varphi_l'(\quad)\cdots\varphi_l{}^{(N-1)}(\quad) \tag{14}$$

と書いておいて，この N 個の（　）の中に N 個の $\boldsymbol{r}_j\,(j = 1, 2, 3, \cdots, N)$ をどういう順序で入れても，それらはすべて同じ固有値（13）式に対する方程式（11）の固有関数である．N 個のものを並べる仕方は $N!$ 通り存在するから，これら $N!$ 個の関数は縮退していることになる．*　それでは，これら みかけ上異なる関数をいちいち区別しなくてはならないのであろうか？

簡単のために，粒子が 2 個の場合を考えると，たとえば l と l' が異なるときには，$\varphi_l(\boldsymbol{r}_1)\varphi_{l'}(\boldsymbol{r}_2)$ と $\varphi_l(\boldsymbol{r}_2)\varphi_{l'}(\boldsymbol{r}_1)$ の 2 つの関数はともに固有値 $E = \varepsilon_l + \varepsilon_{l'}$ をもつ $\mathcal{H}\Phi = E\Phi$ の固有関数である．この 2 つだけではなく，それらの勝手な 1 次結合

$$\Phi = C_1\varphi_l(\boldsymbol{r}_1)\varphi_{l'}(\boldsymbol{r}_2) + C_2\varphi_{l'}(\boldsymbol{r}_1)\varphi_l(\boldsymbol{r}_2) \tag{15}$$

も，同じ固有値 $E = \varepsilon_l + \varepsilon_{l'}$ をもつ固有関数である．係数を

$$|C_1|^2 + |C_2|^2 = 1 \tag{16}$$

のようにとっておけば Φ が規格化されていることは容易にわかる．なぜなら，$\varphi_l, \varphi_{l'}$ の規格化直交性により

$$\iint |\Phi|^2\,d\boldsymbol{r}_1\,d\boldsymbol{r}_2 = |C_1|^2\int|\varphi_l(\boldsymbol{r}_1)|^2\,d\boldsymbol{r}_1\int|\varphi_{l'}(\boldsymbol{r}_2)|^2\,d\boldsymbol{r}_2$$
$$+ C_1{}^*C_2\int\varphi_l{}^*(\boldsymbol{r}_1)\varphi_{l'}(\boldsymbol{r}_1)\,d\boldsymbol{r}_1\int\varphi_{l'}{}^*(\boldsymbol{r}_2)\varphi_l(\boldsymbol{r}_2)\,d\boldsymbol{r}_2$$

*　$l, l', \cdots, l^{(N-1)}$ が全部異なるときには $N!$ 個は全部違う関数になるから，縮退は $N!$ 重になる．$l, l', \cdots, l^{(N-1)}$ の中に同じものがあるときには $N!$ 個の関数の中には同じもの（掛ける順序だけ違うもの）が含まれることになるから，縮退の度合は $N!$ より小さい（104～105 ページを参照）．

$$
\begin{aligned}
&+ C_2{}^* C_1 \int \varphi_{l'}{}^*(\boldsymbol{r}_1)\,\varphi_l(\boldsymbol{r}_1)\,d\boldsymbol{r}_1 \int \varphi_l{}^*(\boldsymbol{r}_2)\,\varphi_{l'}(\boldsymbol{r}_2)\,d\boldsymbol{r}_2 \\
&+ |C_2|^2 \int |\varphi_{l'}(\boldsymbol{r}_1)|^2\,d\boldsymbol{r}_1 \int |\varphi_l(\boldsymbol{r}_2)|^2\,d\boldsymbol{r}_2 \\
&= |C_1|^2 + |C_2|^2 \\
&= 1
\end{aligned}
$$

となるからである.

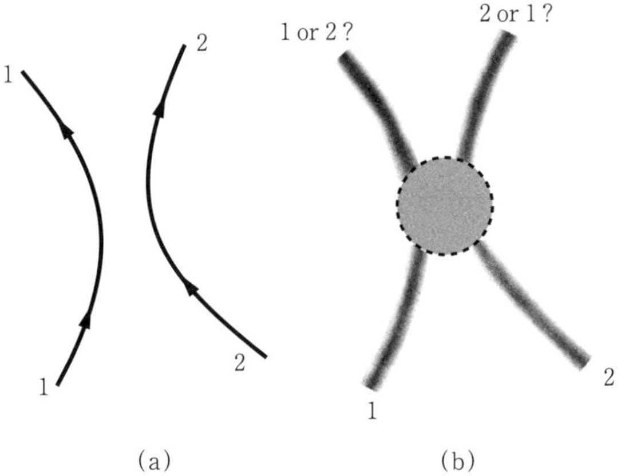

9-2 図 波束で表されるような2粒子は点線で囲まれた領域で区別できなくなってしまう.

しかし，よく考えてみると，同種の微視的粒子というものを実験的に区別する方法は全くないのであって，$\boldsymbol{r}_1$, $\boldsymbol{r}_2$, … などと番号をつけても，どこそこに見つかったのは何番目の粒子である，ということなどはわかるはずがないのである．たとえば，9-2 図のような2個の粒子の衝突の場合を考えてみると，古典的粒子ならばそれぞれの軌道を曲線で追跡できるので，図 (a) のように粒子1と粒子2とを明らかに区別することが可能である．しかし，量子論では粒子の飛跡をこのように追うことはできず，確率波束としてしか捕えられないのであるから，両者が近づいて相互に力をおよぼし合っているときには，波も重なっており，どちらがどこにいるのか区別しようがない．したがって，相互作用をおよぼし合ってから後で2つの波束に分かれて出てきても，どちらが最初の粒子1でどちらが2であるかを判別する方法はない．これを同種粒子の**不可弁別性**という．

このように区別できないものを，あたかもできるかのごとく扱うというのは理論としては正しくないのではあるまいか，という疑問が当然生じてくる．そこで，同種の粒子多数からできている系の波動関数はどうあるべきか，ということがいろいろ調べられ，粒子の不可弁別性を正しく取り入れるためには，シュレーディンガー方程式の解のうちで，次の要請を満たすものだけが許される，ということが明らかになった．

（i）　粒子がフェルミ粒子またはフェルミオンとよばれる種類のものの場合には，系の波動関数として許されるのは，任意の2粒子の交換に対して符号を変える反対称のものだけである．

（ii）　粒子がボース粒子またはボソンとよばれるものの場合には，系の波動関数として許されるのは，任意の2粒子の交換に関して不変のものだけである．

1924年にインドのS. N. ボースは，光子の集まりを一種の気体のようにみなし，これに統計力学を適用することによってプランクの放射の公式を導出した．このとき，ボースが用いた統計のとり方（場合の数え方）は，光子の個別性を考えず，同じ状態の光子が何個でも存在しうる，という仮定の上に立つものであった．このような統計のとり方の本質的な重要さに気づいたアインシュタインは，ボースの考えを論文にまとめてドイツに紹介した．そこで，このような統計のとり方をボース統計とか，ボース－アインシュタイン統計とよび，この統計に従って勘定されるべき粒子のことをボース粒子とかボソンとよぶのである．

これに対し，電子に統計力学を適用するときには，不可弁別性と同時に，同じ量子数の組で指定される1粒子状態にはただ1個の電子しか入りえないというパウリの原理を考慮しなければならない．このようにすれば，電子の集まりにおいては，マクスウェル分布とは異なる熱平衡分布が成立しなければならない，ということをフェルミ* が指摘した（1926年）．ディラックも同じ年に同様のことを指摘したの

---

*　Enrico Fermi（1901－1954）はイタリアの理論物理学者．ローマに生まれローマ大学教授となる．フェルミ統計の発見（1926）の他に，β崩壊の理論（1934），中性子による元素の人工転換の実験（1934）などでも有名．1938年ノーベル物理学賞を受賞．1939年，ファシスト政権下のイタリアを逃れてアメリカに移り，原子力の開発に貢献し，世界最初の原子炉であるウラニウム・パイルの製作に成功した（1942）．

で，このような統計法のことをフェルミ‐ディラック統計といい，これに従う粒子のことをフェルミ粒子またはフェルミオンとよぶ．このような統計のとり方は，系の波動関数の上記の性質に由来するものである．これらについては統計力学の本にゆずり，本書では波動関数の性質だけを調べることにする．

9-3図　Enrico Fermi
(1901 - 1954)

まず，これをスピンを考えない2粒子系の場合について説明しよう．φ_l と $\varphi_{l'}$ が違うとき一般の形は (15) 式の形に書けるが，ここで粒子を交換してみると ($\boldsymbol{r}_1$ と $\boldsymbol{r}_2$ をとりかえる)，

$$\Phi(\boldsymbol{r}_2, \boldsymbol{r}_1) = C_1 \varphi_l(\boldsymbol{r}_2) \varphi_{l'}(\boldsymbol{r}_1) + C_2 \varphi_{l'}(\boldsymbol{r}_2) \varphi_l(\boldsymbol{r}_1) \tag{17}$$

が得られる．(i) のフェルミ粒子のときには

$$\Phi(\boldsymbol{r}_2, \boldsymbol{r}_1) = -\Phi(\boldsymbol{r}_1, \boldsymbol{r}_2)$$

でなくてはならないというのであるから，(15) 式の右辺と (17) 式の右辺の符号を変えたものが等しいためには

$$C_1 = -C_2$$

でなくてはならない．これと (16) 式とを考え合わせると，

$$C_1 = -C_2 = \frac{1}{\sqrt{2}}$$

とすればよいことがわかる．ゆえに，(i) の要請にかなう波動関数は

$$\Phi_{\mathrm{F}}(\boldsymbol{r}_1, \boldsymbol{r}_2) = \frac{1}{\sqrt{2}} \{\varphi_l(\boldsymbol{r}_1) \varphi_{l'}(\boldsymbol{r}_2) - \varphi_{l'}(\boldsymbol{r}_1) \varphi_l(\boldsymbol{r}_2)\} \tag{18}$$

である．これは，行列式を用いて，

$$\Phi_{\mathrm{F}}(\boldsymbol{r}_1, \boldsymbol{r}_2) = \frac{1}{\sqrt{2}} \begin{vmatrix} \varphi_l(\boldsymbol{r}_1) & \varphi_{l'}(\boldsymbol{r}_1) \\ \varphi_l(\boldsymbol{r}_2) & \varphi_{l'}(\boldsymbol{r}_2) \end{vmatrix} \tag{19}$$

と書くこともできる．

(ii) のボース粒子の場合は $\Phi(\boldsymbol{r}_1, \boldsymbol{r}_2) = \Phi(\boldsymbol{r}_2, \boldsymbol{r}_1)$ でなくてはならないので，

$$C_1 = C_2 = \frac{1}{\sqrt{2}}$$

とすればよく，したがって

$$\Phi_{\mathrm{B}}(\boldsymbol{r}_1, \boldsymbol{r}_2) = \frac{1}{\sqrt{2}}\{\varphi_l(\boldsymbol{r}_1)\varphi_{l'}(\boldsymbol{r}_2) + \varphi_{l'}(\boldsymbol{r}_1)\varphi_l(\boldsymbol{r}_2)\} \tag{20}$$

が求める波動関数である．

3個以上のフェルミ粒子の場合に，要請（i）を満たす関数は，(14) 式に $\boldsymbol{r}_1, \cdots, \boldsymbol{r}_N$ を入れて得られる $N!$ 個の関数からつくった

$$\Phi_{\mathrm{F}}(\boldsymbol{r}_1, \boldsymbol{r}_2, \cdots) = \frac{1}{\sqrt{N!}}\begin{vmatrix} \varphi_l(\boldsymbol{r}_1) & \varphi_{l'}(\boldsymbol{r}_1) & \cdots \\ \varphi_l(\boldsymbol{r}_2) & \varphi_{l'}(\boldsymbol{r}_2) & \cdots \\ \varphi_l(\boldsymbol{r}_3) & \varphi_{l'}(\boldsymbol{r}_3) & \cdots \\ \cdots\cdots & \cdots\cdots & \end{vmatrix} \tag{21}$$

という組合せだけであることがスレイター*によって示された．この (21) 式のような関数のことを**スレイター行列式**とよぶ．この式で任意の2つの $\boldsymbol{r}_i$ と $\boldsymbol{r}_j$ を交換するということは，行列式の i 行目と j 行目を入れ換えるということであり，行列式の性質により，このとき関数は確かに符号を変えるから，（i）の要請を満たしている．

9-4 図 John Clarke Slater (1900 - 1976)

スレイター行列式のもう1つのいちじるしい特色は，$\varphi_l, \varphi_{l'}, \cdots$ の中に同じものが1組でもあると Φ_{F} が恒等的に0になってしまうということである．したがって，$\varphi_l, \varphi_{l'}, \cdots$ は全部異なる関数でなければならない．

* John Clarke Slater（1900 - 1976）はアメリカの理論物理学者．ロチェスター大学を卒業し，ハーバード大学で学位をとり，イギリスおよびデンマーク（ボーアのところ）に留学．以後ながく（1926～1964）マサチューセッツ工科大学（MIT）で教鞭をとり，原子スペクトル，分子構造，固体電子論の各方面で多くのすぐれた研究業績がある．晩年はフロリダ大学の大学院教授．

$\varphi_l, \varphi_{l'}, \cdots$ は各粒子の運動状態を表す関数で，その関数が異なるということは，古典力学にたとえていえば，軌道が異なるということである．原子や分子では，これら個々の粒子の運動を表す関数 $\varphi_l, \varphi_{l'}, \cdots$ を**軌道関数**または単に**軌道**とよぶが，（スピンを考えないとき）フェルミ粒子系では，2個以上の粒子が同じ軌道に入ることは許されない，ということになる．

実際には，フェルミ粒子とよばれるものは皆スピンをもつことが知られており，普通に扱うフェルミ粒子は，電子のようにスピンが1/2である．そこで，フェルミ粒子の位置 $\boldsymbol{r}_j$ とスピン座標 σ_j とをまとめて τ_j と記し，$\boldsymbol{r}_j$ と σ_j の両方の関数としてのスピン軌道（たとえば，§8.2の (15), (16) 式で与えられるようなもの）を $\phi_{\nu''}(\tau_j)$ などと記すことにすれば，スピンをも含めた運動状態が $\phi_\nu, \phi_{\nu'}, \phi_{\nu''}, \cdots$ で表されるような粒子を1個ずつもつような N 粒子系の波動関数は

$$\Phi_{\mathrm{F}}(\tau_1, \tau_2, \tau_3, \cdots) = \frac{1}{\sqrt{N!}} \begin{vmatrix} \phi_\nu(\tau_1) & \phi_{\nu'}(\tau_1) & \phi_{\nu''}(\tau_1) & \cdots \\ \phi_\nu(\tau_2) & \phi_{\nu'}(\tau_2) & \phi_{\nu''}(\tau_2) & \cdots \\ \phi_\nu(\tau_3) & \phi_{\nu'}(\tau_3) & \phi_{\nu''}(\tau_3) & \cdots \\ & \cdots\cdots\cdots\cdots & & \end{vmatrix} \tag{22}$$

というスレイター行列式で与えられる．

以下本書では (22) 式のようなスレイター行列式を，

$$\Phi_{\mathrm{F}}(\tau_1, \tau_2, \tau_3, \cdots) = |\phi_\nu \quad \phi_{\nu'} \quad \phi_{\nu''} \quad \cdots| \tag{22$'$}$$

のように略記することとしよう．また，スピン関数 $\alpha(\sigma_j), \beta(\sigma_j)$ と軌道関数 $\varphi_\nu(\boldsymbol{r}_j)$ の積でつくったスレイター行列式の場合に，φ_ν と α の積を単に φ_ν と書き，φ_ν と β の積を $\overline{\varphi}_\nu$ と略記して，次のように書くときもある．

$$\begin{aligned} &|\varphi_1 \quad \overline{\varphi}_1 \quad \overline{\varphi}_2 \quad \varphi_3 \quad \cdots| \\ &\equiv \frac{1}{\sqrt{N!}} \begin{vmatrix} \varphi_1(\boldsymbol{r}_1)\alpha(\sigma_1) & \varphi_1(\boldsymbol{r}_1)\beta(\sigma_1) & \varphi_2(\boldsymbol{r}_1)\beta(\sigma_1) & \varphi_3(\boldsymbol{r}_1)\alpha(\sigma_1) & \cdots \\ \varphi_1(\boldsymbol{r}_2)\alpha(\sigma_2) & \varphi_1(\boldsymbol{r}_2)\beta(\sigma_2) & \varphi_2(\boldsymbol{r}_2)\beta(\sigma_2) & \varphi_3(\boldsymbol{r}_2)\alpha(\sigma_2) & \cdots \\ \varphi_1(\boldsymbol{r}_3)\alpha(\sigma_3) & \varphi_1(\boldsymbol{r}_3)\beta(\sigma_3) & \varphi_2(\boldsymbol{r}_3)\beta(\sigma_3) & \varphi_3(\boldsymbol{r}_3)\alpha(\sigma_3) & \cdots \\ & & \cdots\cdots\cdots\cdots\cdots\cdots & & \end{vmatrix} \end{aligned} \tag{23}$$

このような略記法は人によって異なり，統一されているわけではないから，そのつもりで使ってほしい．

ボース粒子系として扱う典型的例はヘリウム原子であるが，この場合にはその粒子（He 原子）のスピンを考えなくてよい．そして（ii）の要請にかなう波動関数は，(21) 式の行列式を展開し，そのときに現れる負号のついた項を全部プラスに変えてしまったもので与えられることが証明される．ボース粒子の場合には，$\varphi_l, \varphi_{l'}, \cdots$ が全部異ならなければいけないというような制限は存在しない．ただし，そのために規格化の因子が $1/\sqrt{N!}$ とは限らないことになるのであるが，それについては後に触れることにする（§11.4）．

［例題 1］　$\chi_1 = \varphi_1 \cos\theta - \varphi_2 \sin\theta$，$\chi_2 = \varphi_1 \sin\theta + \varphi_2 \cos\theta$ で定義される関数 χ_1, χ_2 がある場合に，スレイター行列式については

$$|\chi_1 \quad \chi_2 \quad \varphi_3 \quad \varphi_4 \quad \cdots| = |\varphi_1 \quad \varphi_2 \quad \varphi_3 \quad \varphi_4 \quad \cdots|$$

が成り立つことを証明せよ．

［解］　行列式の性質により

$$\begin{aligned}
&|\chi_1 \quad \chi_2 \quad \varphi_3 \quad \cdots| \\
&\quad = |(\varphi_1 \cos\theta - \varphi_2 \sin\theta) \quad (\varphi_1 \sin\theta + \varphi_2 \cos\theta) \quad \varphi_3 \quad \cdots| \\
&\quad = \cos\theta |\varphi_1 \quad (\varphi_1 \sin\theta + \varphi_2 \cos\theta) \quad \varphi_3 \quad \cdots| \\
&\qquad\quad - \sin\theta |\varphi_2 \quad (\varphi_1 \sin\theta + \varphi_2 \cos\theta) \quad \varphi_3 \quad \cdots| \\
&\quad = \sin\theta\cos\theta |\varphi_1 \quad \varphi_1 \quad \varphi_3 \quad \cdots| + \cos^2\theta |\varphi_1 \quad \varphi_2 \quad \varphi_3 \quad \cdots| \\
&\qquad\quad - \sin^2\theta |\varphi_2 \quad \varphi_1 \quad \varphi_3 \quad \cdots| - \sin\theta\cos\theta |\varphi_2 \quad \varphi_2 \quad \varphi_3 \quad \cdots|
\end{aligned}$$

となるが，

$$|\varphi_1 \quad \varphi_1 \quad \varphi_3 \quad \cdots| = 0$$
$$|\varphi_2 \quad \varphi_2 \quad \varphi_3 \quad \cdots| = 0$$

であり，

$$|\varphi_2 \quad \varphi_1 \quad \varphi_3 \quad \cdots| = -|\varphi_1 \quad \varphi_2 \quad \varphi_3 \quad \cdots|$$

であるから，

$$\begin{aligned}
|\chi_1 \quad \chi_2 \quad \varphi_3 \quad \cdots| &= (\cos^2\theta + \sin^2\theta) |\varphi_1 \quad \varphi_2 \quad \varphi_3 \quad \cdots| \\
&= |\varphi_1 \quad \varphi_2 \quad \varphi_3 \quad \cdots|
\end{aligned}$$

を得る．

［**例題 2**］ 2組の規格化された直交関数系 $\varphi_1, \varphi_2, \cdots, \varphi_N$ および $\chi_1, \chi_2, \cdots, \chi_N$ が次のような変換で結ばれている.

$$\begin{cases} \chi_1 = \alpha_{11}\varphi_1 + \alpha_{12}\varphi_2 + \cdots + \alpha_{1N}\varphi_N \\ \chi_2 = \alpha_{21}\varphi_1 + \alpha_{22}\varphi_2 + \cdots + \alpha_{2N}\varphi_N \\ \cdots\cdots\cdots\cdots\cdots\cdots \\ \chi_N = \alpha_{N1}\varphi_1 + \alpha_{N2}\varphi_2 + \cdots + \alpha_{NN}\varphi_N \end{cases}$$

これらの係数 α_{ij} でつくった行列 $U \equiv (\alpha_{ij})$ はユニタリー行列である. このとき, スレイター行列式

$$|\chi_1 \quad \chi_2 \quad \cdots \quad \chi_N| \quad と \quad |\varphi_1 \quad \varphi_2 \quad \cdots \quad \varphi_N|$$

とは, 絶対値が1の因子を除けば, 一致することを示せ.

［**解**］

$$\begin{pmatrix} \chi_1(\tau_1) & \chi_2(\tau_1) & \cdots & \chi_N(\tau_1) \\ \chi_1(\tau_2) & \chi_2(\tau_2) & \cdots & \chi_N(\tau_2) \\ & \cdots\cdots\cdots\cdots & & \\ \chi_1(\tau_N) & \chi_2(\tau_N) & \cdots & \chi_N(\tau_N) \end{pmatrix}$$

$$= \begin{pmatrix} \varphi_1(\tau_1) & \varphi_2(\tau_1) & \cdots & \varphi_N(\tau_1) \\ \varphi_1(\tau_2) & \varphi_2(\tau_2) & \cdots & \varphi_N(\tau_2) \\ & \cdots\cdots\cdots\cdots & & \\ \varphi_1(\tau_N) & \varphi_2(\tau_N) & \cdots & \varphi_N(\tau_N) \end{pmatrix} \begin{pmatrix} \alpha_{11} & \alpha_{21} & \cdots & \alpha_{N1} \\ \alpha_{12} & \alpha_{22} & \cdots & \alpha_{N2} \\ & \cdots\cdots\cdots & & \\ \alpha_{1N} & \alpha_{2N} & \cdots & \alpha_{NN} \end{pmatrix}$$

であるから, 両辺の行列式をとると, 行列の積の行列式はそれぞれの行列式の積に等しい ($\det AB = \det A \cdot \det B$) ので

$$|\chi_1 \quad \chi_2 \quad \cdots \quad \chi_N| = |\varphi_1 \quad \varphi_2 \quad \cdots \quad \varphi_N| \det(\alpha_{ji})$$

となる. ところが, $U = (\alpha_{ij})$ はユニタリー行列なので

$$1 = \det U^{-1}U = \det U^{-1} \det U = \det(\alpha_{ji}{}^*) \det(\alpha_{ij}) = |\det(\alpha_{ij})|^2$$

となるから

$$\det(\alpha_{ji}) = \det(\alpha_{ij}) = \mathrm{e}^{i\gamma} \qquad (\gamma \text{ は実数})$$

と書けることがわかる. ゆえに

$$|\chi_1 \quad \chi_2 \quad \cdots \quad \chi_N| = \mathrm{e}^{i\gamma}|\varphi_1 \quad \varphi_2 \quad \cdots \quad \varphi_N|$$

となることがわかる. これは［例題 1］の結果を一般化した関係式である. ✒

［**例題 3**］ 2個の電子がともに上向きスピンをもち，1個は軌道 $\varphi_a(\boldsymbol{r})$ を，他の1個は軌道 $\varphi_b(\boldsymbol{r})$ を占めている．この系の全体の波動関数を記し，それを用いてこれら2個の電子が同じ位置にくる確率は0であることを確かめよ．

［**解**］ 電子はフェルミ粒子であるから，上のような2電子系の波動関数は次のスレイター行列式で与えられる．

$$\Phi = \frac{1}{\sqrt{2}}\begin{vmatrix} \varphi_a(\boldsymbol{r}_1)\alpha(\sigma_1) & \varphi_b(\boldsymbol{r}_1)\alpha(\sigma_1) \\ \varphi_a(\boldsymbol{r}_2)\alpha(\sigma_2) & \varphi_b(\boldsymbol{r}_2)\alpha(\sigma_2) \end{vmatrix} = \frac{1}{\sqrt{2}}\alpha(\sigma_1)\alpha(\sigma_2)\{\varphi_a(\boldsymbol{r}_1)\varphi_b(\boldsymbol{r}_2) - \varphi_b(\boldsymbol{r}_1)\varphi_a(\boldsymbol{r}_2)\}$$

ここで $\boldsymbol{r}_1 = \boldsymbol{r}_2$ とすると，{ } = 0 になることがただちにわかる．つまり，平行スピンをもった2個の電子は，同じ軌道に入れない（パウリの原理）だけでなく，異なる軌道に属していても同じ場所で鉢合せすることはないように振舞っているのである．3電子以上のときにも，これほどすぐにはわからないが，全く同様なことが結論されるのであって，波動関数を組立てるときに φ_n の積をとるということは，電子の運動を互いに独立と考えていることであるにもかかわらず，反対称化という手続きによって，平行スピンの電子の間に位置の相関（互いによけ合う）が自動的に生じているのである．

§9.3 ハートレーの近似

多数の粒子が存在しても，相互作用がなくてそれぞれが独立に運動している場合には，本質的には1粒子問題であってあまり大きな困難はない．むずかしいのは粒子が互いに力をおよぼし合っている場合であって，古典力学のときもそのような**多体問題**を解くことは，ごく限られた特別な問題を除き，一般的には不可能である．量子力学においても同様であって，厳密な解を求めることができる実際的な問題はほとんど無いといってよいくらいである．そこでいろいろな近似法が考案されているのであるが，ここでは原子の問題にまず適用されて成功をおさめ，他にも広く応用されているハートレー* の

* Douglas Rayner Hartree（1897 - 1958）はイギリスの物理学者．ケンブリッジの生まれ．マンチェスター大学，ケンブリッジ大学等の教授として原子構造の研究に努力し，彼の考案したハートレーの近似を多数の原子に適用して解を求めている．その研究には彼の父の W. Hartree も協力している．

つじつまの合う場（自己無撞着の場）の方法について考えてみることにしよう.

この節では，粒子の不可弁別性による多体系全体の波動関数の（反）対称化は考えないことにする．粒子は N 個あって，すべて質量 m と電荷 $-e$ をもつとし，外から受ける力（たとえば原子核からの引力）は共通のポテンシャル関数 $V(\boldsymbol{r})$ で表されるものとする．そうすると，この N 粒子系のハミルトニアンは，粒子 i と j の間の距離 $|\boldsymbol{r}_j - \boldsymbol{r}_i|$ を r_{ij} と書いて

$$
\begin{aligned}
\mathcal{H} &= -\frac{\hbar^2}{2m}(\nabla_1{}^2 + \nabla_2{}^2 + \cdots + \nabla_N{}^2) + V(\boldsymbol{r}_1) + V(\boldsymbol{r}_2) + \cdots + V(\boldsymbol{r}_N) \\
&\qquad + \frac{1}{4\pi\epsilon_0}\left(\frac{e^2}{r_{12}} + \frac{e^2}{r_{13}} + \cdots + \frac{e^2}{r_{N-1\,N}}\right) \\
&= \sum_{j=1}^{N}\left\{-\frac{\hbar^2}{2m}\nabla_j{}^2 + V(\boldsymbol{r}_j)\right\} + \sum_{i<j}\frac{e^2}{4\pi\epsilon_0 r_{ij}} \qquad (1)
\end{aligned}
$$

と表される．$\sum_{i<j}\dfrac{e^2}{4\pi\epsilon_0 r_{ij}}$ は，粒子間のクーロン反発力のポテンシャルエネルギーの和で，$i<j$ という和に限ったのは，同じ1対の粒子間のエネルギーを二重に数えないためである．粒子間の相互作用の力がクーロン力以外のものの場合には，もちろん $\dfrac{e^2}{4\pi\epsilon_0 r_{ij}}$ の代りにその力のポテンシャルを用いる.

解くべきシュレーディンガー方程式は

$$
\mathcal{H}\Phi(\boldsymbol{r}_1, \boldsymbol{r}_2, \cdots, \boldsymbol{r}_N) = E\Phi(\boldsymbol{r}_1, \boldsymbol{r}_2, \cdots, \boldsymbol{r}_N) \qquad (2)
$$

であるが，$\mathcal{H}$ が (1) 式のように複雑なので，これを正しく解くことは絶望的である．そこで，（I）巻の§7.6の変分原理を適用することにし，Φ が全く任意であるとする代りに，特別な形として前節の (12) 式と同じ積の形

$$
\Phi(\boldsymbol{r}_1, \boldsymbol{r}_2, \cdots, \boldsymbol{r}_N) = \varphi_a(\boldsymbol{r}_1)\varphi_b(\boldsymbol{r}_2)\cdots\varphi_n(\boldsymbol{r}_N) \qquad (3)
$$

を仮定し，この形でなるべく真の Φ に近いものを探すことを試みる．変分原理によれば

$$
\int\cdots\int \Phi^*(\boldsymbol{r}_1, \boldsymbol{r}_2, \cdots, \boldsymbol{r}_N)\,\mathcal{H}\,\Phi(\boldsymbol{r}_1, \boldsymbol{r}_2, \cdots, \boldsymbol{r}_N)\,d\boldsymbol{r}_1\,d\boldsymbol{r}_2\cdots d\boldsymbol{r}_N \qquad (4)
$$

に停留値をとらせるような Φ が $\mathcal{H}$ の正しい固有関数なのであるが，その代りに (3) 式を用いて (4) 式のような積分をつくり，これが停留値をとるよ

うに関数 $\varphi_a, \varphi_b, \cdots, \varphi_n$ の形をきめたならば，(3) 式という形の制限内では最良の Φ が得られるであろう．そこで (3) 式を (4) 式に代入してみる．$\mathcal{H}$ の各項を (3) 式の右辺に作用させると別の関数ができるのであるが，

$$-\frac{\hbar^2}{2m}\nabla_j{}^2 + V(\boldsymbol{r}_j)$$

という項は，たくさんある φ のうちで，$\boldsymbol{r}_j$ を含む1つだけに作用してこれを他の関数に変化させるが，残りの $N-1$ 個の φ はそのままである．したがって，$\varphi_a, \varphi_b, \cdots, \varphi_n$ が規格化されているとすれば，たとえば

$$\begin{aligned}
&\int\cdots\int \varphi_a{}^*(\boldsymbol{r}_1)\,\varphi_b{}^*(\boldsymbol{r}_2)\cdots\varphi_n{}^*(\boldsymbol{r}_N)\left\{-\frac{\hbar^2}{2m}\nabla_1{}^2 + V(\boldsymbol{r}_1)\right\}\varphi_a(\boldsymbol{r}_1)\,\varphi_b(\boldsymbol{r}_2)\cdots\\
&\qquad\qquad\cdots\varphi_n(\boldsymbol{r}_N)\,d\boldsymbol{r}_1\,d\boldsymbol{r}_2\cdots d\boldsymbol{r}_N\\
&\quad=\int\varphi_a{}^*(\boldsymbol{r}_1)\left\{-\frac{\hbar^2}{2m}\nabla_1{}^2 + V(\boldsymbol{r}_1)\right\}\varphi_a(\boldsymbol{r}_1)\,d\boldsymbol{r}_1 \times \int|\varphi_b(\boldsymbol{r}_2)|^2\,d\boldsymbol{r}_2\\
&\qquad\qquad\times\cdots\times\int|\varphi_n(\boldsymbol{r}_N)|^2\,d\boldsymbol{r}_N\\
&\quad=\int\varphi_a{}^*(\boldsymbol{r}_1)\left\{-\frac{\hbar^2}{2m}\nabla_1{}^2 + V(\boldsymbol{r}_1)\right\}\varphi_a(\boldsymbol{r}_1)\,d\boldsymbol{r}_1
\end{aligned}$$

のようになる．同様にして

$$\begin{aligned}
&\int\cdots\int\varphi_a{}^*(\boldsymbol{r}_1)\,\varphi_b{}^*(\boldsymbol{r}_2)\cdots\varphi_n{}^*(\boldsymbol{r}_N)\,\frac{e^2}{4\pi\epsilon_0 r_{12}}\\
&\qquad\times\varphi_a(\boldsymbol{r}_1)\,\varphi_b(\boldsymbol{r}_2)\cdots\varphi_n(\boldsymbol{r}_N)\,d\boldsymbol{r}_1\,d\boldsymbol{r}_2\cdots d\boldsymbol{r}_N\\
&\qquad\qquad=\iint\varphi_a{}^*(\boldsymbol{r}_1)\,\varphi_b{}^*(\boldsymbol{r}_2)\,\frac{e^2}{4\pi\epsilon_0 r_{12}}\,\varphi_a(\boldsymbol{r}_1)\,\varphi_b(\boldsymbol{r}_2)\,d\boldsymbol{r}_1\,d\boldsymbol{r}_2
\end{aligned}$$

が得られる．そこで，(3) 式を (4) 式に代入したものは

$$\begin{aligned}
\langle\mathcal{H}\rangle &\equiv \int\cdots\int\Phi^*\,\mathcal{H}\,\Phi\,d\boldsymbol{r}_1\,d\boldsymbol{r}_2\cdots d\boldsymbol{r}_N\\
&=\int\varphi_a{}^*(\boldsymbol{r}_1)\left\{-\frac{\hbar^2}{2m}\nabla_1{}^2 + V(\boldsymbol{r}_1)\right\}\varphi_a(\boldsymbol{r}_1)\,d\boldsymbol{r}_1\\
&\qquad+\int\varphi_b{}^*(\boldsymbol{r}_2)\left\{-\frac{\hbar^2}{2m}\nabla_2{}^2 + V(\boldsymbol{r}_2)\right\}\varphi_b(\boldsymbol{r}_2)\,d\boldsymbol{r}_2 + \cdots
\end{aligned}$$

$$+ \int \varphi_n{}^*(\boldsymbol{r}_N)\left\{-\frac{\hbar^2}{2m}\nabla_N{}^2 + V(\boldsymbol{r}_N)\right\}\varphi_n(\boldsymbol{r}_N)\,d\boldsymbol{r}_N$$
$$+ \iint \varphi_a{}^*(\boldsymbol{r}_1)\,\varphi_b{}^*(\boldsymbol{r}_2)\,\frac{e^2}{4\pi\epsilon_0 r_{12}}\,\varphi_a(\boldsymbol{r}_1)\,\varphi_b(\boldsymbol{r}_2)\,d\boldsymbol{r}_1\,d\boldsymbol{r}_2$$
$$+ \iint \varphi_a{}^*(\boldsymbol{r}_1)\,\varphi_c{}^*(\boldsymbol{r}_3)\,\frac{e^2}{4\pi\epsilon_0 r_{13}}\,\varphi_a(\boldsymbol{r}_1)\,\varphi_c(\boldsymbol{r}_3)\,d\boldsymbol{r}_1\,d\boldsymbol{r}_3 + \cdots \tag{5}$$

のようになる．これに停留値をとらせるような $\varphi_a, \varphi_b, \cdots$ を求めることがわれわれの課題である．

N 個の関数 $\varphi_a, \varphi_b, \cdots, \varphi_n$ を一度に考える代りに，1 つずつ求めるとしたらどうすればよいであろうか．いま，たとえば $\varphi_a(\boldsymbol{r}_1)$ を求めようというときに，仮に $\varphi_b, \varphi_c, \cdots, \varphi_n$ は求められたものとして考えてみよう．(5) 式のうちで，φ_a を含む項だけを拾い集め，積分が定積分であることを考慮して変数を $\boldsymbol{r}$ と $\boldsymbol{r}'$ に直すと

$$\begin{aligned}\langle \mathcal{H} \rangle = \int \varphi_a{}^*(\boldsymbol{r})\Big[&-\frac{\hbar^2}{2m}\nabla^2 + V(\boldsymbol{r})\\ &+ \frac{1}{4\pi\epsilon_0}\int \frac{e^2}{|\boldsymbol{r}-\boldsymbol{r}'|}\{|\varphi_b(\boldsymbol{r}')|^2\\ &+ |\varphi_c(\boldsymbol{r}')|^2 + \cdots + |\varphi_n(\boldsymbol{r}')|^2\}\,d\boldsymbol{r}'\Big]\varphi_a(\boldsymbol{r})\,d\boldsymbol{r}\\ &+ (\varphi_a \text{ に無関係な項})\end{aligned} \tag{6}$$

となる．[ ] の中を H_a と表すことにしよう．$\boldsymbol{r}'$ については定積分を行ってしまうのであるから，H_a は $\boldsymbol{r}$ だけに関係した演算子である．いま，$\varphi_a(\boldsymbol{r})$ だけを変化させると考え，$\varphi_b, \varphi_c, \cdots, \varphi_n$ はきまっていると考えているのであるから，

$$\langle \mathcal{H} \rangle = \int \varphi_a{}^*(\boldsymbol{r})\,H_a\,\varphi_a(\boldsymbol{r})\,d\boldsymbol{r} + (\text{定数}) \tag{7}$$

である．そこで，問題は，

$$\int \varphi_a{}^*(\boldsymbol{r})\,\varphi_a(\boldsymbol{r})\,d\boldsymbol{r} = 1 \tag{8}$$

のように規格化されている関数のうちで，(7) 式の右辺に停留値をとらせるような $\varphi_a(\boldsymbol{r})$ を求めることに帰着した．これを§7.6の議論と比べてみると，H と φ の代りに H_a と φ_a となっていることと，(7) 式の右辺に定数がついていること以外は全く同じである．定数は極大・極小・停留値の問題とは関係がないから無視してよい．そうすると，§7.6によって，われわれの $\varphi_a(\boldsymbol{r})$ は，固有値方程式

$$H_a\,\varphi_a(\boldsymbol{r}) = \varepsilon_a\varphi_a(\boldsymbol{r}) \tag{9}$$

の解でなくてはならないことがわかる．H_a は $\boldsymbol{r}$ だけに関係しているのであるから，(9) 式は1個の粒子のシュレーディンガー方程式と全く同様な形をしている．ただし，ポテンシャルが $V(\boldsymbol{r})$ だけではなくて

$$V_a(\boldsymbol{r}) = V(\boldsymbol{r}) + \frac{1}{4\pi\epsilon_0}\int \frac{e^2}{|\boldsymbol{r}-\boldsymbol{r}'|}\{|\varphi_b(\boldsymbol{r}')|^2 + |\varphi_c(\boldsymbol{r}')|^2 + \cdots + |\varphi_n(\boldsymbol{r}')|^2\}\,d\boldsymbol{r}' \tag{10}$$

となっている．そこで，この右辺第2項の意味を考えてみることにしよう．

いま，$\boldsymbol{r}$ という位置にいて，軌道 φ_b を運動している電子を観察しているものと考えよう．この電子が位置 $\boldsymbol{r}'$ を含む微小領域 $d\boldsymbol{r}'$ 内にくる確率は $|\varphi_b(\boldsymbol{r}')|^2\,d\boldsymbol{r}'$ で表され，このとき位置 $\boldsymbol{r}$ のところに置かれていると仮定した電子との間のクーロン斥力の位置エネルギーは $e^2/4\pi\epsilon_0|\boldsymbol{r}-\boldsymbol{r}'|$ に等しい．$\boldsymbol{r}$ にとどまってそのまま観察を続けたとすると，相手はあちらこちらへ動き回り，$\boldsymbol{r}'$ はいろいろに変化する．それに応じて位置エネルギーも変化するが，その平均をとったものは，

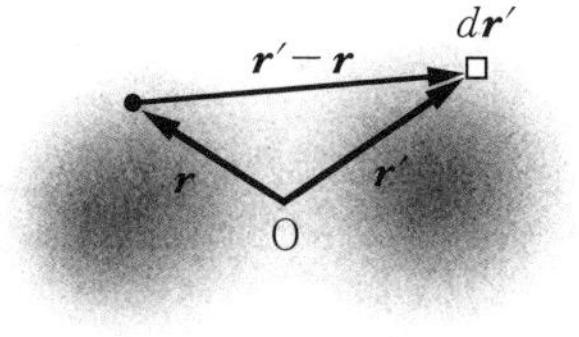

9-5図　$\boldsymbol{r}$ にある電子と電荷雲で表した相手の一部分 $d\boldsymbol{r}'$ との相互作用

$$\frac{1}{4\pi\epsilon_0}\int \frac{e^2}{|\boldsymbol{r}-\boldsymbol{r}'|}\,|\varphi_b(\boldsymbol{r}')|^2\,d\boldsymbol{r}' \tag{11}$$

で与えられるであろう．$\boldsymbol{r}'$ について定積分してしまうのであるから，これは

$\boldsymbol{r}$ だけの関数である．

実際には，$\boldsymbol{r}$ にいる電子は止まっていて，$\boldsymbol{r}'$ で表される電子だけが動き回る，というわけはないから，一方の電子が位置 $\boldsymbol{r}$ にきたときに他方から受ける力はその度に異なるはずであり，位置エネルギーが $\boldsymbol{r}$ だけの関数で与えられるということはない．しかし，これをまともに扱うことは至難なので，上のような平均値で置き換えるというのは１つのもっともらしい近似であろう．動き回る相手を平均値で置き換えるということは，動きを止めてその影響を静電場にしてしまうということであるが，上の近似では相手の電子（電荷 $-e$ の点電荷）を１点に固定するのではなく，各点の密度が $-e|\varphi_b(\boldsymbol{r}')|^2$ で与えられるように電荷 $-e$ を広げて雲のように空間に分布させて固定するのである．このような仮想的な電荷分布を**電荷雲**または**荷電雲**という．軌道関数 $\varphi_b(\boldsymbol{r}')$ で与えられる運動を行っている電子の電荷雲を考えた場合，点 $\boldsymbol{r}'$ を含む微小領域 $d\boldsymbol{r}'$ に含まれる電荷の量は

$$-e|\varphi_b(\boldsymbol{r}')|^2\,d\boldsymbol{r}'$$

に等しい．*　これと，点 $\boldsymbol{r}$ に存在する電子（電荷 $-e$ の粒子）との間の位置エネルギーは $(e^2/4\pi\epsilon_0|\boldsymbol{r}-\boldsymbol{r}'|)|\varphi_b(\boldsymbol{r}')|^2\,d\boldsymbol{r}'$ に等しいから，これを電荷雲全体について合計（積分）すれば（11）式が得られる．

軌道 $\varphi_c, \varphi_d, \cdots, \varphi_n$ にいる他の電子からのクーロン力のエネルギーについても全く同様に考えて，それらを加え合わせたものが（10）式の右辺の第２項なのである．はじめにも断わったように，電子はあくまでも粒子であって，雲のように広がっていてその破片を捕えることができるようなものではない．Φ の形を（3）式のように仮定して変分原理を適用するという近似を行うと，

> １つの電子の運動を考えるときには，他の電子をその滞在確率に比例する空間密度をもった電荷雲で置き換える

*　φ_b が規格化してあるから，これを全空間で積分したものは $-e$ に等しい．

$$-e\int|\varphi_b(\boldsymbol{r}')|^2\,d\boldsymbol{r}' = -e$$

という取扱いをすることになる，ということに過ぎない．このような取扱いを**ハートレーの近似**といい，(9) 式のような方程式を**ハートレーの方程式**とよんでいる．

(9) 式から $\varphi_a(\boldsymbol{r})$ を求めるには $V_a(\boldsymbol{r})$ が既知でなければならない．ところが，$V_a(\boldsymbol{r})$ の中には $\varphi_b, \varphi_c, \cdots, \varphi_n$ が含まれているから，これらがわかっていなければ φ_a を求めることはできない．全く同様に，φ_b を求めるには $\varphi_a, \varphi_c, \cdots, \varphi_n$ が必要であるし，φ_c を求めるには $\varphi_a, \varphi_b, \varphi_d, \cdots, \varphi_n$ が既知でなければならない．図式的に書くと

$$\varphi_a \longleftarrow \varphi_b, \varphi_c, \cdots, \varphi_n$$

$$\varphi_b \longleftarrow \varphi_a, \varphi_c, \cdots, \varphi_n$$

$$\cdots\cdots\cdots\cdots\cdots$$

ということになる．それでは，このような計算を実際にはどうやるのであろうか．

たとえば，まず φ_a を求めようというときには，$\varphi_b, \varphi_c, \cdots, \varphi_n$ として適当と思われる関数の形を仮定し，それから $V_a(\boldsymbol{r})$ をきめ，$H_a\varphi_a = \varepsilon_a\varphi_a$ を解いて φ_a を求める．次の φ_b を求めるときには，$\varphi_a, \varphi_c, \cdots, \varphi_n$ を仮定する．以下同様にして，適当に仮定した関数をもとにしてポテンシャルをつくり，それを入れたハートレーの方程式によって，$\varphi_a, \varphi_b, \cdots, \varphi_n$ を求める．こうして求められたものは，最初に仮定した関数とは一般には異なるであろう．そうしたならば，仮定する関数形をあらためて，計算をもう一度やり直す．この手続きを，上の図式で右側に記したポテンシャルをきめるための $\varphi_a, \varphi_b, \cdots, \varphi_n$ の形と，それを用いて求めた左側の $\varphi_a, \varphi_b, \cdots, \varphi_n$ とが一致するまでくり返す．これが**つじつまの合う場**の方法である．場というのは，こうしてきめた力の場 $V_a(\boldsymbol{r}), V_b(\boldsymbol{r}), \cdots, V_n(\boldsymbol{r})$ を指す言葉である．

この方法は，原子内の電子に適用されて成功をおさめたが，上の手続きからもわかるとおり，相当に面倒な数値計算を必要とする．一般には $V_a(\boldsymbol{r})$, $V_b(\boldsymbol{r}), \cdots$ は球対称（θ, ϕ によらない r だけの関数）ではないのであるが，

ハートレーはこれを方向平均して球対称化したものをつくり，それを用いて原子の計算を行った.

ハートレー式の考え方は，原子以外の系にも適用できるのであるが，実際の数値計算は至難なので，本当につじつまを合わせる計算が行われているのは原子だけである．分子や固体内の電子にも，同様の考え方は適用されるが，実際の計算にあたっては，いろいろな簡単化を行わざるをえない.

［**例題**］ 軌道関数が

$$\varphi(\boldsymbol{r}) = \sqrt{\frac{1}{\pi a^3}}\,\mathrm{e}^{-r/a}$$

で与えられている電子を電荷雲として扱ったとき，これが他の電子におよぼすクーロン力のポテンシャルを求めよ.

［**解**］ 電荷密度

$$\rho(r) \equiv -e|\varphi(\boldsymbol{r})|^2 = \frac{-e}{\pi a^3}\,\mathrm{e}^{-2r/a}$$

は明らかに球対称であるから，これによる静電ポテンシャル $U(r)$ も r だけの関数である．ポテンシャルを求めるのには，(11) 式を用いなくとも，ポアッソンの方程式

$$\epsilon_0 \nabla^2 U = -\rho(\boldsymbol{r})$$

を解けばよいから，ここではそうすることにしよう．極座標で表した ∇^2 の式は (I) 巻の§4.1 (5) 式で与えられるが，U は r だけの関数なので

$$\nabla^2 U(r) = \frac{d^2U}{dr^2} + \frac{2}{r}\frac{dU}{dr} = \frac{1}{r}\frac{d^2}{dr^2}(rU)$$

ゆえに

$$\frac{\epsilon_0}{r}\frac{d^2}{dr^2}(rU) = \frac{e}{\pi a^3}\,\mathrm{e}^{-2r/a}$$

すなわち

$$\frac{d^2}{dr^2}(rU) = \frac{e}{\pi\epsilon_0 a^3}\,r\mathrm{e}^{-2r/a}$$

が得られる．これを積分すると，A を定数として

$$\frac{d}{dr}(rU) = -\frac{e}{\pi\epsilon_0 a^3}\left(\frac{a^2}{4} + \frac{a}{2}r\right)\mathrm{e}^{-2r/a} + A$$

となる．もう一度積分して r で割れば

$$U = \frac{e}{4\pi\epsilon_0}\left(\frac{1}{r} + \frac{1}{a}\right)\mathrm{e}^{-2r/a} + A + \frac{B}{r}$$

が得られる．B も定数である．エネルギーの原点を $r\to\infty$ のときに $U(r)\to 0$ とすれば，$A=0$ である．さらに $r\to 0$ のとき $U(r)$ が有限になるためには，$B = -e/4\pi\epsilon_0$ としなくてはいけない．結局

$$U(r) = \frac{-e}{4\pi\epsilon_0 r}(1-\mathrm{e}^{-2r/a}) + \frac{e}{4\pi\epsilon_0 a}\mathrm{e}^{-2r/a}$$

が得られる．これに $-e$ を掛けたものが電子に対するポテンシャルである．$a\to 0$ とすれば，$U(r) = -e/4\pi\epsilon_0 r$ となるが，これは原点に置かれた点電荷 $-e$ のつくる静電ポテンシャルである．

§9.4　ハートレー-フォックの近似

前節で調べたハートレーの近似では，波動関数を前節（3）式（19ページ）のような積の形で近似し，粒子の不可弁別性を無視している．電子系の場合には，スピンを考える必要があるし，各電子が独立にスピン軌道を占めるという近似を用いるにしても，全体を反対称化することが必要である．そこで，位置座標 $\boldsymbol{r}_i$ とスピン座標 σ_i を合わせたものを τ_i と記し，スピンをも含めた1電子の状態関数（軌道関数 $\varphi_a(\boldsymbol{r}_i)$ などとスピン関数 $\alpha(\sigma_i), \beta(\sigma_i)$ との積，またはその1次結合，たとえば（I）巻の§8.2（15),（16）式のようなもの）を $\phi_\lambda(\tau_i)$ などと記すことにし，スレイター行列式

$$\Phi \equiv |\phi_\lambda \ \phi_\mu \ \cdots \ \phi_\xi| = \frac{1}{\sqrt{N!}}\begin{vmatrix} \phi_\lambda(\tau_1) & \phi_\mu(\tau_1) & \cdots & \phi_\xi(\tau_1) \\ \phi_\lambda(\tau_2) & \phi_\mu(\tau_2) & \cdots & \phi_\xi(\tau_2) \\ \cdots & \cdots & \cdots & \cdots \\ \phi_\lambda(\tau_N) & \phi_\mu(\tau_N) & \cdots & \phi_\xi(\tau_N) \end{vmatrix} \tag{1}$$

で与えられる $\Phi(\tau_1, \tau_2, \cdots, \tau_N)$ を考える．

N 電子系のハミルトニアンは，前節（1）式（19ページ）

$$\mathcal{H} = \sum_{j=1}^{N}\left\{-\frac{\hbar^2}{2m}\nabla_j{}^2 + V(\boldsymbol{r}_j)\right\} + \sum_{i<j}\frac{e^2}{4\pi\epsilon_0 r_{ij}} \tag{2}$$

で与えられるのが普通であるが，もっと一般的には，右辺第1項の{　}内にスピン σ_j が含まれたり V が運動量に関係する場合もあるし，粒子間の相互

作用としてクーロン斥力以外のものを考えねばならないときもある．そこで，N 粒子系のハミルトニアンを

$$\mathcal{H} = \sum_{j=1}^{N} H(\tau_j) + \sum_{i<j} g(\tau_i, \tau_j) \tag{3}$$

のように，1粒子エネルギー H の和と，粒子間相互作用の項に書いておいた方が一般的である．粒子が電子で，これを非相対論的に扱うときには，(3)式は (2) 式のようになるわけである．

さて，ハミルトニアンが (3) 式で与えられるような N 粒子（フェルミ粒子とする）の系の波動関数をスレイター行列式 (1) で近似し，その近似がなるべく良くなるように $\phi_\lambda, \phi_\mu, \cdots, \phi_\xi$ を選ぶ，という変分の問題を考える．なるべく良くするというのは，

$$E[\phi] \equiv \int \cdots \int \Phi^* \mathcal{H} \Phi \, d\tau_1 \cdots d\tau_N \tag{4}$$

の値が停留値をとるようにする，ということである．ただし，τ_j についての積分と書いたのは，$\boldsymbol{r}_j$ についての三重積分と σ_j についての和を合わせたものを意味するものとする．

$\phi_\lambda, \phi_\mu, \cdots, \phi_\xi$ は，規格化され，かつ互いに直交しているものとする．すなわち

$$\int |\phi_\lambda(\tau)|^2 \, d\tau = \int |\phi_\mu(\tau)|^2 \, d\tau = \cdots = \int |\phi_\xi(\tau)|^2 \, d\tau = 1 \tag{5a}$$

$$\int \phi_\lambda^*(\tau) \phi_\mu(\tau) \, d\tau = \cdots = \int \phi_\lambda^*(\tau) \phi_\xi(\tau) \, d\tau = \int \phi_\mu^*(\tau) \phi_\xi(\tau) \, d\tau = \cdots = 0 \tag{5b}$$

が成り立っているとする．

ところで，Φ はスレイター行列式であるから，$N!$ 個の項の和である．これを

$$\Phi = \frac{1}{\sqrt{N!}} \sum_{\mathrm{P}} (-1)^{\mathrm{P}} \mathrm{P} \phi_\lambda(\tau_1) \phi_\mu(\tau_2) \cdots \phi_\xi(\tau_N) \tag{6}$$

と書き表すことが多い．ここで P は，その右側の N 個の（　）内にある $\tau_1, \tau_2, \cdots, \tau_N$ の順序をいろいろにとりかえる $N!$ 個の置換を表し，$(-1)^{\mathrm{P}}$ は，その置換 P が偶置

換なら $+1$，奇置換なら -1 を掛けよ，ということを記号的に表したものである．P は置換という操作を表すのであるから，数ではなく，したがって $(-1)^{\mathrm{P}}$ は -1 の P 乗という意味ではない．この記号を使うと，(4) 式は次のような $(N!)^2$ 個の項の和で表される．

$$\int\cdots\int \Phi^* \mathcal{H} \Phi \, d\tau_1 \cdots d\tau_N$$
$$= \frac{1}{N!} \sum_{\mathrm{P}'} \sum_{\mathrm{P}} (-1)^{\mathrm{P}'} (-1)^{\mathrm{P}} \int\cdots\int \{\mathrm{P}' \phi_\lambda{}^*(\tau_1) \phi_\mu{}^*(\tau_2) \cdots \phi_\xi{}^*(\tau_N)\}$$
$$\times \mathcal{H} \{\mathrm{P} \phi_\lambda(\tau_1) \phi_\mu(\tau_2) \cdots \phi_\xi(\tau_N)\} \, d\tau_1 \, d\tau_2 \cdots d\tau_N \tag{7}$$

ところで，この最後の定積分においては変数をどう書いても結果は同じであるから，第 2 の { } の中がもとの順序

$$\phi_\lambda(\tau_1) \phi_\mu(\tau_2) \cdots \phi_\xi(\tau_N)$$

にもどるような番号のつけかえを行うことにしよう．これは P の逆置換 P^{-1} を行うことである．ただし，この P^{-1} は被積分関数全体について行うのである．明らかに $\mathcal{H}$ はどのような置換に対しても不変であるから $\mathrm{P}^{-1}\mathcal{H} = \mathcal{H}$ である．また，$d\tau_1 \cdots d\tau_N$ に P^{-1} を作用させても掛ける順序が変わるだけであるから，もとと同じである．P^{-1} の影響を受けるのは第 1 の { } 内だけである．ゆえに

$$\int\cdots\int \{\mathrm{P}' \phi_\lambda{}^*(\tau_1) \cdots \phi_\xi{}^*(\tau_N)\} \mathcal{H} \{\mathrm{P} \phi_\lambda(\tau_1) \cdots \phi_\xi(\tau_N)\} \, d\tau_1 \cdots d\tau_N$$
$$= \int\cdots\int \{\mathrm{P}^{-1} \mathrm{P}' \phi_\lambda{}^*(\tau_1) \cdots \phi_\xi{}^*(\tau_N)\} \mathcal{H} \phi_\lambda(\tau_1) \cdots \phi_\xi(\tau_N) \, d\tau_1 \cdots d\tau_N$$

となる．

ところで，P が偶置換なら P^{-1} も偶置換，P が奇置換なら P^{-1} も奇置換であるから，$(-1)^{\mathrm{P}} = (-1)^{\mathrm{P}^{-1}}$ である．また，2 つの置換の積 $\mathrm{P}^{-1}\mathrm{P}'$ は 1 つの置換であるから，これを P'' と記すことにしよう．そうすると，$(-1)^{\mathrm{P}}(-1)^{\mathrm{P}'} = (-1)^{\mathrm{P}^{-1}}(-1)^{\mathrm{P}'} = (-1)^{\mathrm{P}''}$ と書けることは，置換の性質（2 つの偶置換を続けて行うのは偶置換 1 回を行うのと同じ，2 つの奇置換の積も偶置換で，偶置換と奇置換の積は奇置換になる）から容易にわかる．ゆえに，(7) 式は

$$(7) = \frac{1}{N!} \sum_{\mathrm{P}'} \sum_{\mathrm{P}} (-1)^{\mathrm{P}''} \int\cdots\int \{\mathrm{P}'' \phi_\lambda{}^*(\tau_1) \cdots \phi_\xi{}^*(\tau_N)\}$$
$$\times \mathcal{H} \phi_\lambda(\tau_1) \cdots \phi_\xi(\tau_N) \, d\tau_1 \cdots d\tau_N$$

となる．この二重和をとるときに，まず P についての和をとり，次に P' についての和をとるという順序で行うことにしよう．P' を 1 つ固定してあらゆる P を考えると，$N!$ 個の $\mathrm{P}'' = \mathrm{P}^{-1}\mathrm{P}'$ ができるが，これらはすべて異なる置換であって，可能な $N!$ 個の置換を網羅している．ゆえに，P' を固定したときの P についての和は

$$\sum_{\mathrm{P}}(-1)^{\mathrm{P}''}\int\cdots\int\{\mathrm{P}''\phi_\lambda{}^*(\tau_1)\cdots\phi_\xi{}^*(\tau_N)\}\mathcal{H}\phi_\lambda(\tau_1)\cdots\phi_\xi(\tau_N)\,d\tau_1\cdots d\tau_N$$
$$=\sum_{\mathrm{P}}(-1)^{\mathrm{P}}\int\cdots\int\{\mathrm{P}\phi_\lambda{}^*(\tau_1)\cdots\phi_\xi{}^*(\tau_N)\}\mathcal{H}\phi_\lambda(\tau_1)\cdots\phi_\xi(\tau_N)\,d\tau_1\cdots d\tau_N$$

となる．この和は明らかに P′ のとり方と無関係である．ゆえに，すべての P′（$N!$ 個）についての和をとるというのは，上の式を単に $N!$ 倍することに過ぎない．結局，(7) 式は

$$\int\cdots\int\Phi^*\mathcal{H}\Phi\,d\tau_1\cdots d\tau_N$$
$$=\int\cdots\int\left\{\sum_{\mathrm{P}}(-1)^{\mathrm{P}}\mathrm{P}\phi_\lambda{}^*(\tau_1)\cdots\phi_\xi{}^*(\tau_N)\right\}\mathcal{H}\phi_\lambda(\tau_1)\cdots\phi_\xi(\tau_N)\,d\tau_1\cdots d\tau_N \tag{8}$$

となる．

つまり，

> 2つのスレイター行列式で演算子をはさんだ積分を計算するときには，両方を行列式の形に書く必要はなく，一方では変数の順序を固定した単なる積をとり，他方のみを反対称化した行列式として扱えばよい．このとき，因子 $1/N!$ は不要となる．

(8) 式では左側に P をつけたが，その代りに $\mathcal{H}$ の右に P をもってきてもよい．また，これと同様のことは

$$\int\cdots\int\Phi^* Q(\tau_1,\tau_2,\cdots,\tau_N)\,\Phi'\,d\tau_1\cdots d\tau_N$$

（Q は $\tau_1,\cdots,\tau_N$ に関し対称な演算子）

という形の積分の場合にもいえることはすぐわかるであろう．

さて，いよいよ (8) 式の $\mathcal{H}$ に (3) 式を入れて計算を遂行することを考えよう．まず，(3) 式の右辺の第 1 項 $\sum_{j=1}^{N}H(\tau_j)$ をとり上げる．$H(\tau_1)$ は変数 τ_1 を含む部分のみに作用するから，

$$H(\tau_1)\phi_\lambda(\tau_1)\phi_\mu(\tau_2)\cdots\phi_\xi(\tau_N)=\{H(\tau_1)\phi_\lambda(\tau_1)\}\phi_\mu(\tau_2)\cdots\phi_\xi(\tau_N)$$

となる．(8) 式で右辺の｛ ｝内の各項 $\pm\phi_\lambda{}^*(\tau_l)\phi_\mu{}^*(\tau_m)\cdots\phi_\xi{}^*(\tau_p)$ のうちで，

これと掛けて積分したときに0にならないものを考える．スレイター行列式の性質により $\phi_\lambda, \phi_\mu, \cdots, \phi_\xi$ は全部異なる関数であり，異なる関数は互いに直交することに注意しよう．そうすると，$\phi_\mu(\tau_2)$ と掛け合わせて τ_2 で積分したときに0にならないための相手は $\phi_\mu{}^*(\tau_2)$ でなくてはならない．$\tau_3, \tau_4, \cdots, \tau_N$ についても同様であるから，左側の各項のうちで積分に寄与しうるのは $\phi_\mu{}^*(\tau_2)\cdots\phi_\xi{}^*(\tau_N)$ という因子を含む項，すなわちPとして何もしない0回の置換項

$$\phi_\lambda{}^*(\tau_1)\,\phi_\mu{}^*(\tau_2)\cdots\phi_\xi{}^*(\tau_N)$$

だけである．残りの $N!-1$ 項はすべて積分が0になる．このときの $(-1)^{\mathrm{P}}$ は $+1$ である．$\phi_\mu, \cdots, \phi_\xi$ はすべて規格化されているから，結局

$$\int\cdots\int\left\{\sum_{\mathrm{P}}(-1)^{\mathrm{P}}\,\mathrm{P}\,\phi_\lambda{}^*(\tau_1)\cdots\phi_\xi{}^*(\tau_N)\right\}H(\tau_1)\,\phi_\lambda(\tau_1)\cdots\phi_\xi(\tau_N)\,d\tau_1\cdots d\tau_N$$
$$=\int\phi_\lambda{}^*(\tau_1)\,H(\tau_1)\,\phi_\lambda(\tau_1)\,d\tau_1$$

となる．同様にして，$H(\tau_2), \cdots, H(\tau_N)$ をはさんだ積分はそれぞれ

$$\int\phi_\mu{}^*(\tau_2)\,H(\tau_2)\,\phi_\mu(\tau_2)\,d\tau_2,\qquad\cdots\cdots,\qquad\int\phi_\xi{}^*(\tau_N)\,H(\tau_N)\,\phi_\xi(\tau_N)\,d\tau_N$$

となることは容易にわかる．これらはいずれも定積分なので，変数 $\tau_1, \tau_2, \cdots, \tau_N$ の添字 $1, 2, \cdots, N$ を省いてよい．結局，1粒子エネルギーの項は

$$\int\cdots\int\Phi^*\left\{\sum_j H(\tau_j)\right\}\Phi\,d\tau_1\cdots d\tau_N$$
$$=\int\phi_\lambda{}^*(\tau)\,H(\tau)\,\phi_\lambda(\tau)\,d\tau+\int\phi_\mu{}^*(\tau)\,H(\tau)\,\phi_\mu(\tau)\,d\tau+\cdots$$
$$+\int\phi_\xi{}^*(\tau)\,H(\tau)\,\phi_\xi(\tau)\,d\tau$$
$$=\langle\lambda|H|\lambda\rangle+\langle\mu|H|\mu\rangle+\cdots+\langle\xi|H|\xi\rangle \tag{9}$$

ただし，

$$\langle\eta|H|\eta\rangle\equiv\int\phi_\eta{}^*(\tau)\,H(\tau)\,\phi_\eta(\tau)\,d\tau \tag{10}$$

となる．これは，各スピン軌道ごとに計算した1粒子エネルギーの和である．

次に，粒子間相互作用 $\sum_{i<j} g(\tau_i, \tau_j)$ をはさんだ積分を考えよう．いま，たと

えば $g(\tau_1, \tau_2)$ という項をとってみると，これを $\phi_\lambda(\tau_1)\phi_\mu(\tau_2)\cdots\phi_\xi(\tau_N)$ に作用させたときには

$$g(\tau_1, \tau_2)\phi_\lambda(\tau_1)\phi_\mu(\tau_2)\phi_\nu(\tau_3)\cdots\phi_\xi(\tau_N) = \{g(\tau_1, \tau_2)\phi_\lambda(\tau_1)\phi_\mu(\tau_2)\}\phi_\nu(\tau_3)\cdots\phi_\xi(\tau_N)$$

となって，$\phi_\nu(\tau_3)$ 以下は変化を受けない．したがって，(8) 式の { } 内の各項のうちで，これと掛け合わせて積分したときに 0 とならないのは

$$\phi_\nu^*(\tau_3)\cdots\phi_\xi^*(\tau_N)$$

という因子を含むものだけである．そのようなものが，

$$\phi_\lambda^*(\tau_1)\phi_\mu^*(\tau_2)\phi_\nu^*(\tau_3)\cdots\phi_\xi^*(\tau_N)$$
$$-\phi_\lambda^*(\tau_2)\phi_\mu^*(\tau_1)\phi_\nu^*(\tau_3)\cdots\phi_\xi^*(\tau_N)$$

の 2 つだけであることは，すぐにわかるであろう．第 1 の項は P として何もしないもの（ゼロ置換）に対応し，第 2 のものは P として τ_1 と τ_2 だけを交換する奇置換の項であるから負号をつけたのである．ゆえに

$$\begin{aligned}\int\cdots\int\left\{\sum_{\mathrm{P}}(-1)^{\mathrm{P}}\,\mathrm{P}\,\phi_\lambda^*(\tau_1)\cdots\phi_\xi^*(\tau_N)\right\}g(\tau_1, \tau_2)\phi_\lambda(\tau_1)\cdots\phi_\xi(\tau_N)\,d\tau_1\cdots d\tau_N \\ = \iint\phi_\lambda^*(\tau_1)\phi_\mu^*(\tau_2)g(\tau_1, \tau_2)\phi_\lambda(\tau_1)\phi_\mu(\tau_2)\,d\tau_1\,d\tau_2 \\ - \iint\phi_\mu^*(\tau_1)\phi_\lambda^*(\tau_2)g(\tau_1, \tau_2)\phi_\lambda(\tau_1)\phi_\mu(\tau_2)\,d\tau_1\,d\tau_2 \qquad (11)\end{aligned}$$

となることがわかる．変数は τ_1, τ_2 と書かずに τ, τ' などと書いてもよいから，粒子の番号には拘泥しなくてよい．結局，これはスピン軌道 ϕ_λ を占めている粒子と，ϕ_μ を占めている粒子との間の相互作用のエネルギーである．

簡単のために，

$$\langle\lambda\mu|g|\nu\eta\rangle \equiv \iint\phi_\lambda^*(\tau)\phi_\mu^*(\tau')g(\tau, \tau')\phi_\nu(\tau)\phi_\eta(\tau')\,d\tau\,d\tau' \qquad (12)$$

という記号を使うことにすると

$$(11) = \langle\lambda\mu|g|\lambda\mu\rangle - \langle\lambda\mu|g|\mu\lambda\rangle$$

となる．

結局，$\Phi = |\phi_\lambda\ \phi_\mu\ \phi_\nu\ \cdots\ \phi_\xi|$ による $\mathcal{H} = \sum_j H(\tau_j) + \sum_{i<j} g(\tau_i, \tau_j)$ の期待値は

$$\int\cdots\int \Phi^* \mathscr{H} \Phi \, d\tau_1 \cdots d\tau_N$$
$$= \langle\lambda|H|\lambda\rangle + \langle\mu|H|\mu\rangle + \langle\nu|H|\nu\rangle + \cdots + \langle\xi|H|\xi\rangle$$
$$+ \{\langle\lambda\mu|g|\lambda\mu\rangle - \langle\lambda\mu|g|\mu\lambda\rangle\} + \{\langle\lambda\nu|g|\lambda\nu\rangle - \langle\lambda\nu|g|\nu\lambda\rangle\}$$
$$+ \cdots + \{\langle\eta\xi|g|\eta\xi\rangle - \langle\eta\xi|g|\xi\eta\rangle\} \qquad (13)$$

という形になることがわかる．ここで，行列式を使ったために生じたいちじるしいことは，$\langle\lambda\mu|g|\mu\lambda\rangle$ というタイプの項の出現であって，前節のような取扱いでは $\langle\lambda\mu|g|\lambda\mu\rangle$ という形の項だけしか現れないのである．

ここで変分原理を適用し，(13) 式の値に停留値をとらせるような $\phi_\lambda, \phi_\mu, \cdots, \phi_\xi$ を探すのが次の仕事である．今度は $\langle\lambda\mu|g|\mu\lambda\rangle$ という形の項があるので，前節のように§7.6の結果をそのまま用いるわけにはいかない．しかし，ここでその手続きを詳述するとわずらわしいから，結果だけを記すことにしよう．前節のハートレーの方程式に対応するものは，たとえば，$\phi_\lambda(\tau)$ に対しては

$$\Big[H(\tau) + \sum_\zeta{}' \int \phi_\zeta^*(\tau') g(\tau, \tau') \phi_\zeta(\tau') \, d\tau'\Big] \phi_\lambda(\tau)$$
$$- \sum_\zeta{}' \Big\{\int \phi_\zeta^*(\tau') g(\tau, \tau') \phi_\lambda(\tau') \, d\tau'\Big\} \phi_\zeta(\tau) = \varepsilon_\lambda \phi_\lambda(\tau) \qquad (14)$$

という形になることが導かれる．これを**フォックの方程式**という．* ハートレー－フォックまたはフォック－ディラックの方程式などとよぶこともある．ζ についての和に ′ をつけたのは，粒子が占めているスピン軌道 $\phi_\lambda, \phi_\mu, \cdots, \phi_\xi$ のうち，着目している λ を除外した残りの $N-1$ 個についての和をとることを示すためである．しかし，これの第1行目に

$$\Big\{\int \phi_\lambda^*(\tau') g(\tau, \tau') \phi_\lambda(\tau') \, d\tau'\Big\} \phi_\lambda(\tau)$$

を加え，同じものを第2行目から引いてもよいから，そのようにすると，ζ についての和は λ をも含めた N 個すべての和になる．このとき $\sum$ の肩の

* フォックはロシア人なので原名はB. A. Фок であるが，ラテン文字で書くときはV. A. Fock とすることが多い．Fok と書いてある本もある．

′を省くことにすると，(14) 式は

$$\left[H(\tau)+\sum_{\zeta}\int\phi_{\zeta}{}^{*}(\tau')g(\tau,\tau')\phi_{\zeta}(\tau')\,d\tau'\right]\phi_{\lambda}(\tau)$$

$$-\int\left\{\sum_{\zeta}\phi_{\zeta}{}^{*}(\tau')g(\tau,\tau')\phi_{\zeta}(\tau)\right\}\phi_{\lambda}(\tau')\,d\tau'=\varepsilon_{\lambda}\,\phi_{\lambda}(\tau) \qquad (14)'$$

となる．ζ についての和は $\lambda,\mu,\cdots,\xi$ のすべてについてとるのであるから，この式の左辺を $H_{\mathrm{F}}(\tau)\phi_{\lambda}(\tau)$ と書いたときの演算子 $H_{\mathrm{F}}(\tau)$ は λ には無関係である．ただし

$$H_{\mathrm{F}}(\tau)=H(\tau)+W_{\mathrm{C}}(\tau)+W_{\mathrm{ex}}(\tau) \qquad (15)$$

$$W_{\mathrm{C}}(\tau)=\sum_{\zeta}\int\phi_{\zeta}{}^{*}(\tau')g(\tau,\tau')\phi_{\zeta}(\tau')\,d\tau' \qquad (15\mathrm{a})$$

とおいたときに，$W_{\mathrm{ex}}(\tau)$ は

$$W_{\mathrm{ex}}(\tau)f(\tau)=-\int\left\{\sum_{\zeta}\phi_{\zeta}{}^{*}(\tau')g(\tau,\tau')\phi_{\zeta}(\tau)\right\}f(\tau')\,d\tau' \qquad (15\mathrm{b})$$

で定義される積分演算子である．

(14)′ 式は演算子 H_{F} に関する固有値方程式

$$H_{\mathrm{F}}(\tau)\phi(\tau)=\varepsilon\phi(\tau) \qquad (16)$$

である．これの固有値および規格化された固有関数を $\varepsilon_1,\varepsilon_2,\cdots$ および $\phi_1(\tau),\phi_2(\tau),\cdots$ とすれば，(I) 巻の第6章の一般論により，異なる固有値に属する固有関数は直交するし，縮退した固有値に属する固有関数は直交するようにとれるから，

$$\int\phi_n{}^{*}(\tau)\phi_m(\tau)\,d\tau=\delta_{nm} \qquad (17)$$

と書いてよい．はじめに直交性 (5b) 式を仮定したのは，正しかったのである．*

* 前節で述べたハートレーの方法では，φ_a をきめるための H_a，φ_b をきめるための H_b，… は一般には異なるので，それらの固有関数として得られる $\varphi_a,\varphi_b,\cdots$ の間には，こういう直交関係は保証されていない．ハートレーの近似は，この点にも問題がある．

［**例題**］ $\langle\lambda\mu|g|\nu\eta\rangle = \langle\mu\lambda|g|\eta\nu\rangle$ であることを示せ．

［**解**］ $g(\tau, \tau')$ は同種粒子間の相互作用を表すから，

$$g(\tau, \tau') = g(\tau', \tau)$$

である．(12) 式で τ と τ' を交換すれば

$$\begin{aligned}\langle\lambda\mu|g|\nu\eta\rangle &\equiv \iint \phi_\lambda{}^*(\tau)\,\phi_\mu{}^*(\tau')\,g(\tau, \tau')\,\phi_\nu(\tau)\,\phi_\eta(\tau')\,d\tau\,d\tau' \\ &= \iint \phi_\mu{}^*(\tau)\,\phi_\lambda{}^*(\tau')\,g(\tau, \tau')\,\phi_\eta(\tau)\,\phi_\nu(\tau')\,d\tau\,d\tau' \\ &= \langle\mu\lambda|g|\eta\nu\rangle\end{aligned}$$

となることは，ただちにわかるであろう．

§9.5　クーロン積分と交換積分

前節ではかなり一般的な場合を考えたが，ここでは g がクーロン斥力

$$g(\tau_i, \tau_j) = \frac{e^2}{4\pi\epsilon_0 r_{ij}} \tag{1}$$

で，$H(\tau)$ がスピンに関係しない場合を考えよう．また，$\phi_\zeta(\tau)$ としては位置座標だけの関数 $\varphi_n(\boldsymbol{r})$ とスピン関数 $\alpha(\sigma)$ または $\beta(\sigma)$ との積をとることにする．つまり，軌道 $\varphi_a, \varphi_b, \cdots, \varphi_n$ を占めている電子のスピンは上向き（α スピン），軌道 $\varphi_p, \varphi_q, \cdots, \varphi_r$ を占めている電子のスピンは下向き（β スピン），というように指定されているものとする．このときのスレイター行列式は，§9.2 (22)′ 式（15 ページ）の記法に従えば

$$\Phi = |\varphi_a\ \ \varphi_b\ \cdots\ \varphi_n\ \ \overline{\varphi}_p\ \ \overline{\varphi}_q\ \cdots\ \overline{\varphi}_r| \tag{2}$$

と書かれる．

1 粒子のハミルトニアン H はスピンに関係しないから，$\varphi_a(\boldsymbol{r})\alpha(\sigma)$ に対して $\langle\lambda|H|\lambda\rangle$ は

$$\begin{aligned}\int \varphi_a{}^*(\boldsymbol{r})\,\alpha^*(\sigma)\,H\,\varphi_a(\boldsymbol{r})\,\alpha(\sigma)\,d\tau &= \int \varphi_a{}^*(\boldsymbol{r})\,H\,\varphi_a(\boldsymbol{r})\,d\boldsymbol{r}\sum_\sigma \alpha^*(\sigma)\,\alpha(\sigma) \\ &= \int \varphi_a{}^*(\boldsymbol{r})\,H\,\varphi_a(\boldsymbol{r})\,d\boldsymbol{r}\end{aligned}$$

となる．これを $\langle a|H|a\rangle$ と略記することにしよう．以下の $\varphi_b\alpha, \varphi_c\alpha, \cdots, \varphi_n\alpha$

についても全く同様である．

下向きスピンの電子に対しても話は同じであり，たとえば $\varphi_p\beta$ に対しては，

$$\begin{aligned}\int \varphi_p{}^*(\boldsymbol{r})\,\beta^*(\sigma)\,H\,\varphi_p(\boldsymbol{r})\,\beta(\sigma)\,d\tau &= \int \varphi_p{}^*(\boldsymbol{r})\,H\,\varphi_p(\boldsymbol{r})\,d\boldsymbol{r}\ \sum_\sigma \beta^*(\sigma)\,\beta(\sigma)\\ &= \int \varphi_p{}^*(\boldsymbol{r})\,H\,\varphi_p(\boldsymbol{r})\,d\boldsymbol{r}\\ &= \langle p|H|p\rangle\end{aligned}$$

となる．ゆえに，1電子エネルギーの部分は

$$\begin{aligned}&\int\cdots\int \Phi^* \sum_j H(\boldsymbol{r}_j)\,\Phi\,d\tau_1\cdots d\tau_N\\ &\qquad = \langle a|H|a\rangle + \langle b|H|b\rangle + \cdots + \langle n|H|n\rangle\\ &\qquad\quad + \langle p|H|p\rangle + \langle q|H|q\rangle + \cdots + \langle r|H|r\rangle\end{aligned} \tag{3}$$

のように，電子に占められた各軌道のエネルギー（スピンによらない）の和に等しい．

次に，相互作用 (1) 式による $\langle\lambda\mu|g|\lambda\mu\rangle$ の形の項を考えよう．g は (1) 式の形で，スピン変数を含まないから，$\phi_\lambda(\tau) = \varphi_l(\boldsymbol{r})\,\gamma(\sigma)$，$\phi_\mu(\tau) = \varphi_m(\boldsymbol{r})\,\gamma'(\sigma)$ とおくと（γ, γ' は α または β）

$$\begin{aligned}\langle\lambda\mu|g|\lambda\mu\rangle &= \iint \phi_\lambda{}^*(\tau_1)\,\phi_\mu{}^*(\tau_2)\,\frac{e^2}{4\pi\epsilon_0 r_{12}}\,\phi_\lambda(\tau_1)\,\phi_\mu(\tau_2)\,d\tau_1\,d\tau_2\\ &= \iint \varphi_l{}^*(\boldsymbol{r}_1)\,\varphi_m{}^*(\boldsymbol{r}_2)\,\frac{e^2}{4\pi\epsilon_0 r_{12}}\,\varphi_l(\boldsymbol{r}_1)\,\varphi_m(\boldsymbol{r}_2)\,d\boldsymbol{r}_1\,d\boldsymbol{r}_2\\ &\qquad \times \sum_{\sigma_1}\gamma^*(\sigma_1)\,\gamma(\sigma_1)\sum_{\sigma_2}\gamma'^*(\sigma_2)\,\gamma'(\sigma_2)\end{aligned}$$

となるが，γ と γ' が α, β のどれであっても

$$\sum_{\sigma_1}\gamma^*(\sigma_1)\,\gamma(\sigma_1) = 1$$

$$\sum_{\sigma_2}\gamma'^*(\sigma_2)\,\gamma'(\sigma_2) = 1$$

であるから，ϕ_λ と ϕ_μ のスピンの如何にかかわらず

$$\langle\lambda\mu|g|\lambda\mu\rangle = \iint |\varphi_l(\boldsymbol{r}_1)|^2\,\frac{e^2}{4\pi\epsilon_0 r_{12}}\,|\varphi_m(\boldsymbol{r}_2)|^2\,d\boldsymbol{r}_1\,d\boldsymbol{r}_2 \tag{4}$$

となる．これは，§9.3で考えた2つの電荷雲の間の静電ポテンシャルエネルギーに他ならない．つまり，系の波動関数を(2)式の形のΦで近似したとき，スピンの向きに関係なく，軌道φ_lを占める電子とφ_mを占める電子の間には(4)式の形の相互作用エネルギーが存在することになる．このエネルギーを**クーロンエネルギー**，(4)式の形の積分を**クーロン積分**とよぶ．以下の計算では，(4)式の右辺を$Q(l, m)$と表すことにしよう．

$$Q(l, m) \equiv \iint |\varphi_l(\boldsymbol{r}_1)|^2 \frac{e^2}{4\pi\epsilon_0 r_{12}} |\varphi_m(\boldsymbol{r}_2)|^2 \, d\boldsymbol{r}_1 \, d\boldsymbol{r}_2 \tag{5}$$

今度は$\langle \lambda\mu | g | \mu\lambda \rangle$という形の項を考えてみよう．前と同様に$\phi_\lambda(\tau) = \varphi_l(\boldsymbol{r})\gamma(\sigma)$，$\phi_\mu(\tau) = \varphi_m(\boldsymbol{r})\gamma'(\sigma)$とすると，すぐわかるように

$$\langle \lambda\mu | g | \mu\lambda \rangle = \iint \varphi_l{}^*(\boldsymbol{r}_1)\varphi_m(\boldsymbol{r}_1) \frac{e^2}{4\pi\epsilon_0 r_{12}} \varphi_m{}^*(\boldsymbol{r}_2)\varphi_l(\boldsymbol{r}_2)\, d\boldsymbol{r}_1 \, d\boldsymbol{r}_2 \times \sum_{\sigma_1} \gamma^*(\sigma_1)\gamma'(\sigma_1) \sum_{\sigma_2} \gamma'^*(\sigma_2)\gamma(\sigma_2)$$

となるが，$\gamma = \gamma' = \alpha$または$\gamma = \gamma' = \beta$ならば

$$\sum_{\sigma_1} \gamma^*(\sigma_1)\gamma'(\sigma_1) = \sum_{\sigma_2} \gamma'^*(\sigma_2)\gamma(\sigma_2) = 1$$

となるけれども，$\gamma = \alpha$，$\gamma' = \beta$またはその逆に$\gamma = \beta$，$\gamma' = \alpha$であると，スピン関数の直交性（(I)巻の§8.1を参照）により，これらの和は0になってしまう．そこで

$$J(l, m) \equiv \iint \varphi_l{}^*(\boldsymbol{r}_1)\varphi_m(\boldsymbol{r}_1) \frac{e^2}{4\pi\epsilon_0 r_{12}} \varphi_m{}^*(\boldsymbol{r}_2)\varphi_l(\boldsymbol{r}_2)\, d\boldsymbol{r}_1 \, d\boldsymbol{r}_2 \tag{6}$$

と書くことにすると，

$$\langle \lambda\mu | g | \mu\lambda \rangle = \begin{cases} J(l, m) & \phi_\lambda \text{と} \phi_\mu \text{のスピンの向きが同じとき} \\ 0 & \phi_\lambda \text{と} \phi_\mu \text{のスピンの向きが異なるとき} \end{cases}$$

となることがわかる．(6)式の形の積分を**交換積分**といい，これは必ず正の値をとることが証明されている．

以上をまとめると

スレイター行列式 $\Phi = |\varphi_a\ \varphi_b\ \cdots\ \varphi_n\ \overline{\varphi}_b\ \overline{\varphi}_q\ \cdots\ \overline{\varphi}_r|$ で近似的に表した N 電子系のエネルギーは

（i） φ_a から φ_r までのすべての軌道についての N 個の1電子エネルギーの和（(3) 式で与えられる）

（ii） スピンの向きに関係なく，φ_a から φ_r までのすべての軌道に関する $(1/2)N(N-1)$ 個のクーロンエネルギーの和：$\sum Q(l,m)$

（iii） 同じスピンの向きの電子間の交換エネルギーの和：$-\sum J(l,m)$

の3つの部分から成る

ことがわかる．

［**例題1**］ 5電子系の波動関数が $\Phi = |\varphi_a\ \overline{\varphi}_a\ \varphi_b\ \overline{\varphi}_b\ \varphi_c|$ で与えられているとき，エネルギーの表式を求めよ．

［**解**］ 1電子エネルギーは

$$2\langle a|H|a\rangle + 2\langle b|H|b\rangle + \langle c|H|c\rangle$$

クーロンエネルギーは

$$Q(a,a) + Q(b,b) + 4Q(a,b) + 2Q(a,c) + 2Q(b,c)$$

交換エネルギーは

$$-2J(a,b) - J(a,c) - J(b,c)$$

であるから，全部を合計して

$$\begin{aligned} E[\Phi] &\equiv \int\cdots\int \Phi^* \mathcal{H} \Phi\, d\tau_1 \cdots d\tau_5 \\ &= 2\langle a|H|a\rangle + 2\langle b|H|b\rangle + \langle c|H|c\rangle \\ &\qquad + Q(a,a) + Q(b,b) + 4Q(a,b) - 2J(a,b) \\ &\qquad + 2Q(a,c) - J(a,c) + 2Q(b,c) - J(b,c) \end{aligned} \tag{7}$$

が得られる．

しばしば断ったように，Φ を1個のスレイター行列式で表すというのは近似であって，たとえフォックの方程式を解いてつじつまが合うようにしたところで，正しい $\mathcal{H}$ の固有関数にはならない．したがって，多電子系のエネルギーを，1 電子エネルギー，クーロンエネルギー，交換エネルギーの和として表すのも近似である．しかし，このように表したときに，1 電子エネルギーは他の電子が存在しないとした場合に着目した電子のエネルギー，クーロンエネルギーは§9.3 で考えたように，電子を電荷雲で置き換えたときのその間の静電エネルギー，としてその意味を理解することはそう困難でない．ところが，交換エネルギーというのは，多体系の波動関数の不可弁別性に基づく反対称化にともなって出現した項であって，直感的には誠にわかりにくく，古典論での類推も全然きかない厄介なものである．これをどう考えたらよいのだろうか．

先に§9.2 の［例題 3］（18 ページ）において，同じスピンをもった 2 個の電子は互いによけ合うようになっていることを見た．

$$\Phi_{\alpha\alpha} \equiv |\varphi_a \ \ \varphi_b| = \frac{1}{\sqrt{2}}\begin{vmatrix} \varphi_a(\boldsymbol{r}_1)\alpha(\sigma_1) & \varphi_b(\boldsymbol{r}_1)\alpha(\sigma_1) \\ \varphi_a(\boldsymbol{r}_2)\alpha(\sigma_2) & \varphi_b(\boldsymbol{r}_2)\alpha(\sigma_2) \end{vmatrix}$$

では $\boldsymbol{r}_1 = \boldsymbol{r}_2$ とすると $\Phi_{\alpha\alpha} = 0$ になるのである．しかし，同じ φ_a と φ_b に電子が入っているときでも，スピンが α と β のときにはそのようなことはない．

$$\Phi_{\alpha\beta} \equiv |\varphi_a \ \ \bar{\varphi}_b| = \frac{1}{\sqrt{2}}\begin{vmatrix} \varphi_a(\boldsymbol{r}_1)\alpha(\sigma_1) & \varphi_b(\boldsymbol{r}_1)\beta(\sigma_1) \\ \varphi_a(\boldsymbol{r}_2)\alpha(\sigma_2) & \varphi_b(\boldsymbol{r}_2)\beta(\sigma_2) \end{vmatrix}$$

は $\boldsymbol{r}_1 = \boldsymbol{r}_2$ としても 0 にはならない．いま，この $\Phi_{\alpha\alpha}$ と $\Phi_{\alpha\beta}$ についてエネルギーを求めてみると

$$\iint \Phi_{\alpha\alpha}{}^* \mathcal{H} \Phi_{\alpha\alpha}\, d\tau_1\, d\tau_2 = \langle a|H|a\rangle + \langle b|H|b\rangle + Q(a, b) - J(a, b) \tag{8a}$$

$$\iint \Phi_{\alpha\beta}{}^* \mathcal{H} \Phi_{\alpha\beta}\, d\tau_1\, d\tau_2 = \langle a|H|a\rangle + \langle b|H|b\rangle + Q(a, b) \tag{8b}$$

となって，$\Phi_{\alpha\alpha}$ の方が $J(a, b)\ (>0)$ だけエネルギーが低い．以上によって次のことがわかるであろう．すなわち，波動関数の反対称化によって，平行スピンの電子の間には一種の相関（互いによけ合う）を生じるので，全く独立に運動するとして求めたクーロン力のエネルギー $Q(a, b)$ は過大評価である．

平行スピンの電子は $e^2/4\pi\epsilon_0 r_{12}$ が大きくなるような距離までは互いに近づかないので，$Q(a,b)-J(a,b)$ に減少しているのである．つまり，$J(a,b)$ は平行スピン電子の位置相関に起因するクーロン斥力のエネルギーの減り高を表すものである．

このように，ハミルトニアン $\mathscr{H}$ はスピンを含まないのに，スピンによって多電子系のエネルギーに相違を生じるというのは，不可弁別性に基づく波動関数の反対称性によってはじめて起こる顕著な効果であって，量子論的効果の代表的なものの1つである．物質の示す磁性の大半は，このような効果によるのである．

［**例題 2**］ H がスピンを含まず，g が（1）式で与えられる系において，(2) 式で与えられる Φ について，φ_a を定めるフォックの方程式を位置座標だけで書き表せ．

［**解**］ 前節の（14)′ 式（33 ページ）において，$\phi_\lambda(\tau)=\varphi_a(\boldsymbol{r})\alpha(\sigma)$ とし，ϕ_ζ として $\varphi_a\alpha, \varphi_b\alpha, \cdots, \varphi_n\alpha, \varphi_p\beta, \varphi_q\beta, \cdots, \varphi_r\beta$ を代入し，τ' についての積分（$\boldsymbol{r}'$ についての積分と，σ' についての和）のうちで σ' についての和を実行してしまえばよい．

$$\sum_\zeta \int \phi_\zeta^*(\tau')\, g(\tau,\tau')\, \phi_\zeta(\tau')\, d\tau' = \frac{e^2}{4\pi\epsilon_0} \sum_{l=a}^{r} \int \frac{|\varphi_l(\boldsymbol{r}')|^2}{|\boldsymbol{r}-\boldsymbol{r}'|}\, d\boldsymbol{r}'$$

は容易にわかるであろう．

$$\int \left\{\sum_\zeta \phi_\zeta^*(\tau')\, g(\tau,\tau')\, \phi_\zeta(\tau)\right\} \varphi_a(\boldsymbol{r}')\,\alpha(\sigma')\, d\tau'$$
$$= \sum_{l=a}^{n} \int \varphi_l^*(\boldsymbol{r}')\, \frac{e^2}{4\pi\epsilon_0|\boldsymbol{r}-\boldsymbol{r}'|}\, \varphi_l(\boldsymbol{r})\,\alpha(\sigma)\,\varphi_a(\boldsymbol{r}')\, d\boldsymbol{r}'$$

においてはスピン関数の直交性から $\sum_{\sigma'} \beta^*(\sigma')'\alpha(\sigma')=0$ となるので，ζ についての和は α スピンのもの（$\varphi_a, \varphi_b, \cdots, \varphi_n$）だけに限られてしまうのである．

以上を前節（14)′ 式に代入し，全体に共通な $\alpha(\sigma)$ を省けば，

$$\left[H + \sum_{l=a}^{r} \int \frac{e^2}{4\pi\epsilon_0|\boldsymbol{r}-\boldsymbol{r}'|}\, |\varphi_l(\boldsymbol{r}')|^2\, d\boldsymbol{r}'\right] \varphi_a(\boldsymbol{r})$$
$$- \sum_{l=a}^{n} \left\{\int \frac{e^2}{4\pi\epsilon_0|\boldsymbol{r}-\boldsymbol{r}'|}\, \varphi_l^*(\boldsymbol{r}')\,\varphi_a(\boldsymbol{r}')\, d\boldsymbol{r}'\right\} \varphi_l(\boldsymbol{r}) = \varepsilon\,\varphi_a(\boldsymbol{r}) \qquad (9)$$

が得られる．大抵の場合には，

$$H = -\frac{\hbar^2}{2m}\nabla^2 + V(\boldsymbol{r})$$

である．普通，**フォックの方程式**というときには，この (9) 式の形のものを意味することが多い．

10

原子と角運動量

前章で調べた方法を原子に適用すると，元素の周期律が見事に説明される．一般の原子の問題では，角運動量とその合成が重要である．角運動量について詳述すればきりがないので，本章では代表的な例について説明するにとどめた．しかし，計算についてはできるだけ波動関数の具体的な形のものを用い，やり方をくわしく述べてあるから，これをていねいに追って勉強すれば，この方面の基礎的なことは身につくと思う．

§10.1　元素の周期律

前の章で述べたハートレーの近似やハートレー－フォックの近似は，原子に適用されてその有効性を発揮した．§9.3でも触れておいたように，ハートレーの方法では，各軌道をきめる方程式に含まれる他電子の影響は，静的な電荷雲のつくるポテンシャルで近似される．このポテンシャルは一般には球対称ではないし，また軌道ごとに異なるものである．しかし，普通の計算では，角度について平均をとって球対称としたものを用いることが多い．また，軌道による差はあまり大きくないものとして，ここではさしあたりすべての軌道に共通なポテンシャルを使うということにしよう．ハートレー－フォックの方法ではその点はよいのであるが，ポテンシャルの形が積分演算子になって話が複雑になる．積分演算子をポテンシャルに直す近似法も考案されているので，いまはさしあたりすべての電子に共通なポテンシャルとして球対称のポテンシャルを用いることにして話を進めよう．

そうすると，各電子の軌道関数は

$$\left\{-\frac{\hbar^2}{2m}\nabla^2 + V(r)\right\}\varphi_h(\boldsymbol{r}) = \varepsilon_h\,\varphi_h(\boldsymbol{r}) \tag{1}$$

という一体問題の固有関数として求められる．$V(r)$ は，球対称化したポテンシャルである．原子核がもつ電荷を Ze とすれば，着目した電子が核の近くにきたときには，この正電荷 Ze による引力だけを感じるとみてよい．なぜならば，他の電子からの力は球対称に分布した負電荷によるもので置き換えているので，そのように分布した電荷がその内側につくる電場は 0 になるからである．* 逆に，核から十分遠いところでは，核の電荷 Ze はそのまわりをとり囲む他の電子（中性原子を考えることにすると $(Z-1)$ 個）の電荷雲で遮蔽されているから，$Ze-(Z-1)e=+e$ という点電荷のつくる電場に等しいものができている．§9.3 の［例題］（25〜26 ページ）で求めた $U(r)$ に核のつくるクーロン場を重ねたものは，そのような電場の一例である．

さて，(1) 式は中心力場における一体問題のシュレーディンガー方程式になっているから，(I) 巻の第 4 章で調べたように，その固有関数 $\varphi_h(\boldsymbol{r})$ は

$$\varphi_h(\boldsymbol{r}) = R_{nl}(r)\,Y_l{}^m(\theta,\phi) \tag{2}$$

という形に書くことができ，固有状態は主量子数 n，方位量子数 l，磁気量子数 m によって指定される．動径部分 $R_{nl}(r)$，およびエネルギー固有値 ε_{nl} は，(I) 巻の §4.1 (11) 式

$$\left[-\frac{\hbar^2}{2m}\left\{\frac{d^2}{dr^2}+\frac{2}{r}\frac{d}{dr}-\frac{l(l+1)}{r^2}\right\}+V(r)\right]R_{nl}(r) = \varepsilon_{nl}\,R_{nl}(r) \tag{3}$$

からきまる．この式は l をパラメータとして含むから，ε_{nl} も R_{nl} も l によって異なる．水素原子で ε_{nl} が l によらなかったのは $V(r)$ がクーロン力のと

---

*　一様な球殻状に分布した電荷のつくる電場は，内部で 0 であり，外側ではその電荷を球の中心に集中したときの点電荷による電場に等しいことがガウスの法則から導かれる．一般の球対称分布の電荷は，球殻状の電荷を重ね合わせたものと考えられる．

10-1 表　ルビジウム（Rb）のハートレーの1電子エネルギーとX線スペクトル項の比較．エネルギーの単位は電子ボルト（eV）．かっこ内の数字は直接の測定値でなく，他の元素の測定値をもとにして内挿法で求めた推定値．

電　子	ハートレー計算値	X線測定値
1s	14997	15229
2s	1962	2068
2p	1799	1864
3s	289.5	(322)
3p	226.4	237
3d	114.3	(113)
4s	36.8	(31)
4p	21.6	19.9

きの特殊性であり，われわれの場合には $V(r)$ は上述のようになっていてクーロン力とは異なるから，ε_{nl} は n と l の両方に依存する．磁気量子数には関係しない．しかし，だいたいにおいて n の異なるもののエネルギー差は大きく，同じ n で l の違う場合のエネルギー差はそれに比べて小さい．このような計算の精度を示すための一例として，ルビジウム（Rb）に対するハートレーの1電子エネルギー $|\varepsilon_{nl}|$ の計算値と実験値とを10-1表にあげておく．$|\varepsilon_{nl}|$ は，その軌道に入っている電子を原子から外にとり出すのに要する最低エネルギー（イオン化エネルギー）にほぼ等しいが，内側の電子についてこれを光子にやらせたときに，その $h\nu$ に対する波長はだいたいX線の領域に入るので，実測値はX線の吸収スペクトルから得られる．

さて，電子は§9.2で見たようにフェルミ粒子であるから，1つの軌道には，スピンの向きが互いに反対の電子2個までしか入ることは許されない（**パウリの原理**）．n と l が指定された関数には m の異なるものが $2l+1$ 個あるから，それぞれに2個ずつ入れて，nl 軌道の最大定員は $2(2l+1)$ である．つまり，

$$1s, 2s, 3s, \cdots \quad \text{の定員は} \quad 2$$
$$2p, 3p, 4p, \cdots \quad \text{の定員は} \quad 6$$

10-2 表 基底状態にある

	K	L		M			N				O				P			Q
	1s	2s	2p	3s	3p	3d	4s	4p	4d	4f	5s	5p	5d	5f	6s	6p	6d	7s
1H	1																	
2He	2																	
3Li	2	1																
4Be	2	2																
5B	2	2	1															
6C	2	2	2															
7N	2	2	3															
8O	2	2	4															
9F	2	2	5															
10Ne	2	2	6															
11Na	2	2	6	1														
12Mg	2	2	6	2														
13Al	2	2	6	2	1													
14Si	2	2	6	2	2													
15P	2	2	6	2	3													
16S	2	2	6	2	4													
17Cl	2	2	6	2	5													
18Ar	2	2	6	2	6													
19K	2	2	6	2	6		1											
20Ca	2	2	6	2	6		2											
21Sc	2	2	6	2	6	1	2											
22Ti	2	2	6	2	6	2	2											
23V	2	2	6	2	6	3	2											
24Cr	2	2	6	2	6	5	1											
25Mn	2	2	6	2	6	5	2											
26Fe	2	2	6	2	6	6	2											
27Co	2	2	6	2	6	7	2											
28Ni	2	2	6	2	6	8	2											
29Cu	2	2	6	2	6	10	1											
30Zn	2	2	6	2	6	10	2											
31Ga	2	2	6	2	6	10	2	1										
32Ge	2	2	6	2	6	10	2	2										
33As	2	2	6	2	6	10	2	3										
34Se	2	2	6	2	6	10	2	4										
35Br	2	2	6	2	6	10	2	5										
36Kr	2	2	6	2	6	10	2	6										
37Rb	2	2	6	2	6	10	2	6			1							
38Sr	2	2	6	2	6	10	2	6			2							
39Y	2	2	6	2	6	10	2	6	1		2							
40Zr	2	2	6	2	6	10	2	6	2		2							
41Nb	2	2	6	2	6	10	2	6	4		1							
42Mo	2	2	6	2	6	10	2	6	5		1							
43Tc	2	2	6	2	6	10	2	6	5		2							
44Ru	2	2	6	2	6	10	2	6	7		1							
45Rh	2	2	6	2	6	10	2	6	8		1							
46Pd	2	2	6	2	6	10	2	6	10									
47Ag	2	2	6	2	6	10	2	6	10		1							
48Cd	2	2	6	2	6	10	2	6	10		2							
49In	2	2	6	2	6	10	2	6	10		2	1						
50Sn	2	2	6	2	6	10	2	6	10		2	2						
51Sb	2	2	6	2	6	10	2	6	10		2	3						

中性原子の電子配置

	K	L		M			N				O				P			Q
	1s	2s	2p	3s	3p	3d	4s	4p	4d	4f	5s	5p	5d	5f	6s	6p	6d	7s
52Te	2	2	6	2	6	10	2	6	10		2	4						
53I	2	2	6	2	6	10	2	6	10		2	5						
54Xe	2	2	6	2	6	10	2	6	10		2	6						
55Cs	2	2	6	2	6	10	2	6	10		2	6			1			
56Ba	2	2	6	2	6	10	2	6	10		2	6			2			
57La	2	2	6	2	6	10	2	6	10		2	6	1		2			
58Ce	2	2	6	2	6	10	2	6	10	2	2	6			2			
59Pr	2	2	6	2	6	10	2	6	10	3	2	6			2			
60Nd	2	2	6	2	6	10	2	6	10	4	2	6			2			
61Pm	2	2	6	2	6	10	2	6	10	5	2	6			2			
62Sm	2	2	6	2	6	10	2	6	10	6	2	6			2			
63Eu	2	2	6	2	6	10	2	6	10	7	2	6			2			
64Gd	2	2	6	2	6	10	2	6	10	7	2	6	1		2			
65Tb	2	2	6	2	6	10	2	6	10	9	2	6			2			
66Dy	2	2	6	2	6	10	2	6	10	10	2	6			2			
67Ho	2	2	6	2	6	10	2	6	10	11	2	6			2			
68Er	2	2	6	2	6	10	2	6	10	12	2	6			2			
69Tm	2	2	6	2	6	10	2	6	10	13	2	6			2			
70Yb	2	2	6	2	6	10	2	6	10	14	2	6			2			
71Lu	2	2	6	2	6	10	2	6	10	14	2	6	1		2			
72Hf	2	2	6	2	6	10	2	6	10	14	2	6	2		2			
73Ta	2	2	6	2	6	10	2	6	10	14	2	6	3		2			
74W	2	2	6	2	6	10	2	6	10	14	2	6	4		2			
75Re	2	2	6	2	6	10	2	6	10	14	2	6	5		2			
76Os	2	2	6	2	6	10	2	6	10	14	2	6	6		2			
77Ir	2	2	6	2	6	10	2	6	10	14	2	6	7		2			
78Pt	2	2	6	2	6	10	2	6	10	14	2	6	9		1			
79Au	2	2	6	2	6	10	2	6	10	14	2	6	10		1			
80Hg	2	2	6	2	6	10	2	6	10	14	2	6	10		2			
81Tl	2	2	6	2	6	10	2	6	10	14	2	6	10		2	1		
82Pb	2	2	6	2	6	10	2	6	10	14	2	6	10		2	2		
83Bi	2	2	6	2	6	10	2	6	10	14	2	6	10		2	3		
84Po	2	2	6	2	6	10	2	6	10	14	2	6	10		2	4		
85At	2	2	6	2	6	10	2	6	10	14	2	6	10		2	5		
86Rn	2	2	6	2	6	10	2	6	10	14	2	6	10		2	6		
87Fr	2	2	6	2	6	10	2	6	10	14	2	6	10		2	6		1
88Ra	2	2	6	2	6	10	2	6	10	14	2	6	10		2	6		2
89Ac	2	2	6	2	6	10	2	6	10	14	2	6	10		2	6	1	2
90Th	2	2	6	2	6	10	2	6	10	14	2	6	10		2	6	2	2
91Pa	2	2	6	2	6	10	2	6	10	14	2	6	10	2	2	6	1	2
92U	2	2	6	2	6	10	2	6	10	14	2	6	10	3	2	6	1	2
93Np	2	2	6	2	6	10	2	6	10	14	2	6	10	4	2	6	1	2
94Pu	2	2	6	2	6	10	2	6	10	14	2	6	10	5	2	6	1	2
95Am	2	2	6	2	6	10	2	6	10	14	2	6	10	6	2	6	1	2
96Cm	2	2	6	2	6	10	2	6	10	14	2	6	10	7	2	6	1	2
97Bk	2	2	6	2	6	10	2	6	10	14	2	6	10	8	2	6	1	2
98Cf	2	2	6	2	6	10	2	6	10	14	2	6	10	10	2	6		2
99Es	2	2	6	2	6	10	2	6	10	14	2	6	10	11	2	6		2
100Fm	2	2	6	2	6	10	2	6	10	14	2	6	10	12	2	6		2
101Md	2	2	6	2	6	10	2	6	10	14	2	6	10	13	2	6		2
102No	2	2	6	2	6	10	2	6	10	14	2	6	10	14	2	6		2
103Lr	2	2	6	2	6	10	2	6	10	14	2	6	10	14	2	6	1	2

3d, 4d, 5d, …　の定員は　10

……………

というようになっている．そこで，原子またはイオンの基底状態では，パウリの原理の許す限り（つまり，上記の定員内で）なるべくエネルギーの低い軌道に電子がおさまっている．たとえば，$Z=5$ のホウ素（B）の中性原子では，5 個の電子のうち 2 個が 1s，次の 2 個が 2s，残り 1 個が 2p に入っている．これを $(1s)^2(2s)^2(2p)^1$ のように表すのが普通である．このように，どの軌道に何個ずつの電子が入っているかを示すものを**電子配置**という．中性原子の基底状態の電子配置を 10-2 表に示しておく．

このように，電子を軌道に収容するというと，いかにも与えられた外力の場 $V(r)$ の中にあらかじめ定まった軌道があって，そこに電子を順に入れていくように感じるかもしれない．しかし，最初にも断ったように，$V(r)$ は外場ではなく，原子核と着目している電子以外の電子による力の場（を近似したもの）である．したがって，すべての電子を配置したときに $V(r)$ ができるのであって，仮に裸の原子核をもってきて 1 個ずつそれに電子を付加していくということができ

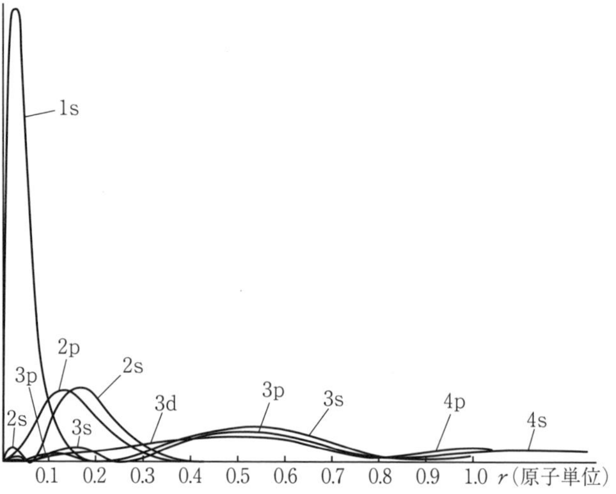

10-1 図　つじつまの合った場の方法による Rb 内の電子の $r^2R_{nl}{}^2(r)$

たとすると，最初の電子が感ずる場はなまのクーロン力場 $-Ze^2/4\pi\epsilon_0 r$ であるが，電子数が増すにつれて場は次第に変化し，全部そろったときに各電子が感じている力の場（の近似的なものの角度平均）が $V(r)$ なのである．すぐわかるように，このつじつまの合った場 $V(r)$ は原子によって異なるし，同じ原子でも電子配置によっても違う．

§4.3 の水素原子の場合の $r^2 R_{nl}{}^2(r)$ を見ると，（I）巻の 4-5 図に示されているように，1s の波動関数が最も原点（核の位置）付近に集中しており，2s と 2p が最大値をとるところはそれより少し外側，3s と 3p と 3d はさらにその外側，…というようになっている．この傾向は水素以外の原子の軌道関数についても同様である（10-1 図を参照）．1s に入った電子の行動範囲は原子核を包む一番内側にあり，これを **K 殻**とよぶ．1s に 2 個の電子が入ると K 殻は満員になるが，このとき 1s は**閉殻**になったという．* その外側を包む 2s と 2p を総称して **L 殻**の軌道とよぶ．L 殻の定員は 8 であるから，電子が 10 個（Ne の中性原子，Na^+, Mg^{2+}, F^-, O^{2-} など）のときには $(1s)^2(2s)^2(2p)^6$ となって，K 殻も L 殻も閉殻となる．その次の **M 殻** (3s, 3p, 3d) のうちで，3s と 3p はエネルギーが近く 3d は高いので，電子が 18 個で $(3s)^2(3p)^6$ まで満員になった Ar, K^+, Ca^{2+}, Cl^-, S^{2-} の性質は，電子が 10 個の場合に対応する原子やイオンとよく似ている．19 番目と 20 番目の電子は 4s に入り，その次の 21 番目から 3d に入るようになる．このように，外側の 4s には電子が入っているのに，それより内側の M 殻の 3d に空席があって**不完全殻**になっている一群の元素が，鉄族の**遷移金属**である．同様なことは 4d（パラジウム族），5d（白金族）でも起こる．f 軌道でも同様なことがあって，不完全 4f 殻をもつランタノイド，5f 殻をもつアクチノイドを形成している．

一般に $|\varphi_{nlm}(\boldsymbol{r})|^2$ は r と θ の関数であるから，その電荷雲の分布は球対称ではない．しかし，このような電荷雲を $2l+1$ 個の m について合計したもの

*　1 つの nl 軌道にその定員 $2(2l+1)$ 個の電子が収容されたときを**閉殻**という．

$$\sum_{m=-l}^{l} |\varphi_{nlm}(\boldsymbol{r})|^2 = |R_{nl}(r)|^2 \sum_{m=-l}^{l} |Y_l{}^m(\theta, \phi)|^2$$

を求めてみると，球面調和関数の性質*

$$\sum_{m=-l}^{l} \left| Y_l{}^m(\theta, \phi) \right|^2 = \frac{2l+1}{4\pi}$$

によって，これは r だけの関数になる．閉殻の全電荷分布は，スピンの上向きと下向きとでこの 2 倍（の $-e$ 倍）になるわけであるから，r だけの関数，すなわち球対称的である．また，後に（§10.4 の［例題 1］(66 ページ)，および§10.6 の［例題］(74～75 ページ)）に示すように，閉殻を構成する電子の軌道角運動量 $\boldsymbol{l}$ の総和も，スピン角運動量 $\boldsymbol{s}$ を合成したものも，ともに 0 である．したがって，それらにともなう磁気モーメントも 0 になっている．こういった理由で，閉殻というものは一般に非常に安定でこわしにくいものである．しかし（$n>1$ のとき）s 軌道については $(n\mathrm{s})^2$ だけではあまり堅固でなく，$(n\mathrm{s})^2(n\mathrm{p})^6$ となってはじめて非常に安定となる．これは，一般に $n\mathrm{s}$ と $n\mathrm{p}$ とでエネルギー $\varepsilon_{n\mathrm{s}}$ と $\varepsilon_{n\mathrm{p}}$ がほぼ等しいので，$(n\mathrm{s})^2$ を $(n\mathrm{s})^1(n\mathrm{p})^1$ に変えることが比較的容易だからである．

そこで，$(1\mathrm{s})^2, (2\mathrm{s})^2(2\mathrm{p})^6, \cdots, (n\mathrm{s})^2(n\mathrm{p})^6, \cdots$ はきわめて安定であって，これらを他の電子配置に変えるのには大きなエネルギーを要し，原子はなるべくこのような配置をとりたがる．中性原子でこのような閉殻のみからできている He, Ne, Ar, Kr, … が安定で，化学的に不活性な希ガスになっているのは，このためである．また，それよりも 1 個余分の s 電子をもつアルカリ金属は，その余分な電子を放り出して 1 価の陽イオン $Li^+, Na^+, K^+, \cdots$ になろうとする傾向が強いし，逆に 1 個足りないハロゲン族元素の原子は他から 1 個電子を奪取して $F^-, Cl^-, Br^-, \cdots$ になる傾向がいちじるしい．このように，元素

* 一般的な証明は省略する．（I）巻の§4.2 に示した $Y_l{}^m(\theta, \phi)$ の具体的な場合につき，読者みずから確かめてみてほしい．

10-3 表 元素の周期表

上側の数字は原子量，下側の数字は原子番号を示す．原子量がかっこ内に入っている元素は天然に存在しない人工放射性元素．かっこ内の数値は同位体のうちで代表的な同位体の質量数を示す．Rf 以降の元素の周期表の位置は暫定的である．

1.008 **H** 1																	4.003 **He** 2
6.941 **Li** 3	9.012 **Be** 4											10.81 **B** 5	12.01 **C** 6	14.01 **N** 7	16.00 **O** 8	19.00 **F** 9	20.18 **Ne** 10
22.99 **Na** 11	24.31 **Mg** 12											26.98 **Al** 13	28.09 **Si** 14	30.97 **P** 15	32.07 **S** 16	35.45 **Cl** 17	39.95 **Ar** 18
39.10 **K** 19	40.08 **Ca** 20	44.96 **Sc** 21	47.87 **Ti** 22	50.94 **V** 23	52.00 **Cr** 24	54.94 **Mn** 25	55.85 **Fe** 26	58.93 **Co** 27	58.69 **Ni** 28	63.55 **Cu** 29	65.38 **Zn** 30	69.72 **Ga** 31	72.63 **Ge** 32	74.92 **As** 33	78.97 **Se** 34	79.90 **Br** 35	83.80 **Kr** 36
85.47 **Rb** 37	87.62 **Sr** 38	88.91 **Y** 39	91.22 **Zr** 40	92.91 **Nb** 41	95.95 **Mo** 42	(99) **Tc** 43	101.1 **Ru** 44	102.9 **Rh** 45	106.4 **Pd** 46	107.9 **Ag** 47	112.4 **Cd** 48	114.8 **In** 49	118.7 **Sn** 50	121.8 **Sb** 51	127.6 **Te** 52	126.9 **I** 53	131.3 **Xe** 54
132.9 **Cs** 55	137.3 **Ba** 56	* 57～71	178.5 **Hf** 72	180.9 **Ta** 73	183.8 **W** 74	186.2 **Re** 75	190.2 **Os** 76	192.2 **Ir** 77	195.1 **Pt** 78	197.0 **Au** 79	200.6 **Hg** 80	204.4 **Tl** 81	207.2 **Pb** 82	209.0 **Bi** 83	(210) **Po** 84	(210) **At** 85	(222) **Rn** 86
(223) **Fr** 87	(226) **Ra** 88	** 89～103	(267) **Rf** 104	(268) **Db** 105	(271) **Sg** 106	(272) **Bh** 107	(277) **Hs** 108	(276) **Mt** 109	(281) **Ds** 110	(280) **Rg** 111	(285) **Cn** 112	(278) **Nh** 113	(289) **Fl** 114	(289) **Mc** 115	(293) **Lv** 116	(293) **Ts** 117	(294) **Og** 118
* ランタノイド		138.9 **La** 57	140.1 **Ce** 58	140.9 **Pr** 59	144.2 **Nd** 60	(145) **Pm** 61	150.4 **Sm** 62	152.0 **Eu** 63	157.3 **Gd** 64	158.9 **Tb** 65	162.5 **Dy** 66	164.9 **Ho** 67	167.3 **Er** 68	168.9 **Tm** 69	173.0 **Yb** 70	175.0 **Lu** 71	
** アクチノイド		(227) **Ac** 89	232.0 **Th** 90	231.0 **Pa** 91	238.0 **U** 92	(237) **Np** 93	(239) **Pu** 94	(243) **Am** 95	(247) **Cm** 96	(247) **Bk** 97	(252) **Cf** 98	(252) **Es** 99	(257) **Fm** 100	(258) **Md** 101	(259) **No** 102	(262) **Lr** 103	

の化学的性質はその最外殻の電子配置によって定まり，似たような配置が原子番号 Z とともに周期的に現れるので，これによって元素の周期律が説明される．

§10.2 角運動量の保存

(nl) で指定された軌道に電子を収容する場合に，閉殻ならばそのやり方は一意的である．たとえば，np 軌道の場合には§9.2（23）式（15ページ）の記法に従えば

$$|\cdots \ \varphi_{np1} \ \overline{\varphi}_{np1} \ \varphi_{np0} \ \overline{\varphi}_{np0} \ \varphi_{np-1} \ \overline{\varphi}_{np-1} \ \cdots|$$

となる．ただし，… で表したのは np 以外の部分である．

ところで，m およびスピンの異なる $2(2l+1)$ 個の1電子状態は縮退しているから，（I）巻の§4.5で述べたように，固有ベクトル（関数）の選び方は (n, l, m, m_s) で定められた $2(2l+1)$ 個でなくてもよく，これらの適当な1次結合で得られる互いに直交する他の $2(2l+1)$ 個でもよい．これは，いわばこの $2(2l+1)$ 次元部分空間内での座標変換（ユニタリー変換）のようなものであることはすでに学んだとおりである．それでは，$\varphi_{nlm}(\boldsymbol{r})\alpha, \varphi_{nlm}(\boldsymbol{r})\beta$ 以外の別の $2(2l+1)$ 個の関数 $\chi_1, \chi_2, \cdots, \chi_{4l+2}$ を選んで，そこに電子をつめ込んだらどういうことになるであろうか．これの答は§9.2の［例題2］（17ページ）に与えられているが，スレイター行列式としての $2(2l+1)$ 電子系の関数としては（大きさ1の定数因子を別にして）もとのものと完全に一致する．

閉殻でない場合には，このようにはいかない．同じ $(2\mathrm{p})^4$ といっても，どこに入れてどこを空けておくか，いろいろな可能性があることになる．(n, l, m, m_s) で指定する場合に，$(2\mathrm{p})^4$ ならば6通りの1電子状態のうちのどの4個をとるかで，${}_6\mathrm{C}_4 = 15$ 通りのスレイター行列式をつくることができる．この15個をそのまま使えばよいか，というと，そうとも限らないのであって，これらの適当な1次結合を用いなければならない．このように，不完全殻（**開殻**ともいう）の場合には，電子配置以外に，全体の状態を定めるべき指針

が必要である．それが以下に述べる角運動量である．

1個の電子がもつ軌道角運動量 $\boldsymbol{l}$ とスピン角運動量 $\boldsymbol{s}$ については，すでに見たように，次の交換関係が成り立つ（(I) 巻の§6.6 (15) 式および (I) 巻の§8.1 (7) 式）．

$$[l_x, l_y] = i\hbar l_z, \qquad [l_y, l_z] = i\hbar l_x, \qquad [l_z, l_x] = i\hbar l_y \tag{1}$$

$$[s_x, s_y] = i\hbar s_z, \qquad [s_y, s_z] = i\hbar s_x, \qquad [s_z, s_x] = i\hbar s_y \tag{2}$$

多電子系の場合には，それのもつ全軌道角運動量 $\boldsymbol{L}$ および全スピン角運動量 $\boldsymbol{S}$ は

$$\boldsymbol{L} = \sum_j \boldsymbol{l}_j \tag{3}$$

$$\boldsymbol{S} = \sum_j \boldsymbol{s}_j \tag{4}$$

によって定義される．$\boldsymbol{l}$ や $\boldsymbol{s}$ の成分が交換せず，(1) 式や (2) 式に従うのは，同じ番号の電子についてだけであって，異なる番号 j のものは交換する．このことを用いれば，$\boldsymbol{L}$ や $\boldsymbol{S}$ についても (1), (2) 式と全く同様の交換関係

$$[L_x, L_y] = i\hbar L_z, \qquad [L_y, L_z] = i\hbar L_x, \qquad [L_z, L_x] = i\hbar L_y \tag{5}$$

$$[S_x, S_y] = i\hbar S_z, \qquad [S_y, S_z] = i\hbar S_x, \qquad [S_z, S_x] = i\hbar S_y \tag{6}$$

が成立することは容易に確かめられる．

古典力学では中心力を受けている質点系の角運動量は保存される．量子力学ではどうであろうか．原子において，核を固定した力の中心と見れば，電子系の受ける外力は核からのクーロン引力であるから中心力である．スピン軌道相互作用を無視すれば，原子（をつくる電子系）のハミルトニアンは

$$\mathscr{H} = \sum_j \left(-\frac{\hbar^2}{2m} \nabla_j{}^2 - \frac{Ze^2}{4\pi\epsilon_0 r_j} \right) + \sum_{i>j} \frac{e^2}{4\pi\epsilon_0 r_{ij}} \tag{7}$$

で与えられるが，これと $\boldsymbol{L}$ の1つの成分，たとえば L_x との交換関係を考えてみよう．(7) 式の右辺第1項の（　）内を H_j と記し，$g(r_{ij}) \equiv e^2/4\pi\epsilon_0 r_{ij}$ と書くことにする．明らかに，$i \neq j$ のとき l_{ix} と H_j とは交換可能である．$i = j$ の場合にも $[l_{ix}, H_j] = 0$ となることは次のようにしてわかる．

(I) 巻の§4.1 (5) 式で見たように，極座標で

$$\nabla_i{}^2 = \frac{\partial^2}{\partial r_i{}^2} + \frac{2}{r_i}\frac{\partial}{\partial r_i} + \frac{1}{r_i{}^2}\Lambda_i$$

と書けるが，l_{ix} は θ_i, ϕ_i のみに作用する演算子 ((I) 巻の§4.1 (7a) 式) であるから

$$[l_{ix}, \nabla_i{}^2] = \frac{1}{r_i{}^2}[l_{ix}, \Lambda_i]$$

であるが，(I) 巻の§4.1 (8) 式によれば $\Lambda_i = -\boldsymbol{l}_i{}^2/\hbar^2$ である．ところが，(I) 巻の§6.6 (15) 式を用いると $\boldsymbol{l}^2$ と l_x が交換することは容易に確かめられるので，結局，次式を得る．

$$[l_{ix}, \nabla_i{}^2] = 0$$

また，r のみの関数 $V(r)$ に対しては

$$\begin{aligned}
&\left(y\frac{\partial}{\partial z} - z\frac{\partial}{\partial y}\right)V(r)f(\boldsymbol{r}) \\
&\quad = \left(y\frac{\partial V}{\partial z} - z\frac{\partial V}{\partial y}\right)f(\boldsymbol{r}) + V(r)\left(y\frac{\partial f}{\partial z} - z\frac{\partial f}{\partial y}\right) \\
&\quad = \left(y\frac{z}{r}\frac{dV}{dr} - z\frac{y}{r}\frac{dV}{dr}\right)f(\boldsymbol{r}) + V(r)\left(y\frac{\partial f}{\partial z} - z\frac{\partial f}{\partial y}\right) \\
&\quad = V(r)\left(y\frac{\partial f}{\partial z} - z\frac{\partial f}{\partial y}\right)
\end{aligned}$$

となるから，$[l_{ix}, V(r_i)] = 0$ となることがわかる．ゆえに $[l_{ix}, H_i] = 0$ である．

以上によって

$$[L_x, \sum_j H_j] = \sum_i \sum_j [l_{ix}, H_j] = 0 \tag{8a}$$

となることがわかったことになる．次に，電子間相互作用を考えてみよう．

$$\begin{aligned}
[L_x, \sum_{i>j} g(r_{ij})] &= \sum_k [l_{kx}, \sum_{i>j} g(r_{ij})] \\
&= \sum_k [l_{kx}, \sum_{j(\neq k)} g(r_{jk})] \\
&= \sum_{k\neq j}\sum [l_{kx}, g(r_{jk})]
\end{aligned}$$

となるが

$$\frac{\partial}{\partial y_k}g(r_{jk}) = \frac{y_k - y_j}{r_{jk}}g'(r_{jk}), \qquad \frac{\partial}{\partial z_k}g(r_{jk}) = \frac{z_k - z_j}{r_{jk}}g'(r_{jk})$$

となることはすぐわかるから*,

$$[l_{kx}, g(r_{jk})] = -i\hbar\frac{g'(r_{jk})}{r_{jk}}\{y_k(z_k - z_j) - z_k(y_k - y_j)\}$$
$$= i\hbar(y_k z_j - z_k y_j)\frac{g'(r_{jk})}{r_{jk}}$$

を得る．これを j と k について加え合わせると，$j=1$ で $k=2$ の場合と $j=2$ で $k=1$ の場合が消し合う，というようになって，結局0になる．

ゆえに

$$[L_x, \sum_{i>j} g(r_{ij})] = 0 \tag{8b}$$

である．(8a) 式と (8b) 式とを合わせれば，

$$[L_x, \mathscr{H}] = 0 \tag{9}$$

が得られる．L_y, L_z についても全く同様である．

$$[L_y, \mathscr{H}] = 0, \qquad [L_z, \mathscr{H}] = 0 \tag{10}$$

これらを用いれば

$$[\boldsymbol{L}^2, \mathscr{H}] = 0 \tag{11}$$

を証明することは容易である．

(I) 巻の§6.7によれば，互いに交換する演算子は同時に対角化ができる．$\boldsymbol{L}^2$ は L_x, L_y, L_z のどれとも可換であるから，$\mathscr{H}$ と $\boldsymbol{L}^2$ と $\boldsymbol{L}$ の3成分のうちのどれか1つ ── たとえば L_z ── をとれば，これらは互いに交換する．

$$[\boldsymbol{L}^2, \mathscr{H}] = [L_z, \mathscr{H}] = [\boldsymbol{L}^2, L_z] = 0 \tag{12}$$

ゆえに，この3つの演算子を同時に対角化することができるはずである．

ハミルトニアン $\mathscr{H}$ を対角化するということは，その固有関数（多電子系の固有関数）を求めるということであるから，$\boldsymbol{L}^2$ や L_z をも対角化するということは，エネルギーの固有関数であって，同時に $\boldsymbol{L}^2$ および L_z の固有関数になっているものを選ぶことができるということを意味する．これは，中心力

* $r_{jk}{}^2 = (x_j - x_k)^2 + (y_j - y_k)^2 + (z_j - z_k)^2$ の両辺を y_k で微分すれば

$$2r_{jk}\frac{\partial r_{jk}}{\partial y_k} = 2(y_k - y_j), \qquad \therefore \quad \frac{\partial r_{jk}}{\partial y_k} = \frac{y_k - y_j}{r_{jk}}$$

場内の1粒子の波動関数として $\varphi_{nlm} = R_{nl}(r)\,Y_l^m(\theta, \phi)$ を採用するのと同じである．

原子のハミルトニアンが(7)式のように与えられているときには，明らかに

$$[\boldsymbol{S}^2, \mathscr{H}] = [S_x, \mathscr{H}] = [S_y, \mathscr{H}] = [S_z, \mathscr{H}] = 0 \tag{13}$$

が成り立つ．また，$\boldsymbol{S}$ に関係した演算子はすべて $\boldsymbol{L}$ に関係した演算子と交換する．したがって，$\mathscr{H}, \boldsymbol{L}^2, L_z, \boldsymbol{S}^2, S_z$ のすべてを同時に対角形にすることができる．つまり，これらの量の同時固有関数を求めることができる．

ところが，(I) 巻の§8.3で考察した**スピン軌道相互作用**が存在すると，こうはならない．この場合のハミルトニアンは

$$\mathscr{H}_{\mathrm{rel}} = \mathscr{H} + \sum_j \zeta_j (\boldsymbol{l}_j \cdot \boldsymbol{s}_j) \tag{14}$$

となる．比例定数 ζ_j は，その電子の属する軌道の (nl) による．(nl) のきまった1つの殻内の電子だけを扱うときには，ζ_j は一定とみなしてよい．スピン軌道相互作用の影響は，軽い原子では無視できるが，重い原子ほど顕著になる．エネルギーの割合で，たとえば He では 0.0002 % 以下であるが，Ar では 0.3 % くらいになる．

(14) 式の右辺第2項を $\mathscr{H}_{\mathrm{so}}$ と記すことにしよう．

$$\mathscr{H}_{\mathrm{so}} = \sum_j \zeta_j (l_{jx} s_{jx} + l_{jy} s_{jy} + l_{jz} s_{jz}) \tag{15}$$

これと L_x, S_x との交換関係を調べてみると

$$\begin{aligned}[L_x, \mathscr{H}_{\mathrm{so}}] &= i\hbar \sum_j \zeta_j (s_{jy} l_{jz} - s_{jz} l_{jy}) \\ &= -[S_x, \mathscr{H}_{\mathrm{so}}]\end{aligned} \tag{16}$$

となることが容易にわかる．したがって，全角運動量を

$$\boldsymbol{J} = \boldsymbol{L} + \boldsymbol{S} \tag{17}$$

とすれば

$$[J_x, \mathscr{H}_{\mathrm{so}}] = 0$$

となる．L_x も S_x も $\mathscr{H}$ と交換するから，結局 J_x は $\mathscr{H}_{\mathrm{rel}} = \mathscr{H} + \mathscr{H}_{\mathrm{so}}$ とも交換する．J_y と J_z についても全く同様である．

$$[J_x, \mathscr{H}_{\mathrm{rel}}] = [J_y, \mathscr{H}_{\mathrm{rel}}] = [J_z, \mathscr{H}_{\mathrm{rel}}] = 0 \tag{18}$$

ゆえに，$\mathscr{H}_{\mathrm{rel}}$ は $\boldsymbol{J}^2 = J_x{}^2 + J_y{}^2 + J_z{}^2$ とも可換である．

$$[\boldsymbol{J}^2, \mathscr{H}_{\mathrm{rel}}] = 0 \tag{19}$$

他方，(5) 式と (6) 式を用いれば $\boldsymbol{J}$ の成分についての交換関係

$$[J_x, J_y] = i\hbar J_z, \qquad [J_y, J_z] = i\hbar J_x, \qquad [J_z, J_x] = i\hbar J_y \tag{20}$$

は，ただちに得られる．

以上によって，

> スピン軌道相互作用がある場合のエネルギー固有状態（= 定常状態）は，全角運動量を $\boldsymbol{J}$ とした場合，$\boldsymbol{J}^2$ および $\boldsymbol{J}$ の1つの成分 — たとえば J_z — の固有状態として，それらの固有値によって指定される

ということがわかる．これは，原子内電子系の角運動量の保存則を量子力学的に表したものと考えられる．$\mathscr{H}_{\mathrm{so}}$ がなければ，軌道角運動量とスピン角運動量はそれぞれ保存量となるが，スピン軌道相互作用があるとこれらは保存量ではなくなり，その和である全角運動量のみが保存量になるということである．$J(=|\boldsymbol{J}|)$ を**内量子数**，J_z の固有値 M_J を**内磁気量子数**という．

> ［**例題**］(16) 式を証明せよ．

［**解**］

$$\begin{aligned}[L_x, \mathscr{H}_{\mathrm{so}}] &= \sum_i \sum_j [l_{ix}, \zeta_j(s_{jx} l_{jx} + s_{jy} l_{jy} + s_{jz} l_{jz})] \\ &= \sum_j [l_{jx}, \zeta_j(s_{jy} l_{jy} + s_{jz} l_{jz})] \\ &= \sum_j \zeta_j \{s_{jy}[l_{jx}, l_{jy}] + s_{jz}[l_{jx}, l_{jz}]\} \\ &= \sum_j \zeta_j (i\hbar s_{jy} l_{jz} - i\hbar s_{jz} l_{jy})\end{aligned}$$

$[S_x, \mathscr{H}_{\mathrm{so}}]$ も同様．

§10.3　角運動量の固有値

前節で $\boldsymbol{L}, \boldsymbol{S}, \boldsymbol{J}$ の 3 種類の角運動量を扱った．1 粒子の軌道角運動量 $\boldsymbol{l} = -i\hbar\boldsymbol{r}\times\nabla$ の成分の間の交換関係（(I) 巻の§6.6 (15) 式）は $\boldsymbol{l}$ のこの定義から導かれるものであり，これらを合成した $\boldsymbol{L}$ の成分についての交換関係（51 ページの前節 (5) 式）は，その帰結である．スピンについては，古典論に対応する量が存在しないので，これを一種の角運動量と仮定し，それならば同様の規則に従うであろうということで行列表示や交換関係を仮定したのである．この仮定が正しかったことは，それから導かれた理論結果が実験と一致するということで確認されたと思えばよい．

そこで，一般に角運動量とは，成分が前節の (5), (6) 式（51 ページ）もしくは (20) 式（55 ページ）のような交換関係を満たす演算子である，と定義し直すことにしよう．そのような一般的な角運動量をいま $\boldsymbol{J}$ で表すことにする．$\boldsymbol{J}$ の成分は

$$[J_x, J_y] = i\hbar J_z, \qquad [J_y, J_z] = i\hbar J_x, \qquad [J_z, J_x] = i\hbar J_y \tag{1}$$

を満たす．これらを用いれば

$$\boldsymbol{J}^2 = {J_x}^2 + {J_y}^2 + {J_z}^2 \tag{2}$$

に対して

$$[\boldsymbol{J}^2, J_x] = [\boldsymbol{J}^2, J_y] = [\boldsymbol{J}^2, J_z] = 0 \tag{3}$$

を導くことも容易である．本節の目的は，以上の交換関係をもとにして，$\boldsymbol{J}$ の行列をつくることである．

行列をつくるには基底になる状態ベクトル系をとらねばならないが，いま $\boldsymbol{J}^2$ と J_z を対角化するような関係（つまり，$\boldsymbol{J}^2$ と J_z の固有関数系）をとったとしよう．* $\boldsymbol{J}^2$ の固有値を $\lambda\hbar^2$，J_z の固有値を $M\hbar$ とすると，λ や M は単位のない無名数になるが，そのような固有値をもつ固有関数で規格化されたものを $|\lambda, M\rangle$ と記すと，

---

*　そのつくり方については§10.9 で説明する．

$$\boldsymbol{J}^2|\lambda, M\rangle = \lambda\hbar^2|\lambda, M\rangle, \qquad J_z|\lambda, M\rangle = M\hbar|\lambda, M\rangle \tag{4}$$

となるわけである．交換関係

$$J_y J_z - J_z J_y = i\hbar J_x$$
$$J_z J_x - J_x J_z = i\hbar J_y$$

で表される演算子を $|\lambda, M\rangle$ に対して作用させ（4）式の第2式を用いると，

$$(J_y M\hbar - J_z J_y)|\lambda, M\rangle = i\hbar J_x|\lambda, M\rangle$$
$$(J_z J_x - J_x M\hbar)|\lambda, M\rangle = i\hbar J_y|\lambda, M\rangle$$

であるが，左辺のかっこ内の $M\hbar$ を含む項を右辺に移項すれば

$$-J_z J_y|\lambda, M\rangle = i\hbar(J_x + iMJ_y)|\lambda, M\rangle$$
$$J_z J_x|\lambda, M\rangle = i\hbar(-iMJ_x + J_y)|\lambda, M\rangle$$

が得られる．この第1式に $\pm i$ を掛けて第2式と辺々加えれば

$$J_z(J_x \pm iJ_y)|\lambda, M\rangle = (M \pm 1)\hbar(J_x \pm iJ_y)|\lambda, M\rangle \tag{5}$$

となる．この式は，$(J_x \pm iJ_y)|\lambda, M\rangle$ が J_z の固有関数であり，その固有値は $(M \pm 1)\hbar$ に等しいことを示している．ただし，この関数は規格化されているかどうかはわからない．

$\boldsymbol{J}^2$ は J_x, J_y のどちらとも交換するから

$$\begin{aligned}\boldsymbol{J}^2(J_x \pm iJ_y)|\lambda, M\rangle &= (J_x \pm iJ_y)\boldsymbol{J}^2|\lambda, M\rangle \\ &= (J_x \pm iJ_y)\lambda\hbar^2|\lambda, M\rangle \\ &= \lambda\hbar^2(J_x \pm iJ_y)|\lambda, M\rangle\end{aligned}$$

となり，$(J_x \pm iJ_y)|\lambda, M\rangle$ に対する $\boldsymbol{J}^2$ の固有値はやはり $\lambda\hbar^2$ である．ゆえに

$$(J_x \pm iJ_y)|\lambda, M\rangle = (\text{定数})|\lambda, M \pm 1\rangle \tag{6}$$

である．この定数は0の場合もありうる．以上により，J_x, J_y, J_z では λ の異なる状態に移ることはないことがわかるから，（I）巻の§6.6の場合と同様に，同じ λ の範囲内だけに限って行列を求めればよいことがわかる．

λ をきめた場合には，これは $\boldsymbol{J}$ の大きさをきめたことになるから，その z 成分 J_z の固有値を $\hbar$ で割った M の値には上限と下限があるはずである．M の上限を μ，下限を μ' とする．これ以上 M が上げられないということは，

(6) 式で $M = \mu$ としたときに，$J_x + iJ_y$ を作用させると 0 になってしまうということで表されるであろう．

$$J_+|\lambda, \mu\rangle = 0 \qquad (\text{ただし，} J_+ = J_x + iJ_y) \tag{7a}$$

同様にして，

$$J_-|\lambda, \mu'\rangle = 0 \qquad (J_- = J_x - iJ_y) \tag{7b}$$

である．そこで，$|\lambda, \mu\rangle$ から出発して次々と J_- を作用させると，（定数因子を別にして）$|\lambda, \mu - 1\rangle, |\lambda, \mu - 2\rangle, \cdots$ が得られ，最後に $|\lambda, \mu'\rangle$ が得られることになるであろう．つまり M の値は，1 ずつ異なった $\mu - \mu' + 1$ 個

$$M = \mu,\ \ \mu - 1,\ \ \mu - 2,\ \ \cdots,\ \ \mu' + 1,\ \ \mu'$$

をとることがわかる．

(1) 式を用いて J_+ と J_- の交換関係を求めると，

$$J_+J_- - J_-J_+ = 2\hbar J_z \tag{8}$$

になることはすぐわかる．J_z は対角形であるから左辺もそうである．そこで，この式の両辺を $\langle\lambda, M|$ と $|\lambda, M\rangle$ ではさんだ行列要素をとると

$$\sum_{M'}\langle\lambda, M|J_+|\lambda, M'\rangle\langle\lambda, M'|J_-|\lambda, M\rangle - \sum_{M''}\langle\lambda, M|J_-|\lambda, M''\rangle\langle\lambda, M''|J_+|\lambda, M\rangle$$
$$= 2\hbar^2 M$$

を得るが，(6) 式と直交関係 $\langle\lambda, M|\lambda, M'\rangle = \delta_{MM'}$ を用いれば，上の和の各項で $M' = M - 1$，$M'' = M + 1$ の項だけが残り，他は 0 になることがわかる．ゆえに

$$\langle\lambda, M|J_+|\lambda, M-1\rangle\langle\lambda, M-1|J_-|\lambda, M\rangle$$
$$- \langle\lambda, M|J_-|\lambda, M+1\rangle\langle\lambda, M+1|J_+|\lambda, M\rangle = 2\hbar^2 M \tag{9}$$

となる．ところで，J_x と J_y はエルミート行列なので，転置共役は自分自身と一致する．ゆえに

$$J_\pm{}^* = J_x{}^* \mp iJ_y{}^* = J_x \mp iJ_y = J_\mp$$

すなわち，J_+ と J_- は互いに転置共役の関係にあることがわかる．つまり

$$\langle\lambda, M \pm 1|J_\pm|\lambda, M\rangle = \langle\lambda, M|J_\mp|\lambda, M \pm 1\rangle^* \tag{10}$$

となっている．ゆえに，(9) 式は

$$|\langle\lambda, M-1|J_-|\lambda, M\rangle|^2 - |\langle\lambda, M|J_-|\lambda, M+1\rangle|^2 = 2\hbar^2 M$$

と書かれる．この式を，(7a), (7b) 式を考慮しながら $M=\mu,\ \mu-1,\ \cdots,\ \mu'+1,\ \mu'$ について書き並べると，

$$|\langle\lambda, \mu-1|J_-|\lambda, \mu\rangle|^2 = 2\hbar^2\mu \tag{11a}$$

$$|\langle\lambda, \mu-2|J_-|\lambda, \mu-1\rangle|^2 - |\langle\lambda, \mu-1|J_-|\lambda, \mu\rangle|^2 = 2\hbar^2(\mu-1)$$

$$\cdots\cdots\cdots\cdots\cdots\cdots\cdots\cdots\cdots\cdots\cdots\cdots$$

$$|\langle\lambda, M-1|J_-|\lambda, M\rangle|^2 - |\langle\lambda, M|J_-|\lambda, M+1\rangle|^2 = 2\hbar^2 M \tag{11b}$$

$$|\langle\lambda, M-2|J_-|\lambda, M-1\rangle|^2 - |\langle\lambda, M-1|J_-|\lambda, M\rangle|^2 = 2\hbar^2(M-1) \tag{11c}$$

$$\cdots\cdots\cdots\cdots\cdots\cdots\cdots\cdots\cdots\cdots\cdots\cdots$$

$$\begin{aligned}|\langle\lambda, \mu'|J_-|\lambda, \mu'+1\rangle|^2 &- |\langle\lambda, \mu'+1|J_-|\lambda, \mu'+2\rangle|^2 \\ &= 2\hbar^2(\mu'+1) - |\langle\lambda, \mu'|J_-|\lambda, \mu'+1\rangle|^2 = 2\hbar^2\mu'\end{aligned} \tag{11d}$$

となる．ここで，(11a) 式から (11b) 式までの式を加えると

$$\begin{aligned}|\langle\lambda, M-1|J_-|\lambda, M\rangle|^2 &= 2\hbar^2\{\mu + (\mu-1) + \cdots + (M+1) + M\} \\ &= (\mu+M)(\mu-M+1)\hbar^2\end{aligned} \tag{12}$$

同様に，(11c) 式から (11d) 式までの式を加えることによって

$$-|\langle\lambda, M-1|J_-|\lambda, M\rangle|^2 = -(\mu'-M)(\mu'+M-1)\hbar^2 \tag{13}$$

を得る．この 2 式を加えると

$$(\mu+\mu')(\mu-\mu'+1) = 0$$

を得るが，$\mu-\mu'$ は 0 または正の整数であるから，$\mu+\mu'=0$ すなわち $\mu=-\mu'$ であって，かつ $\mu-\mu'=2\mu$ が 0 または正の整数ということになる．ゆえに，

$$\mu = -\mu' = 0,\ \frac{1}{2},\ 1,\ \frac{3}{2},\ 2,\ \frac{5}{2},\ \cdots$$

のどれかである．以下この $\mu=-\mu'$ のことを J と書くことにする．J が与えられたとき，M の上限が J，下限が $-J$ なのであるから，<u>M のとりうる値は</u>

$$M = J,\ J-1,\ J-2,\ \cdots,\ -J+1,\ -J \tag{14}$$

の $2J+1$ 個である．

このJという文字を用いれば，(12) 式から

$$\langle \lambda, M-1|J_-|\lambda, M\rangle = \sqrt{(J+M)(J-M+1)}\,\hbar$$

を得る．* (10) 式を用いると

$$\langle \lambda, M|J_+|\lambda, M-1\rangle = \langle \lambda, M-1|J_-|\lambda, M\rangle = \sqrt{(J+M)(J-M+1)}\,\hbar \tag{15a}$$

この式で M の代りに $M+1$ とすると

$$\langle \lambda, M+1|J_+|\lambda, M\rangle = \langle \lambda, M|J_-|\lambda, M+1\rangle = \sqrt{(J-M)(J+M+1)}\,\hbar \tag{15b}$$

が得られる．

$\boldsymbol{J}^2$ の固有値は

$$\boldsymbol{J}^2 = \frac{1}{2}(J_+J_- + J_-J_+) + J_z{}^2$$

を用いれば，M の値に関係なく

$$\langle \lambda, M|\boldsymbol{J}^2|\lambda, M\rangle = J(J+1)\hbar^2 \tag{16}$$

となることがすぐわかる（(I) 巻の §4.2［例題 1］を参照）．

以上のことを，$\boldsymbol{J}=\boldsymbol{l}$ という特別な場合にあてはめたのが (I) 巻の §4.2 (2), (8), (10a), (10b) 式なのであると思えばよい．また，1 電子のスピン $\boldsymbol{s}$ も，この $\boldsymbol{J}$ の特別な場合であることはいうまでもない．

結論的にまとめれば**,

---

*　規格化直交関数系の選び方には，絶対値 1 の因数だけの不定さがともなうので，行列の非対角要素もそれに対応するだけ不定になる．本書では，$J_\pm$ の行列要素がここに記したようになるように関数を選ぶ，と約束する．

**　いままで $|\lambda, M\rangle$ と書いてきた関数を $|J, M\rangle$ と記すことにする．この方が普通の書き方である．

交換関係 (1) 式によって定義される角運動量 $\boldsymbol{J}$ に対しては，$\boldsymbol{J}^2$ と J_z の同時固有関数を定めることができる．それを $|J,M\rangle$ とすれば

$$\boldsymbol{J}^2|J,M\rangle = J(J+1)\hbar^2|J,M\rangle \qquad \left(J = 0, \frac{1}{2}, 1, \frac{3}{2}, \cdots\right) \tag{17}$$

$$J_z|J,M\rangle = M\hbar|J,M\rangle \qquad (M = J, J-1, \cdots, -J) \tag{18}$$

となる．$J_\pm = J_x \pm iJ_y$ に対しては

$$J_+|J,M\rangle = \sqrt{(J-M)(J+M+1)}\,\hbar|J,M+1\rangle \tag{19a}$$

$$J_-|J,M\rangle = \sqrt{(J+M)(J-M+1)}\,\hbar|J,M-1\rangle \tag{19b}$$

のように M が ± 1 だけ変化する．

§10.4　2電子スピンの合成

§10.2 と §10.3 では，演算子としての $\boldsymbol{L}, \boldsymbol{S}$ およびそれらを合成した $\boldsymbol{J} = \boldsymbol{L} + \boldsymbol{S}$ の行列がどのように表されるかを調べた．物理量を行列で表すためには基底ベクトルを選ぶわけであるが，以上の計算では基底ベクトルがどのようなものであるかに触れず，行列そのものだけに着目してきた．それではこれらの基底ベクトル，つまり，たとえば $\boldsymbol{J}^2$ と J_z の固有関数は，一体どのような具体的な形をもっているのであろうか．

多粒子系の波動関数を正確に求めることは，相互作用がある場合には，一般的には不可能である．したがって，§10.2 と §10.3 に述べたことは正確で近似は入っていないのであるが，これから先の話はスレイター行列式を用いるという近似の範囲内で進めることにする．

まず 2 電子の場合から始めよう．最初にスピンの合成を考える．軌道 φ_a と φ_b とに，ともに上向きスピンの電子が入っている場合をとり上げる．波動関数は

$$^3\Phi_1 = |\varphi_a \;\; \varphi_b| \equiv \frac{1}{\sqrt{2!}}\begin{vmatrix} \varphi_a(\boldsymbol{r}_1)\alpha_1 & \varphi_b(\boldsymbol{r}_1)\alpha_1 \\ \varphi_a(\boldsymbol{r}_2)\alpha_2 & \varphi_b(\boldsymbol{r}_2)\alpha_2 \end{vmatrix} \tag{1}$$

で表される．*　これに

*　Φ につけた添字の意味は 66 ページで説明する．α_j は $\alpha(\sigma_j)$ の略．

$$S_+ = \sum_{j=1}^{2} s_{j+}, \qquad S_- = \sum_{j=1}^{2} s_{j-}, \qquad S_z = \sum_{j=1}^{2} s_{jz} \tag{2}$$

という演算子を作用させてみよう．

一般に，N 電子系に関する物理量で，それが 1 個の電子に対する量の和として

$$F = \sum_{j=1}^{N} f_j \qquad (j \text{ は電子につけた番号})^* \tag{3}$$

のように表されるものを考える．量子力学では F も f も演算子である．この演算子 F を，スレイター行列式

$$\Phi = |\chi_1 \ \chi_2 \ \chi_3 \ \cdots \ \chi_N| \tag{4}$$

で表される N 電子関数 Φ に作用させると，

$$F\Phi = |f\chi_1 \ \chi_2 \ \chi_3 \ \cdots \ \chi_N| + |\chi_1 \ f\chi_2 \ \chi_3 \ \cdots \ \chi_N| + |\chi_1 \ \chi_2 \ f\chi_3 \ \cdots \ \chi_N| + \cdots + |\chi_1 \ \chi_2 \ \chi_3 \ \cdots \ f\chi_N| \tag{5}$$

となることが行列式の性質を用いると容易に示される．χ_n は，軌道関数とスピン関数の積 $\varphi_n(\boldsymbol{r})\alpha, \varphi_n(\boldsymbol{r})\beta$ またはそれらの 1 次結合（たとえば，(I) 巻の §8.4 (7), (8) 式）であり，$f\chi_n$ は，それに f を作用させて得られる関数である．

さて，(5) 式の関係を用いると

$$S_+{}^3\Phi_1 = |s_+\varphi_a \ \ \varphi_b| + |\varphi_a \ \ s_+\varphi_b|$$

であるが，φ_a と φ_b は $\varphi_a\alpha, \varphi_b\alpha$ の略記号であるから，$s_+\alpha = 0$ という性質（(I) 巻の §8.1 (3a) 式）によって，

$$S_+{}^3\Phi_1 = 0 \tag{6}$$

を得る．S_- を作用させると，$s_-\varphi_a = \hbar\overline{\varphi}_a$, $s_-\varphi_b = \hbar\overline{\varphi}_b$ であるから（(I) 巻の §8.2 (3b) 式），

$$S_-{}^3\Phi_1 = \hbar|\overline{\varphi}_a \ \ \varphi_b| + \hbar|\varphi_a \ \ \overline{\varphi}_b| \tag{7}$$

が得られる．S_z に対しては，$s_z\varphi_a = (\hbar/2)\varphi_a$, $s_z\varphi_b = (\hbar/2)\varphi_b$ であるから

---

* ていねいに書けば，$f_j = f(\boldsymbol{r}_j, -i\hbar\nabla_j, \sigma_j)$.

$$S_z\,{}^3\Phi_1 = \frac{\hbar}{2}|\varphi_a \;\; \varphi_b| + \frac{\hbar}{2}|\varphi_a \;\; \varphi_b| = \hbar\,{}^3\Phi_1 \tag{8}$$

となることがわかる．このような演算をくり返せば

$$\begin{aligned}\mathbf{S}^2\,{}^3\Phi_1 &= \left\{\frac{1}{2}(S_+S_- + S_-S_+) + S_z{}^2\right\}{}^3\Phi_1 \\ &= \frac{\hbar}{2}S_+(|\overline{\varphi}_a \;\; \varphi_b| + |\varphi_a \;\; \overline{\varphi}_b|) + \hbar S_z|\varphi_a \;\; \varphi_b| \\ &= \frac{\hbar^2}{2}(|\varphi_a \;\; \varphi_b| + |\varphi_a \;\; \varphi_b|) + \hbar^2|\varphi_a \;\; \varphi_b| \\ &= 2\hbar^2|\varphi_a \;\; \varphi_b| = 2\hbar^2\,{}^3\Phi_1 \end{aligned} \tag{9}$$

が得られる．(8), (9) 式は，${}^3\Phi_1$ が S_z と $\mathbf{S}^2$ の同時固有関数であって，その固有値が $\hbar$，$2\hbar^2 = 2\cdot 1\hbar^2$ であることを示している．前節の (17), (18) 式 (61 ページ) と比べてみると，$J=1$，$M=1$ の場合に相当していることがわかる．つまり，${}^3\Phi_1 = |\varphi_a \;\; \varphi_b|$ は合成スピンの大きさが $S=1$ で，S_z の固有値を $M_S\hbar$ とすると $M_S=1$ の状態である．

それならば，前節の (19b) 式 (61 ページ) を使って，$S=1$ のままで $M_S=0$，$M_S=-1$ の状態が求められるはずである．(7) 式はまさにそれであって，前節の (19b) 式で $J=S=1$ とし M の代りに M_S と記して $M_s=1$ とおいたもの

$$S_-|1,1\rangle = \sqrt{2}\,\hbar|1,0\rangle$$

になっていなければならない．つまり

$${}^3\Phi_1 = |1,1\rangle = |\varphi_a \;\; \varphi_b| \tag{10a}$$

$${}^3\Phi_0 = |1,0\rangle = \frac{1}{\sqrt{2}}(|\varphi_a \;\; \overline{\varphi}_b| + |\overline{\varphi}_a \;\; \varphi_b|) \tag{10b}$$

なのである．${}^3\Phi_0 = |1,0\rangle$ にもう一度 S_- を作用させれば，

$$S_-|1,0\rangle = \sqrt{2}\,\hbar|1,-1\rangle = \frac{\hbar}{\sqrt{2}}(|\overline{\varphi}_a \;\; \overline{\varphi}_b| + |\overline{\varphi}_a \;\; \overline{\varphi}_b|)$$

が得られるから，

$${}^3\Phi_{-1} = |1,-1\rangle = |\overline{\varphi}_a \;\; \overline{\varphi}_b| \tag{10c}$$

となることがわかる．これ以上 S_- を作用させても 0 になることは明らかであろう．

$S=1$ なのであるから，$M_S=1,0,-1$ の 3 個が可能であり，$M_S=\pm 1$ の関数はそれぞれ単独のスレイター行列式 $|\varphi_a\ \ \varphi_b|$, $|\overline{\varphi}_a\ \ \overline{\varphi}_b|$ で表されるが，$M_S=0$ の状態は（10b）式のような 2 つの行列式の和で表されることがわかった．

軌道 φ_a と φ_b に 2 個の電子を収容したときに考えられるスレイター行列式には

$$|\varphi_a\ \ \varphi_b|,\ \ |\overline{\varphi}_a\ \ \overline{\varphi}_b|,\ \ |\overline{\varphi}_a\ \ \varphi_b|,\ \ |\varphi_a\ \ \overline{\varphi}_b| \tag{11}$$

の 4 つがある．$\varphi_a(\boldsymbol{r})$ と $\varphi_b(\boldsymbol{r})$ が直交するときには，これらは互いに直交することがわかる（読者みずから検証せよ）．$\boldsymbol{S}^2$ と S_z の固有関数で $S=1$ に対応するものとして（10 a)～(10c）式が得られた．上記 4 つの関数を状態ベクトルと見るとき，（10b）式の関数は $|\varphi_a\ \ \overline{\varphi}_b|$ と $|\overline{\varphi}_a\ \ \varphi_b|$ の二等分線の方向をもつから，この 4 つのベクトルがつくる 4 次元空間の中で（10a)～(10c）式のどれとも直交するベクトルとしては，

$$^1\Phi_0=\frac{1}{\sqrt{2}}\left(|\varphi_a\ \ \overline{\varphi}_b|-|\overline{\varphi}_a\ \ \varphi_b|\right) \tag{12}$$

が得られる（10-2 図）．これは $\boldsymbol{S}^2$ や S_z とどんな関係にあるのだろうか．計算はいままでと全く同様で簡単だから，結果だけを記すと，

$$\boldsymbol{S}^2\,{}^1\Phi_0=0,\qquad S_z\,{}^1\Phi_0=0 \tag{13}$$

となる．つまり，これは合成スピンの大きさが 0 の状態である．

$\varphi_a(\boldsymbol{r})$ と $\varphi_b(\boldsymbol{r})$ に 2 電子を収容した場合には（11）式の 4 つの関数が考えられるが，これらは合成スピンの固有状態になっていない．$\boldsymbol{S}^2$ と S_z の固有関

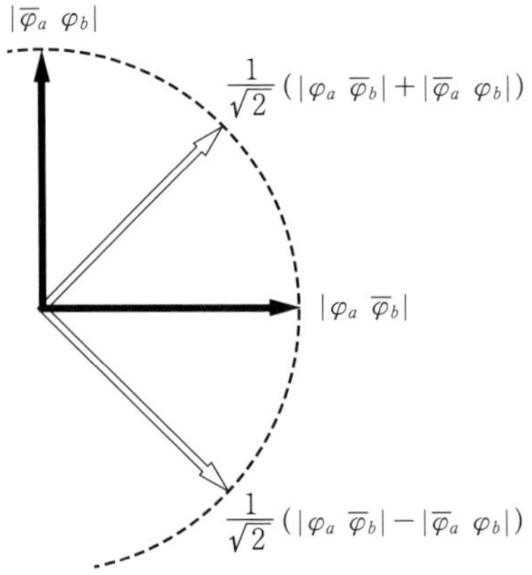

10-2 図

数は (10a)～(10c) 式の 3 つ ($S=1$) と (12) 式 ($S=0$) の計 4 個で与えられる．

この 2 電子系のハミルトニアンが

$$\mathcal{H} = -\frac{\hbar^2}{2m}(\nabla_1{}^2 + \nabla_2{}^2) + V(\boldsymbol{r}_1) + V(\boldsymbol{r}_2) + \frac{e^2}{4\pi\epsilon_0 r_{12}} \qquad (14)$$

のように与えられ，スピンを含まない場合を考えると，明らかに $\mathcal{H}$ は S_x, S_y, S_z のすべてと交換する．したがって

$$\mathcal{H}S_\pm = S_\pm\mathcal{H}$$

である．ゆえに，ある関数 Φ_n が $\mathcal{H}$ の正しい固有関数で，

$$\mathcal{H}\Phi_n = E_n\Phi_n$$

を満たすならば，両辺に左から S_+ または S_- を掛けてやれば

$$S_\pm\mathcal{H}\Phi_n = E_n S_\pm\Phi_n$$

を得るが，左辺で $S_\pm\mathcal{H}$ は $\mathcal{H}S_\pm$ としてよいから

$$\mathcal{H}(S_\pm\Phi_n) = E_n(S_\pm\Phi_n)$$

となることがわかる．つまり，$S_\pm\Phi_n$ も Φ_n と同じ固有値に対する $\mathcal{H}$ の固有関数なのである．ゆえに，${}^3\Phi_1$ と，これに S_- を次々に作用させて得られる ${}^3\Phi_0, {}^3\Phi_{-1}$ とは縮退している．しかし，${}^1\Phi_0$ が同じエネルギー固有値をもつかどうかは保証されていない.*　次節でわかるように，一般にはエネルギーは異なる．

以上によって次のことがわかった．

> 異なる軌道 $\varphi_a(\boldsymbol{r}), \varphi_b(\boldsymbol{r})$ に 2 個の電子を収容したときには，$\hbar$ を単位にして測った合成スピンの大きさ S が 1 の状態 (10a)～(10c) 式と，S が 0 の状態 (12) 式とができる．
> $S=1$ の状態は三重に縮退しているので**三重項状態**，$S=0$ の状態は縮退がないので**一重項状態**とよばれる．

*　スレイター行列式は近似であるから，$\mathcal{H}$ の正しい固有関数にはなっていない．このときは期待値で同じことがいえる．次ページの［例題 2］を参照せよ．

Φ の左肩につけた数字は，これらのスピンによる縮退度（**スピン多重度**あるいは単に多重度という）を表す．右下の添字は M_S の値である．

$S=1$ は 2 つの電子のスピンが平行にそろっているときで，$S=0$ は反平行のときである，と言い表すこともできよう．

以上では $\varphi_a \neq \varphi_b$ ということを前提にしたが，$\varphi_a = \varphi_b$ のときには，スレイター行列式は $|\varphi_a \ \overline{\varphi}_a|$ しかつくることができない．

$$\boldsymbol{S}^2|\varphi_a \ \overline{\varphi}_a| = 0, \qquad S_z|\varphi_a \ \overline{\varphi}_a| = 0$$

であることはすぐわかるから，これは $S=0$ の一重項状態である．

［例題 1］　スレイター行列式 $\Phi = |\varphi_1 \ \overline{\varphi}_1 \ \varphi_2 \ \overline{\varphi}_2 \ \varphi_3 \ \overline{\varphi}_3 \ \cdots \ \varphi_p \ \overline{\varphi}_p|$ で表される閉殻配置は，スピン $S=0$ の一重項状態になっていることを示せ．

［解］　$S_\pm \Phi$ を (5) 式に従ってつくってみると，$s_+\varphi_n = 0$ と $s_-\overline{\varphi}_n = 0$ で 0 になるか，そうでなければ行列式の 2 つの列が同じ $|\varphi_1 \ \varphi_1 \ \varphi_2 \ \overline{\varphi}_2 \ \cdots|$ のようなものになるかのどちらかで，すべての項が 0 になってしまう．また，α スピンと β スピンの電子が同数あることからすぐ推察もつくが，(5) 式でやってみてもすぐわかるように，$S_z\Phi = 0$ である．ゆえに，$\boldsymbol{S}^2\Phi = 0$ となって $S=0$ であることがわかる．

［例題 2］　ハミルトニアン $\mathcal{H}$ がスピンを含まないとき，${}^3\Phi_{\pm 1}$ と ${}^3\Phi_0$ とはエネルギーの期待値が等しいことを示せ．

［解］　S_x と S_y はエルミート演算子なので，S_+ と S_- とは転置共役（アジョイント）の関係にある．ゆえに，ケットベクトル $|\Phi'\rangle \equiv S_\pm|\Phi\rangle$ の転置共役であるブラベクトルは $\langle\Phi'| = \langle\Phi|S_\mp$ と表される．

ところで，ブラとケットを明瞭に示すために $|\ \ \rangle$ を使うことにすると，

$$S_\pm|{}^3\Phi_0\rangle = \sqrt{2}\,\hbar|{}^3\Phi_{\pm 1}\rangle$$

なのであるから，$\langle{}^3\Phi_0|S_\mp = \sqrt{2}\,\hbar\langle{}^3\Phi_{\pm 1}|$ であり，したがって

$$2\hbar^2\langle{}^3\Phi_{\pm 1}|\mathcal{H}|{}^3\Phi_{\pm 1}\rangle = \langle{}^3\Phi_0|S_\mp\mathcal{H}S_\pm|{}^3\Phi_0\rangle$$

を得る．$\mathcal{H}$ と $S_\mp$ は交換するから $S_\mp\mathcal{H}S_\pm = \mathcal{H}S_\mp S_\pm$ としてよいが，${}^3\Phi_0$ に対しては $S_+S_-|{}^3\Phi_0\rangle = S_-S_+|{}^3\Phi_0\rangle = 2\hbar^2|{}^3\Phi_0\rangle$ は容易に確かめられる．ゆえに

$$\langle{}^3\Phi_{\pm 1}|\mathcal{H}|{}^3\Phi_{\pm 1}\rangle = \langle{}^3\Phi_0|\mathcal{H}|{}^3\Phi_0\rangle$$

§10.5　スピン一重項と三重項のエネルギー

前節の結果によれば，互いに直交する軌道 $\varphi_a(\boldsymbol{r}), \varphi_b(\boldsymbol{r})$ に 2 個の電子を収容したときに得られる状態は，

$S=1$ の三重項状態（三重に縮退）

$$^3\Phi_1 = |\varphi_a\ \ \varphi_b|, \qquad {}^3\Phi_0 = \frac{1}{\sqrt{2}}(|\varphi_a\ \ \overline{\varphi}_b| + |\overline{\varphi}_a\ \ \varphi_b|), \qquad {}^3\Phi_{-1} = |\overline{\varphi}_a\ \ \overline{\varphi}_b| \tag{1}$$

$S=0$ の一重項状態（縮退なし）

$$^1\Phi_0 = \frac{1}{\sqrt{2}}(|\varphi_a\ \ \overline{\varphi}_b| - |\overline{\varphi}_a\ \ \varphi_b|) \tag{2}$$

のように分類される．ここでは，これらの関数によるエネルギーの期待値を求めてみよう．

(1) 式の 3 つの関数はどれもエネルギー期待値が等しいから（前節の［例題 2］を参照），一番計算しやすそうなものを用いて行えばよい．$^3\Phi_1 = |\varphi_a\ \ \varphi_b|$ を採用すると，§9.5 の結果が示すように

$$\begin{aligned} ^3E &= \langle {}^3\Phi_1 | \mathcal{H} | {}^3\Phi_1 \rangle \\ &= \langle \varphi_a | H | \varphi_a \rangle + \langle \varphi_b | H | \varphi_b \rangle + Q(\varphi_a, \varphi_b) - J(\varphi_a, \varphi_b) \end{aligned} \tag{3}$$

が得られる．$^3\Phi_0$ を用いて直接計算しても同じ結果になることは，読者みずから確かめてみてほしい．この式の最後の項（交換積分）が現れることが，スレイター行列式を用いたための特徴的な結果である．

今度は一重項状態 $^1\Phi_0$ を考えよう．

$$\Phi_{\alpha\beta} \equiv |\varphi_a\ \ \overline{\varphi}_b|, \qquad \Phi_{\beta\alpha} \equiv |\overline{\varphi}_a\ \ \varphi_b|$$

とすると，$^1\Phi_0 = (\Phi_{\alpha\beta} - \Phi_{\beta\alpha})/\sqrt{2}$ であるから

$$\begin{aligned} &\langle {}^1\Phi_0 | \mathcal{H} | {}^1\Phi_0 \rangle \\ &= \frac{1}{2}\{\langle \Phi_{\alpha\beta} | \mathcal{H} | \Phi_{\alpha\beta} \rangle + \langle \Phi_{\beta\alpha} | \mathcal{H} | \Phi_{\beta\alpha} \rangle - \langle \Phi_{\alpha\beta} | \mathcal{H} | \Phi_{\beta\alpha} \rangle - \langle \Phi_{\beta\alpha} | \mathcal{H} | \Phi_{\alpha\beta} \rangle\} \end{aligned}$$

となるが，§9.5 の結果からすぐわかるように

$$\langle \Phi_{\alpha\beta}|\mathcal{H}|\Phi_{\alpha\beta}\rangle = \langle \Phi_{\beta\alpha}|\mathcal{H}|\Phi_{\beta\alpha}\rangle$$
$$= \langle \varphi_a|H|\varphi_a\rangle + \langle \varphi_b|H|\varphi_b\rangle + Q(\varphi_a, \varphi_b)$$

であって，ここからは交換積分は現れない（スピンが逆だから）．ところが，{ }内の最後の2項は次のようになる．

$$\langle \Phi_{\alpha\beta}|\mathcal{H}|\Phi_{\beta\alpha}\rangle = \sum_{\sigma_1}\sum_{\sigma_2}\iint \varphi_a{}^*(\boldsymbol{r}_1)\,\alpha_1\,\varphi_b{}^*(\boldsymbol{r}_2)\,\beta_2\left\{H(\boldsymbol{r}_1) + H(\boldsymbol{r}_2) + \frac{e^2}{4\pi\epsilon_0 r_{12}}\right\}$$
$$\times\,[\varphi_a(\boldsymbol{r}_1)\,\beta_1\,\varphi_b(\boldsymbol{r}_2)\,\alpha_2 - \varphi_a(\boldsymbol{r}_2)\,\beta_2\,\varphi_b(\boldsymbol{r}_1)\,\alpha_1]\,d\boldsymbol{r}_1\,d\boldsymbol{r}_2$$

ここで，29ページのグレーで囲まれた個所に示された関係を用いた．スピン関数の直交性を使えば，右辺の［ ］内の第1項は積分に寄与しないことがわかる．また，φ_a と φ_b の直交性により，$H(\boldsymbol{r}_1) + H(\boldsymbol{r}_2)$ が与える

$$\langle \varphi_a|H|\varphi_b\rangle\langle \varphi_b|\varphi_a\rangle + \langle \varphi_b|H|\varphi_a\rangle\langle \varphi_a|\varphi_b\rangle = 0$$

は消えてしまう．結局

$$\langle \Phi_{\alpha\beta}|\mathcal{H}|\Phi_{\beta\alpha}\rangle = -\iint \varphi_a{}^*(\boldsymbol{r}_1)\,\varphi_b{}^*(\boldsymbol{r}_2)\,\frac{e^2}{4\pi\epsilon_0 r_{12}}\,\varphi_b(\boldsymbol{r}_1)\,\varphi_a(\boldsymbol{r}_2)\,d\boldsymbol{r}_1\,d\boldsymbol{r}_2$$
$$= -J(\varphi_a, \varphi_b)$$

という交換積分が得られる．$\langle \Phi_{\beta\alpha}|\mathcal{H}|\Phi_{\alpha\beta}\rangle$ も同じものを与えることはすぐわかるであろう．

以上をまとめると，一重項のエネルギーは

$${}^1E = \langle {}^1\Phi_0|\mathcal{H}|{}^1\Phi_0\rangle = \langle \varphi_a|H|\varphi_a\rangle + \langle \varphi_b|H|\varphi_b\rangle + Q(\varphi_a, \varphi_b) + J(\varphi_a, \varphi_b) \tag{4}$$

となって，(3) 式の ${}^3E$ と J の符号が逆になることがわかるのである．

交換積分 J の値は普通クーロン積分 Q の値よりも小さいが，その符号は正である ($J > 0$) ことが証明されるので，

$${}^1E = {}^3E + 2J(\varphi_a, \varphi_b) > {}^3E$$

となり，一重項状態の方が三重項状態よりもエネルギーが高いことがわかる．*

このように，電子は φ_a と φ_b というきまった軌道を運動しており，しかも

---

* 2つの軌道関数が直交しているという前提に注意．

ハミルトニアン $\mathscr{H}$ はスピンを含まないのにもかかわらず，2つの電子のスピンが平行（三重項）か反平行（一重項）かによってエネルギーが $2J$ だけ違ってくるというのは，古典的には理解できない量子論的な効果である．その原因は波動関数の反対称性という要請にある．${}^3E < {}^1E$ ということは，不完全殻内の電子のスピンはなるべくそろった向きをもとうとするという，もっと一般的な規則（フントの規則，§10.8を参照）の1つの場合であるが，遷移金属やランタノイドの元素や化合物の磁性の源はここに存在する．

(1) 式と (2) 式の関数を書き直してみると，次のようになることが容易にわかる．*

$$\left.\begin{matrix} {}^3\Phi_1 \\ {}^3\Phi_0 \\ {}^3\Phi_{-1} \end{matrix}\right\} = \frac{1}{\sqrt{2}}\{\varphi_a(\boldsymbol{r}_1)\varphi_b(\boldsymbol{r}_2) - \varphi_b(\boldsymbol{r}_1)\varphi_a(\boldsymbol{r}_2)\} \times \left\{\begin{matrix} \alpha_1\alpha_2 \\ \dfrac{1}{\sqrt{2}}(\alpha_1\beta_2 + \beta_1\alpha_2) \\ \beta_1\beta_2 \end{matrix}\right. \tag{5}$$

$${}^1\Phi_0 = \frac{1}{\sqrt{2}}\{\varphi_a(\boldsymbol{r}_1)\varphi_b(\boldsymbol{r}_2) + \varphi_b(\boldsymbol{r}_1)\varphi_a(\boldsymbol{r}_2)\} \times \frac{1}{\sqrt{2}}(\alpha_1\beta_2 - \beta_1\alpha_2) \tag{6}$$

いま，これらの関数について電子を交換したとする．これは $\boldsymbol{r}_1 \leftrightarrow \boldsymbol{r}_2$ の交換と同時に，スピンの交換（α, β の添字の1と2を入れ換える）をも行うことを意味する．(5) 式の ${}^3\Phi_1$ に相当するものは§9.2の［例題3］(18ページ) ですでに調べたが，三重項の3つの関数の軌道部分はこのように共通であって，$\boldsymbol{r}_1 \leftrightarrow \boldsymbol{r}_2$ に対して符号を変える（反対称）．スピンの部分は $1 \leftrightarrow 2$ に対して不変（対称）である．結局，両方を合わせて反対称になっているわけである．

一重項の関数 (6) 式はこれと逆で，スピン関数が反対称であるのに，軌道部分は対称的である．したがって，三重項状態では $\boldsymbol{r}_1 = \boldsymbol{r}_2$ とすると ${}^3\Phi_{\pm1}$ も ${}^3\Phi_0$ も0になってしまうのに，一重項では $\boldsymbol{r}_1 = \boldsymbol{r}_2 = \boldsymbol{r}$ のとき ${}^1\Phi_0$ の軌道部分は $(2/\sqrt{2})\varphi_a(\boldsymbol{r})\varphi_b(\boldsymbol{r}) = \sqrt{2}\,\varphi_a(\boldsymbol{r})\varphi_b(\boldsymbol{r})$ となる．これは反対称化などをしな

* $\alpha_j = \alpha(\sigma_j)$, $\beta_j = \beta(\sigma_j)$ の略である．

い場合の $\varphi_a(\boldsymbol{r})\varphi_b(\boldsymbol{r})$ よりもむしろ大きい（$\sqrt{2}$ 倍）．ゆえに，三重項状態では電子は互いによけ合うのに対し，一重項ではむしろなるべく近寄ろうとしているかのごとくに振舞っている．これが，電子間のクーロン斥力のエネルギーに影響し，交換積分の符号の差として，三重項と一重項のエネルギー差を生じさせている原因である．

§10.6　電子配置 $(n\mathrm{p})(n'\mathrm{p})$

今度は軌道角運動量の合成を考えよう．具体例の第1として，主量子数の異なる2つのp軌道（どちらも $3\times 2=6$ 重に縮退している）に電子を入れる場合を考察する．この場合には $6\times 6=36$ 通りのスレイター行列式がつくられる．np の3つの軌道関数を $\varphi_m\,(m=1,0,-1)$，n'p のそれを $\chi_{m'}\,(m'=1,0,-1)$ で表すことにし，スピンの下向き (β) 上向き (α) を φ や χ の上の線の有無で表すならば，36個のスレイター行列式は

$$|\varphi_m\ \ \chi_{m'}|,\ |\varphi_m\ \ \overline{\chi}_{m'}|,\ |\overline{\varphi}_m\ \ \chi_{m'}|,\ |\overline{\varphi}_m\ \ \overline{\chi}_{m'}| \qquad (m, m'=1,0,-1) \tag{1}$$

という形になる．これらが一般には $\boldsymbol{S}^2\,(\boldsymbol{S}=\boldsymbol{s}_1+\boldsymbol{s}_2)$ の固有関数になっていないことはいままで見たとおりであるが，$\boldsymbol{L}^2\,(\boldsymbol{L}=\boldsymbol{l}_1+\boldsymbol{l}_2)$ の固有関数になっていないことも同様である．

しかし，容易にわかるように，(1) 式に $L_z=l_{1z}+l_{2z}$ を作用させ，$l_z\varphi_m=m\hbar\varphi_m$，$l_z\chi_{m'}=m'\hbar\chi_{m'}$ であることを用いれば，(1) 式の関数はすべて L_z の固有関数になっており，その固有値は $(m+m')\hbar$ に等しい．L_z の固有値を $M\hbar$ と記すことにすれば，$M=m+m'$ である．いま，しばらくスピンのことを考えないことにし，スピン部分を省略した関数を

$$\|\varphi_m\ \ \chi_{m'}\| \equiv \frac{1}{\sqrt{2!}}\begin{vmatrix}\varphi_m(\boldsymbol{r}_1) & \chi_{m'}(\boldsymbol{r}_1)\\ \varphi_m(\boldsymbol{r}_2) & \chi_{m'}(\boldsymbol{r}_2)\end{vmatrix} \tag{2}$$

と記すことにしよう．*　そうすると

---

*　この記法はここだけのもので，他には通用しない．

10-4 表

$M_L = m + m'$	$\|\varphi_m \ \chi_{m'}\|$		
2	$\|\varphi_1 \ \chi_1\|$		
1	$\|\varphi_1 \ \chi_0\|$	$\|\varphi_0 \ \chi_1\|$	
0	$\|\varphi_1 \ \chi_{-1}\|$	$\|\varphi_0 \ \chi_0\|$	$\|\varphi_{-1} \ \chi_1\|$
-1	$\|\varphi_0 \ \chi_{-1}\|$	$\|\varphi_{-1} \ \chi_0\|$	
-2	$\|\varphi_{-1} \ \chi_{-1}\|$		

$$L_z\|\varphi_m \ \chi_{m'}\| = (m + m')\hbar\|\varphi_m \ \chi_{m'}\| \tag{3}$$

であって，(2) 式のような関数は $3 \times 3 = 9$ 個つくられる．それらを $M_L = m + m'$ で分類すると 10-4 表のようになる．

さて，$\boldsymbol{L}^2 = (1/2)(L_+L_- + L_-L_+) + L_z{}^2$ という演算子を考えてみると，$L_\pm = l_{1\pm} + l_{2\pm}$ を上記 9 個の $\|\varphi_m \ \chi_{m'}\|$ に作用させても，0 になるか 9 個のなかの他のものになるかのどちらかであって，これ以外のものに変化させることはない．ゆえに（スピンを考えないで）2 電子の $\boldsymbol{L}$ に関する量（$\boldsymbol{L}^2, L_z$ など）の行列をつくると，それらは $\|\varphi_m \ \chi_{m'}\|$ ではさんだ 9 行 9 列の部分だけに限定され，他の部分と関係をもたない．したがって，それを対角化するにも，この部分だけについて行えばよい．つまり，$\boldsymbol{L}^2$ の固有関数は上記 9 個の関数の 1 次結合で表される．

そこで，まず $M_L = 2$ の関数 $\|\varphi_1 \ \chi_1\|$ に $\boldsymbol{L}^2$ を作用させてみよう．すぐわかるように

$$\begin{aligned} L_z{}^2\|\varphi_1 \ \chi_1\| &= L_z(L_z\|\varphi_1 \ \chi_1\|) \\ &= 2\hbar L_z\|\varphi_1 \ \chi_1\| \\ &= 4\hbar^2\|\varphi_1 \ \chi_1\| \end{aligned}$$

である．次に，$L_\pm$ を考える．

$$L_+\|\varphi_1 \ \chi_1\| = \left(\sum_{j=1}^{2} l_{j+}\right)\|\varphi_1 \ \chi_1\| = \|l_+\varphi_1 \ \chi_1\| + \|\varphi_1 \ l_+\chi_1\| = 0$$

$$(\because \quad L_+\varphi_1 = 0, \ \ l_+\chi_1 = 0)$$

$$L_-\|\varphi_1\ \ \chi_1\| = \|l_-\varphi_1\ \ \chi_1\| + \|\varphi_1\ \ l_-\chi_1\|$$
$$= \sqrt{2}\,\hbar(\|\varphi_0\ \ \chi_1\| + \|\varphi_1\ \ \chi_0\|)$$

ゆえに

$$L_+L_-\|\varphi_1\ \ \chi_1\| = \sqrt{2}\,\hbar(L_+\|\varphi_0\ \ \chi_1\| + L_+\|\varphi_1\ \ \chi_0\|)$$
$$= 2\hbar^2(\|\varphi_1\ \ \chi_1\| + \|\varphi_1\ \ \chi_1\|)$$
$$= 4\hbar^2\|\varphi_1\ \ \chi_1\|$$

したがって，$\|\varphi_1\ \ \chi_1\|$ は $\boldsymbol{L}^2$ の固有関数で，

$$\boldsymbol{L}^2\|\varphi_1\ \ \chi_1\| = \left\{\frac{1}{2}(L_+L_- + L_-L_+) + {L_z}^2\right\}\|\varphi_1\ \ \chi_1\|$$
$$= 6\hbar^2\|\varphi_1\ \ \chi_1\|$$
$$= 2(2+1)\hbar^2\|\varphi_1\ \ \chi_1\|$$

からわかるように，$L=2$ であることがわかる．つまり，$\|\varphi_1\ \ \chi_1\|$ は $L=2$, $M_L=2$ の関数である．

$L=2$, $M_L=1, 0, -1, -2$ の関数は，これに L_- を順次作用させればよい．これらを $|2, M_L\rangle$ と略記すると，§10.3（19b）式（61ページ）によって

$$|2,1\rangle = \frac{1}{2\hbar}L_-|2,2\rangle, \qquad |2,0\rangle = \frac{1}{\sqrt{6}\,\hbar}L_-|2,1\rangle$$

$$|2,-1\rangle = \frac{1}{\sqrt{6}\,\hbar}L_-|2,0\rangle, \qquad |2,-2\rangle = \frac{1}{2\hbar}L_-|2,-1\rangle$$

であるから，$|2,2\rangle = \|\varphi_1\ \ \chi_1\|$ から出発すれば

$$|2,2\rangle = \|\varphi_1\ \ \chi_1\| \tag{4a}$$

$$|2,1\rangle = \frac{1}{\sqrt{2}}(\|\varphi_1\ \ \chi_0\| + \|\varphi_0\ \ \chi_1\|) \tag{4b}$$

$$|2,0\rangle = \frac{1}{\sqrt{6}}(\|\varphi_1\ \ \chi_{-1}\| + 2\|\varphi_0\ \ \chi_0\| + \|\varphi_{-1}\ \ \chi_1\|) \tag{4c}$$

$$|2,-1\rangle = \frac{1}{\sqrt{2}}(\|\varphi_0\ \ \chi_{-1}\| + \|\varphi_{-1}\ \ \chi_0\|) \tag{4d}$$

$$|2,-2\rangle = \|\varphi_{-1}\ \ \chi_{-1}\| \tag{4e}$$

が得られる．

$M_L = \pm 2$ の 2 つのスレイター行列式はそのまま $|2, \pm 2\rangle$ の関数になっていることがわかったが，$M_L = \pm 1$ のところを考えてみると，それぞれ 2 つずつのスレイター行列式があるところから，足して $\sqrt{2}$ で割ったものを $|2, \pm 1\rangle$ の関数として使ってしまうことになる．これに直交するものとして，引いて $\sqrt{2}$ で割ったものが残ることになる．それが $\boldsymbol{L}^2$ に対してどういう関係にあるかを調べてみると，前と同様の計算で

$$\boldsymbol{L}^2 \frac{1}{\sqrt{2}}(\|\varphi_1 \ \ \chi_0\| - \|\varphi_0 \ \ \chi_1\|) = 2\hbar^2 \frac{1}{\sqrt{2}}(\|\varphi_1 \ \ \chi_0\| - \|\varphi_0 \ \ \chi_1\|)$$

となることがわかる．ゆえにこれは，$L = 1$ に対する $\boldsymbol{L}^2$ の固有関数である．L_z を作用させれば $\hbar$ 倍になることはすぐわかるとおりである．そこでこの関数を，$L = 1$，$M_L = 1$ であるという意味で $|1, 1\rangle$ と書き表すことにする．これに L_- を作用させれば $|1, 0\rangle, |1, -1\rangle$ が得られることは前と同様である．結果を記せば

$$|1, 1\rangle = \frac{1}{\sqrt{2}}(\|\varphi_1 \ \ \chi_0\| - \|\varphi_0 \ \ \chi_1\|) \tag{5a}$$

$$|1, 0\rangle = \frac{1}{\sqrt{2}}(\|\varphi_1 \ \ \chi_{-1}\| - \|\varphi_{-1} \ \ \chi_1\|) \tag{5b}$$

$$|1, -1\rangle = \frac{1}{\sqrt{2}}(\|\varphi_0 \ \ \chi_{-1}\| - \|\varphi_{-1} \ \ \chi_0\|) \tag{5c}$$

となる．

10-4 表に掲げた 9 個のスレイター行列式から（4a）～（4e），（5a）～（5c）式の 8 個の関数がつくられたが，$M_L = 0$ のところにもう一つ残っていることになる．$\|\varphi_1 \ \ \chi_{-1}\|, \|\varphi_0 \ \ \chi_0\|, \|\varphi_{-1} \ \ \chi_1\|$ のつくる 3 次元部分空間で，（4c）式と（5b）式の両方に直交するものは，係数の比較から

$$|0, 0\rangle = \frac{1}{\sqrt{3}}(\|\varphi_1 \ \ \chi_{-1}\| - \|\varphi_0 \ \ \chi_0\| + \|\varphi_{-1} \ \ \chi_1\|) \tag{6}$$

であることが容易にわかる．いままでと同様の計算を行うと

$$\boldsymbol{L}^2 |0, 0\rangle = 0$$

となるから，これは$L=0$，$M_L=0$の関数である．

以上のようにして，$(n\mathrm{p})(n'\mathrm{p})$から$L=2,1,0$（それぞれD, P, S 状態とよぶ）に対応する合計9個の関数の軌道部分がすべて得られた．

スピンを考えに入れると，§10.4，§10.5で見てきたように，三重項と一重項ができる．それらの固有関数を$|S,M_S;L,M_L\rangle$と表すことにすると，その具体的な形は次のようにして定められる．

スピン三重項で$M_S=1$のものは（4a)〜(6）式のすべての関数で，

$$\|\varphi_m \ \ \chi_{m'}\| \longrightarrow |\varphi_m \ \ \chi_{m'}|$$

と変えればよい（たとえば$|1,1;2,1\rangle=\{|\varphi_1 \ \ \chi_0|+|\varphi_0 \ \ \chi_1|\}/\sqrt{2}$）．

$M_S=0$のものは

$$\|\varphi_m \ \ \chi_{m'}\| \longrightarrow \frac{1}{\sqrt{2}}(|\varphi_m \ \ \overline{\chi}_{m'}|+|\overline{\varphi}_m \ \ \chi_{m'}|)$$

$M_S=-1$のものは

$$\|\varphi_m \ \ \chi_{m'}\| \longrightarrow |\overline{\varphi}_m \ \ \overline{\chi}_{m'}|$$

と置き換えればよい．

同様にして，スピン一重項の関数は（4a)〜(6）式において

$$\|\varphi_m \ \ \chi_{m'}\| \longrightarrow \frac{1}{\sqrt{2}}(|\varphi_m \ \ \overline{\chi}_{m'}|-|\overline{\varphi}_m \ \ \chi_{m'}|)$$

とすれば得られる．

以上のようにして求められた諸関数が，$\boldsymbol{S}^2, S_z, \boldsymbol{L}^2, L_z$の固有関数になっていることは，ここでもう一度確かめてみる必要はないであろう．ここに得られたような状態を，スピン多重度（$=2S+1$）を左肩につけ，Lの値を記号S, P, D, … で表して，^{3}D, ^{1}D, ^{3}P, ^{1}P, ^{3}S, ^{1}Sのように表すのが普通である．スピン軌道相互作用がないとき一般式^{2S+1}Lで表される状態は，(L,S)準位とか^{2S+1}L項などとよばれるが，この状態は$(2S+1)(2L+1)$重に縮退している．

［例題］ (n,l)のきまった$2l+1$個の軌道全部に電子が入った状態$\|\varphi_l \ \ \varphi_{l-1} \ \cdots \ \varphi_{-l}\|$は$L=0$の状態になっていることを確かめよ．

［解］　まず，L_z について

$$L_z\|\varphi_l\ \varphi_{l-1}\ \cdots\ \varphi_{-l}\| = \|l_z\varphi_l\ \varphi_{l-1}\ \cdots\ \varphi_{-l}\| + \|\varphi_l\ l_z\varphi_{l-1}\ \cdots\ \varphi_{-l}\| + \cdots$$
$$+ \|\varphi_l\ \varphi_{l-1}\ \cdots\ l_z\varphi_{-l}\|$$
$$= \hbar\{l + (l-1) + \cdots + (-l)\}\|\varphi_l\ \varphi_{l-1}\ \cdots\ \varphi_{-l}\| = 0$$

はすぐわかる．次に $L_\pm$ を作用させると，$\|\varphi_l\ \varphi_{l-1}\ \cdots\ \varphi_l\|$ の中の 1 つの φ_m を $\varphi_{m\pm1}$ に変えたものの 1 次結合が得られるが，もとのものにはすべての m が含まれているから，どれか 1 つを変えると，行列式の中に同じ列を 2 つつくることになる．したがって，$L_\pm$ を作用させると 0 になってしまう．ゆえに，$\boldsymbol{L}^2 = (L_+L_- + L_-L_+)/2 + L_z{}^2$ を作用させると 0 が得られることになる．

$$\boldsymbol{L}^2\|\varphi_l\ \varphi_{l-1}\ \cdots\ \varphi_{-l}\| = 0$$
$$L_z\|\varphi_l\ \varphi_{l-1}\ \cdots\ \varphi_{-l}\| = 0$$

ゆえに，これは $L=0$，$M_L=0$ の関数になっている．

$|\varphi_l\ \overline{\varphi}_l\ \varphi_{l-1}\ \overline{\varphi}_{l-1}\ \cdots\ \varphi_{-l}\ \overline{\varphi}_{-l}|$ についても全く同様であることはすぐにわかるであろう．§10.4［例題 1］（66 ページ）の結果といっしょにすれば，閉殻では $S=L=0$ になっていることがわかる．

§10.7　電子配置 $(\boldsymbol{n}\mathbf{p})^2$

前節で見たように，$(n\mathrm{p})(n'\mathrm{p})$ という電子配置 $(n \neq n')$ からは，^{3}D, ^{1}D, ^{3}P, ^{1}P, ^{3}S, ^{1}S の 6 つの状態が導かれることがわかった．$n=n'$ の場合には，パウリの原理による制限はもっと厳しくなる．

$L=2$（D 状態）

$M_L=2$ の場合の関数は，$n \neq n'$ の場合には

$$S=1,\ M_S=1 \qquad |1,1\,;2,2\rangle = |\varphi_1\ \chi_1|$$

$$S=0,\ M_S=0 \qquad |0,0\,;2,2\rangle = \frac{|\varphi_1\ \overline{\chi}_1| - |\overline{\varphi}_1\ \chi_1|}{\sqrt{2}}$$

であった．ここで機械的に $\chi \to \varphi$ と書き直すと，上の関数はそれぞれ 0 および $\sqrt{2}\,|\varphi_1\ \overline{\varphi}_1|$ となってしまう．ゆえに，前節のままで $\chi \to \varphi$ としたのでは必ずしも正しい結果になるとは限らない．そこで，一応あらためて考え直すことにする．

$\varphi_m\varphi_{m'}$ という形で $M_L = m + m' = 2$ の関数をつくるには，$m = m' = 1$ とするより他に選びようがないから，軌道部分は $\varphi_1\varphi_1$ とならざるをえない．そうすると，パウリの原理によってスピンは否応なしに α と β になってしまう．ゆえに，$L = M_L = 2$ の関数は $|\varphi_1\ \ \overline{\varphi}_1|$ だけである．これが

$$\boldsymbol{L}^2|\varphi_1\ \ \overline{\varphi}_1| = 6\hbar^2|\varphi_1\ \ \overline{\varphi}_1| \qquad (\because\ \ L = 2)$$
$$\boldsymbol{S}^2|\varphi_1\ \ \overline{\varphi}_1| = 0 \qquad (\because\ \ S = 0)$$

を満たすことは容易にわかるであろう．ゆえに，$L = 2$ の場合にはスピン三重項は存在しえず，${}^1\mathrm{D}$ だけが可能である．$M_L = 1, 0, -1, -2$ の関数を $|\varphi_1\ \ \overline{\varphi}_1|$ から L_- によって求めることは簡単である．結果を並べて書けば

$$|0, 0\,;\,2, 2\rangle = |\varphi_1\ \ \overline{\varphi}_1| \tag{1a}$$

$$|0, 0\,;\,2, 1\rangle = \frac{1}{\sqrt{2}}(|\varphi_1\ \ \overline{\varphi}_0| + |\varphi_0\ \ \overline{\varphi}_1|) = \frac{1}{\sqrt{2}}(|\varphi_1\ \ \overline{\varphi}_0| - |\overline{\varphi}_1\ \ \varphi_0|) \tag{1b}$$

$$|0, 0\,;\,2, 0\rangle = \frac{1}{\sqrt{6}}(|\varphi_1\ \ \overline{\varphi}_{-1}| + 2|\varphi_0\ \ \overline{\varphi}_0| + |\varphi_{-1}\ \ \overline{\varphi}_1|) \tag{1c}$$

$$|0, 0\,;\,2, -1\rangle = \frac{1}{\sqrt{2}}(|\varphi_0\ \ \overline{\varphi}_{-1}| + |\varphi_{-1}\ \ \overline{\varphi}_0|) \tag{1d}$$

$$|0, 0\,;\,2, -2\rangle = |\varphi_{-1}\ \ \overline{\varphi}_{-1}| \tag{1e}$$

<u>$L = 1$（P 状態）</u>

$M_L = 1$ の場合には φ_1 と φ_0 を掛ける以外にないが，今度はスピン三重項の $|\varphi_1\ \ \varphi_0|$ $(M_S = 1)$ が許される．S_- を順次作用させて，$M_S = 1, 0, -1$ の固有関数

$$|\varphi_1\ \ \varphi_0|, \qquad \frac{1}{\sqrt{2}}(|\varphi_1\ \ \overline{\varphi}_0| + |\overline{\varphi}_1\ \ \varphi_0|), \qquad |\overline{\varphi}_1\ \ \overline{\varphi}_0|$$

を得る．これらはどれも $\boldsymbol{L}^2$ の固有関数になっており，固有値が $2\hbar^2$ であることは容易に確かめられる．したがって，上の 3 つは ${}^3\mathrm{P}$ で $M_L = 1$ に対する関数である．$M_L = 0, -1$ に対する関数は，上の 3 つに L_- を次々と作用させてやれば求められる．こうしてできる ${}^3\mathrm{P}$ の関数をまとめて書けば 10-5

10-5表 $(n\mathrm{p})^2\,{}^3\mathrm{P}$ の波動関数

M_L \ M_S	1	0	−1
1	$\lvert\varphi_1\ \varphi_0\rvert$	$\frac{1}{\sqrt{2}}(\lvert\varphi_1\ \overline{\varphi}_0\rvert+\lvert\overline{\varphi}_1\ \varphi_0\rvert)$	$\lvert\overline{\varphi}_1\ \overline{\varphi}_0\rvert$
0	$\lvert\varphi_1\ \varphi_{-1}\rvert$	$\frac{1}{\sqrt{2}}(\lvert\varphi_1\ \overline{\varphi}_{-1}\rvert+\lvert\overline{\varphi}_1\ \varphi_{-1}\rvert)$	$\lvert\overline{\varphi}_1\ \overline{\varphi}_{-1}\rvert$
−1	$\lvert\varphi_0\ \varphi_{-1}\rvert$	$\frac{1}{\sqrt{2}}(\lvert\varphi_0\ \overline{\varphi}_{-1}\rvert+\lvert\overline{\varphi}_0\ \varphi_{-1}\rvert)$	$\lvert\overline{\varphi}_0\ \overline{\varphi}_{-1}\rvert$

表のとおりである.

${}^1\mathrm{P}$ の関数をつくることは不可能である. $M_L=1$, $M_S=0$ を満たすスレイター行列式は $\lvert\varphi_1\ \overline{\varphi}_0\rvert, \lvert\overline{\varphi}_1\ \varphi_0\rvert$ の2個であるが, ${}^1\mathrm{D}$ の $\lvert 0,0\,;\,2,1\rangle$ と ${}^3\mathrm{P}$ の $\lvert 1,0\,;\,1,1\rangle$ とにこの2個からつくられる2つの関数を使ってしまったから, もう独立なものは残っていない.

$L=0$ (S状態)

$\varphi_1\alpha$, $\varphi_0\alpha$, $\varphi_{-1}\alpha$, $\varphi_1\beta$, $\varphi_0\beta$, $\varphi_{-1}\beta$ の6個から重複を許さずに2個をとってつくることのできるスレイター行列式の総数は $(6\times5)/2=15$ 個である. ${}^1\mathrm{D}$ と ${}^3\mathrm{P}$ とで, $5+9=14$ 個の関数をつくってしまったから, 残るのは1個分である. (1a)〜(1e) 式および10-5表を見比べて, 使い残り (係数の2乗の和が1に満たないもの) を探すと, $\lvert\varphi_1\ \overline{\varphi}_{-1}\rvert, \lvert\varphi_{-1}\ \overline{\varphi}_1\rvert$ と, $\lvert\varphi_0\ \overline{\varphi}_0\rvert$ がそれに該当する. そこで, これらの1次結合で (1c) 式および ${}^3\mathrm{P}$ の $M_L=M_S=0$ (10-5表の中央) の関数の両方に直交するものをつくれば

$$ {}^1\mathrm{S}:\ \frac{1}{\sqrt{3}}(\lvert\varphi_1\ \overline{\varphi}_{-1}\rvert-\lvert\varphi_0\ \overline{\varphi}_0\rvert+\lvert\varphi_{-1}\ \overline{\varphi}_1\rvert) \tag{2} $$

が得られる. 前節の (6) 式 (73ページ) の関数と比較してみればわかるように, これは $L=0$ に対応する. また, 行列式を分解して軌道部分とスピン関数の部分を分離して見れば $(\alpha_1\beta_2-\beta_1\alpha_2)/\sqrt{2}$ というスピン一重項の関数を因数としてもつことがすぐわかる. ゆえに, これは ${}^1\mathrm{S}$ $(S=L=M_S=M_L=0)$ の関数である.

§10.8　ラッセル - ソーンダース結合

一般の原子やイオンの電子配置は $(nl)^x$ の積の形に表される．1 組の (n, l) に着目して $(nl)^x$ を考えると，$x = 2(2l+1)$ のときは閉殻であるから，可能なスレイター行列式はただ 1 個であり，それは $S = L = 0$ の状態（記号 ^{2S+1}L で表すならば，^{1}S となる）で角運動量を全くもたないことは，すでに調べたとおりである．x が $1 \leqq x < 2(2l+1)$ の不完全殻から，どれだけの (L, S) 状態ができるかを調べる方法については，ここで述べることは省略し，$l \leqq 2$ のときの結果だけを列挙しておく．

$$\begin{cases} (n\mathrm{s})^1 & {}^2\mathrm{S} \\ (n\mathrm{s})^2 & {}^1\mathrm{S} \end{cases}$$

$$\begin{cases} (n\mathrm{p})^1, (n\mathrm{p})^5 & {}^2\mathrm{P} \\ (n\mathrm{p})^2, (n\mathrm{p})^4 & {}^1\mathrm{S}, {}^1\mathrm{D}, {}^3\mathrm{P} \\ (n\mathrm{p})^3 & {}^2\mathrm{P}, {}^2\mathrm{D}, {}^4\mathrm{S} \end{cases}$$

$$\begin{cases} (n\mathrm{d})^1, (n\mathrm{d})^9 & {}^2\mathrm{D} \\ (n\mathrm{d})^2, (n\mathrm{d})^8 & {}^1\mathrm{S}, {}^1\mathrm{D}, {}^1\mathrm{G}, {}^3\mathrm{P}, {}^3\mathrm{F} \\ (n\mathrm{d})^3, (n\mathrm{d})^7 & {}^2\mathrm{P}, {}^2\mathrm{D}, {}^2\mathrm{D}, {}^2\mathrm{F}, {}^2\mathrm{G}, {}^2\mathrm{H}, {}^4\mathrm{P}, {}^4\mathrm{F} \\ (n\mathrm{d})^4, (n\mathrm{d})^6 & {}^1\mathrm{S}, {}^1\mathrm{S}, {}^1\mathrm{D}, {}^1\mathrm{D}, {}^1\mathrm{F}, {}^1\mathrm{G}, {}^1\mathrm{G}, {}^1\mathrm{I}, {}^3\mathrm{P}, {}^3\mathrm{P}, {}^3\mathrm{D}, {}^3\mathrm{F}, {}^3\mathrm{F}, {}^3\mathrm{G}, {}^3\mathrm{H}, {}^5\mathrm{D} \\ (n\mathrm{d})^5 & {}^2\mathrm{S}, {}^2\mathrm{P}, {}^2\mathrm{D}, {}^2\mathrm{D}, {}^2\mathrm{D}, {}^2\mathrm{F}, {}^2\mathrm{F}, {}^2\mathrm{G}, {}^2\mathrm{H}, {}^2\mathrm{I}, {}^4\mathrm{P}, {}^4\mathrm{D}, {}^4\mathrm{F}, {}^4\mathrm{G}, {}^6\mathrm{S} \end{cases}$$

ここに示されているように，$(nl)^x$ と $(nl)^{4l+2-x}$ とは全く同じ (L, S) 状態をつくる．$(nl)^{4l+2-x}$ では電子の数が閉殻から x 個だけ不足している．これを nl 殻に x 個の**空孔**（**ホール**ともいう）があるということがある．nl 殻に x 個の電子があるときと，x 個の空孔があるときとでは，それからできる (L, S) 状態だけでなく，それらのエネルギーを表す表式その他にも完全な対応が成り立つことが証明されている．

このように，1 つの電子配置から生じるたくさんの (L, S) 準位のエネルギーは，系のハミルトニアンがスピン軌道相互作用を含まず§10.2（7）式（51 ページ）の形に書けるときには，それぞれ $(2S+1) \times (2L+1)$ 重に縮

退していることは先に調べたとおりである．それらの相互関係については

1つの電子配置からできる (L, S) 準位のうちでエネルギーが最低のものは，S が最大の状態である．それが2個以上あるときには，その中で L が最大の準位の方がエネルギーが最低になるのが普通である．

これを**フントの規則**という．前ページに列挙したものの中では，各行の右端が基底状態の ^{2S+1}L である．

1つの nl 殻だけでなく，たくさんの殻を同時に扱うときでも，不完全殻が1つで他がすべて閉殻ならば，全体の (L, S) はその不完全殻のもので与えられる．その波動関数は，各スレイター行列式に閉殻部分をつけ加えればよい．たとえば，炭素原子の $(1s)^2(2s)^2(2p)^2$ ならば，前節の諸関数に現れた $|\varphi_m\ \varphi_{m'}|, |\varphi_m\ \overline{\varphi}_{m'}|, |\overline{\varphi}_m\ \varphi_{m'}|, |\overline{\varphi}_m\ \overline{\varphi}_{m'}|$ をすべて

$$|\varphi_{1s}\ \overline{\varphi}_{1s}\ \varphi_{2s}\ \overline{\varphi}_{2s}\ \varphi_m\ \varphi_{m'}|, \qquad |\varphi_{1s}\ \overline{\varphi}_{1s}\ \varphi_{2s}\ \overline{\varphi}_{2s}\ \varphi_m\ \overline{\varphi}_{m'}|, \qquad \cdots$$

とすればよいのである．

不完全殻が2つ以上あるときには，それぞれの L と S を定めておいてから，後に述べる（§10.9）角運動量合成則に従って，$\boldsymbol{L}_1$ と $\boldsymbol{L}_2$ から $\boldsymbol{L}$ を合成し，$\boldsymbol{S}_1$ と $\boldsymbol{S}_2$ から $\boldsymbol{S}$ を合成する．これらについては，本書ではこれ以上立ち入らないことにしておく．

いずれにしても，原子やイオンのエネルギー準位が L と S とで指定される場合を**ラッセル‐ソーンダース結合**または ***LS* 結合**の場合とよんでいる．これは，先にも述べたように，ハミルトニアンが§10.2（7）式（51ページ）の形に表され，スピン軌道相互作用が無視できるときに正しい．軽い原子では近似的にそうなっている．

［**例題 1**］ 電子配置 $(nl)^x$ において $1 \leqq x \leqq 2l+1$ の場合に最大の S は $S = x/2$ に等しく，したがって（スピン）多重度は $2S+1 = x+1$ になっているのはなぜか．また，最大の S に対する最大の L はどのようにしてきまるか．

［**解**］ 最大の S に対して $M_S = S$ の関数を考えてみると，これは全部の電子のスピンをなるべく $+z$ 方向にそろえたものである．電子数 x が軌道の数 $2l+1$ を越えないから，電子全部が上向きスピンをもつことが許される．

この場合，パウリの原理によって軌道関数は全部異なったものでなくてはならない．そこで，最大の L で $M_L = L$ のときを考えてみると，M_L は各軌道の m の和であるから，なるべくこの M_L を大きくするような x 個の異なる m の和ということで

$$\begin{aligned} L &= M_L \\ &= l + (l-1) + (l-2) + \cdots + (l-x+1) \\ &= \frac{1}{2}x(2l-x+1) \end{aligned}$$

が得られる．78 ページの ${}^{2S+1}L$ の右端の L は，まさにこの式で求めたとおりになっている（ただし，0, 1, 2, 3 の代りに S, P, D, F で示してある）．

［**例題 2**］ フントの規則に従う次の基底状態の波動関数を，$M_S = S, M_L = L$ の場合についてスレイター行列式の形で具体的に記せ．

$$(n\mathrm{p})^3\ {}^4\mathrm{S},\quad (n\mathrm{d})^2\ {}^3\mathrm{F},\quad (n\mathrm{d})^3\ {}^4\mathrm{F},\quad (n\mathrm{d})^4\ {}^5\mathrm{D},\quad (n\mathrm{d})^5\ {}^6\mathrm{S}$$

［**解**］ 上の［例題 1］で行った考え方に従えば，求める関数が次のようになることは容易にわかると思う．

$$\begin{aligned}
&(n\mathrm{p})^3\ {}^4\mathrm{S}\ |\varphi_1\ \ \varphi_0\ \ \varphi_{-1}| && \left(M_S = \frac{3}{2},\ M_L = 0\right) \\
&(n\mathrm{d})^2\ {}^3\mathrm{F}\ |\varphi_2\ \ \varphi_1| && (M_S = 1,\ M_L = 3) \\
&(n\mathrm{d})^3\ {}^4\mathrm{F}\ |\varphi_2\ \ \varphi_1\ \ \varphi_0| && \left(M_S = \frac{3}{2},\ M_L = 3\right) \\
&(n\mathrm{d})^4\ {}^5\mathrm{D}\ |\varphi_2\ \ \varphi_1\ \ \varphi_0\ \ \varphi_{-1}| && (M_S = 2,\ M_L = 2) \\
&(n\mathrm{d})^5\ {}^6\mathrm{S}\ |\varphi_2\ \ \varphi_1\ \ \varphi_0\ \ \varphi_{-1}\ \ \varphi_{-2}| && \left(M_S = \frac{5}{2},\ M_L = 0\right)
\end{aligned}$$

これらが $\boldsymbol{L}^2$ や $\boldsymbol{S}^2$ の固有関数になっているかどうか気がかりならば，みずから確かめてほしい．

§10.9　L と S の合成

§10.2 で論じたように，ハミルトニアンが§10.2（14）式（54 ページ）

$$\mathcal{H}_{\mathrm{rel}} = \mathcal{H} + \sum_j \zeta_j (\boldsymbol{l}_j \cdot \boldsymbol{s}_j) \tag{1}$$

のようにスピン軌道相互作用を含む場合には，$\boldsymbol{L}$ や $\boldsymbol{S}$ は $\mathscr{H}_{\rm rel}$ と交換しなくなるので，$\boldsymbol{L}^2$ と L_z，$\boldsymbol{S}^2$ と S_z の固有状態はエネルギーの固有状態（定常状態）ではなくなり，

$$\boldsymbol{J} = \boldsymbol{L} + \boldsymbol{S} \tag{2}$$

によって合成された全角運動量のみが保存量となる．そして，定常状態は $\boldsymbol{J}^2$ と J_z の固有状態（固有値はそれぞれ $J(J+1)\hbar^2, M\hbar$）として J と M で指定される．それでは，この場合の固有関数 ― それを以下では $\Phi_{J,M}$ と記す ― はどうなるのであろうか．

これは，電子が1個の場合についてはすでに（I）巻の§8.4で行ったことである．また，これと同様の角運動量の合成は§10.4，§10.6，§10.7でも行った．そこでこの節では，一般的な角運動量合成則の具体例について説明するという意味を含めて，この問題を考察することにしよう．

(L,S) 準位の各状態は L,S,M_L,M_S で指定される．これをわれわれは $|S,M_S\,;L,M_L\rangle$ と表してきたわけである．これらは $\boldsymbol{S}^2, S_z, \boldsymbol{L}^2, L_z$ の固有状態にはなっているけれども，$\boldsymbol{J}^2$ の固有状態ではない．しかし，J_z の固有状態にはなっている．

$$\begin{aligned} J_z|S,M_S\,;L,M_L\rangle &= (L_z+S_z)|S,M_S\,;L,M_L\rangle \\ &= \hbar(M_L+M_S)|S,M_S\,;L,M_L\rangle \end{aligned} \tag{3}$$

そこで，$M=M_L+M_S$ によって $|S,M_S\,;L,M_L\rangle$ を分類すると10-6表のようになる．

この表の第1行の $|S,S\,;L,L\rangle$ は M_S と M_L が最大値になっているから，

10-6表

$M=M_L+M_S$	$\lvert S,M_S\,;L,M_L\rangle$
$L+S$	$\lvert S,S\,;L,L\rangle$
$L+S-1$	$\lvert S,S-1\,;L,L\rangle, \lvert S,S\,;L,L-1\rangle$
$L+S-2$	$\lvert S,S-2\,;L,L\rangle, \lvert S,S-1\,;L,L-1\rangle, \lvert S,S\,;L,L-2\rangle$
……	…………………………………

S_+ を作用させても L_+ を作用させても消えてしまう．したがって，$J_+ = L_+ + S_+$ を作用させると 0 になる．$J_- = L_- + S_-$ に対しては

$$J_-|S,S\,;L,L\rangle = \hbar(\sqrt{2L}\,|S,S\,;L,L-1\rangle + \sqrt{2S}\,|S,S-1\,;L,L\rangle)$$

となり，これにさらに J_+ を作用させると

$$J_+J_-|S,S\,;L,L\rangle = \hbar^2(2L+2S)|S,S\,;L,L\rangle$$

となることがすぐにわかる．また，

$$J_z{}^2|S,S\,;L,L\rangle = \hbar^2(L+S)^2|S,S\,;L,L\rangle$$

であるから，$\boldsymbol{J}^2 = (1/2)(J_+J_- + J_-J_+) + J_z{}^2$ に対して

$$\boldsymbol{J}^2|S,S\,;L,L\rangle = \hbar^2(L+S)(L+S+1)|S,S\,;L,L\rangle \qquad (4)$$

が得られる．つまり，$|S,S\,;L,L\rangle$ は $J = M = L + S$ に対する固有関数なのである．

$$\Phi_{L+S,L+S} = |S,S\,;L,L\rangle \qquad (5\mathrm{a})$$

$J = L + S$ で M が $L + S$ より低い状態の関数は，これに J_- を次々と作用させていけば得られる．たとえば，すぐ次は

$$\Phi_{L+S,L+S-1} = \sqrt{\frac{L}{L+S}}\,|S,S\,;L,L-1\rangle + \sqrt{\frac{S}{L+S}}\,|S,S-1\,;L,L\rangle \qquad (5\mathrm{b})$$

である．10-6 表の $M = L + S - 1$ の 2 つの関数のうちから，この（5b）式をとれば，残り（この（5b）式に直交する 1 次結合）は

$$\Phi_{L+S-1,L+S-1} = \sqrt{\frac{S}{L+S}}\,|S,S\,;L,L-1\rangle - \sqrt{\frac{L}{L+S}}\,|S,S-1\,;L,L\rangle \qquad (6)$$

である．これは，左辺の添字に示したように，$J = M = L + S - 1$ の関数である．

（5b）式と（6）式とに J_- を作用させると，10-6 表の $M = L + S - 2$ のところにある 3 つの関数の 1 次結合が 2 つ得られ，それらが $\Phi_{L+S,L+S-2}$ と $\Phi_{L+S-1,L+S-2}$ である．そこで，上記 3 つの 1 次結合で，いまの 2 つの両方

と直交するものをつくれば，$J = M = L + S - 2$ に対応する関数が得られる．以下，同様のことを次々に行っていけば，すべての J, M に対する $\Phi_{J,M}$ が 10-6 表の $(2S+1) \times (2L+1)$ 個の関数の 1 次結合として得られることになる．

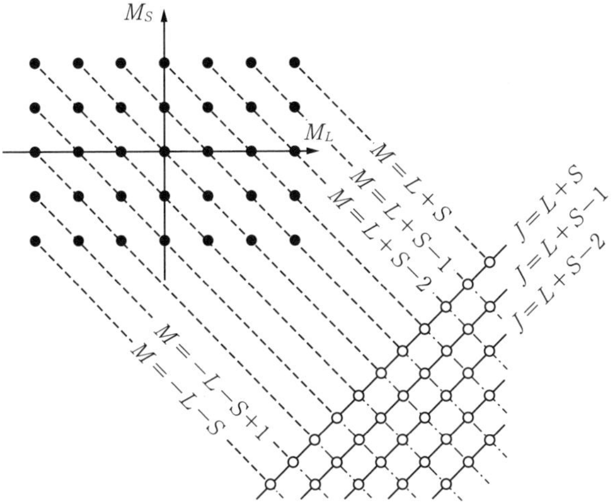

10-3 図 LM_L, SM_S の関数からどのような J の関数ができるか．

このとき，いくつの J の値が可能かを見るには，10-3 図のように考えてみればよい．黒丸は $(2S+1) \times (2L+1)$ 個の $|S, M_S\,;\,L, M_L\rangle$ のそれぞれを表している．斜めの破線は $M =$ 一定 のものをつないであり，右下の白丸は，同じ斜線上の黒丸と同数の $\Phi_{J,M}$（黒丸の 1 次結合！）を示す．図は $L = 3$, $S = 2$ の場合であり，J としては，5, 4, 3, 2, 1 の 5 通りが可能であることがわかる．このような図を考えてみれば，J として許されるのは，

$$L \geqq S \text{ のとき，} J = L + S,\ L + S - 1,\ \cdots,\ L - S$$

$$L \leqq S \text{ のとき，} J = L + S,\ L + S - 1,\ \cdots,\ S - L$$

であることがわかる．

各 J に対しては M の異なる $2J + 1$ 個の状態が存在するが，§10.2 で見たように $\mathcal{H}_{\text{rel}}$ と $\boldsymbol{J}^2$ や J_z とは可換なので，§10.4 の［例題 2］（66 ページ）と同

様の方法で，1 つの J の値に属する $2J+1$ 個の $\Phi_{J,M}$ は縮退していることがわかる．しかし，J の異なる状態は一般にはエネルギーが等しくはない．つまり，$(2S+1)\times(2L+1)$ 重に縮退していた ${}^{2S+1}L$ 準位は，スピン軌道相互作用によって J の異なる $2S+1$ 個（$L \geqq S$ のとき），または $2L+1$ 個（$S \geqq L$ のとき）の準位に分裂する．

ハミルトニアンを

$$\mathscr{H}_{\mathrm{rel}} = \mathscr{H} + \mathscr{H}_{\mathrm{so}} \tag{7}$$

とするときは，$\mathscr{H}_{\mathrm{so}}$ を摂動と見れば，$\mathscr{H}$ だけの固有関数のうちでは 1 つの (L, S) 準位に属する $(2S+1)\times(2L+1)$ 個は縮退している．これに $\mathscr{H}_{\mathrm{so}}$ を導入した場合には，(I)巻の§7.4 の縮退がある場合の摂動論の考え方を適用すればよい．つまり，(L, S) 準位内の $(2S+1)\times(2L+1)$ 個の関数で $\mathscr{H}_{\mathrm{rel}}$ の行列をつくると，$\mathscr{H}$ の部分は共通の対角要素を与え（単位行列の定数倍）ユニタリー変換に対して不変であるが，$\mathscr{H}_{\mathrm{so}}$ の行列はそうではないので，これを対角化するようにユニタリー変換する必要がある．それが上に説明した $|S, M_S\,;\,L, M_L\rangle$ から $\Phi_{J,M}$ への変換なのである．

スピン軌道相互作用は，一般的には

$$\mathscr{H}_{\mathrm{so}} = \sum_j \zeta_j (\boldsymbol{l}_j \cdot \boldsymbol{s}_j) \tag{8}$$

と表されるのであるが，1 つの (L, S) 準位内では ζ_j は定数と見てよく，(8) 式の行列は，λ を適当にとれば

$$\mathscr{H}_{\mathrm{so}} = \lambda(\boldsymbol{L} \cdot \boldsymbol{S}) \tag{9}$$

の行列と一致することが証明されている．そこでこの節では，(8) 式の代りに (9) 式の行列要素を求めてみよう．それには，

$$\boldsymbol{J}^2 = (\boldsymbol{L} + \boldsymbol{S})^2 = \boldsymbol{L}^2 + \boldsymbol{S}^2 + 2(\boldsymbol{L} \cdot \boldsymbol{S})$$

という関係を利用する．そうすると，

$$(\boldsymbol{L} \cdot \boldsymbol{S}) = \frac{1}{2}(\boldsymbol{J}^2 - \boldsymbol{L}^2 - \boldsymbol{S}^2) \tag{10}$$

であるから，$\Phi_{J,M}$ を基底にとって行列をつくることにすると，

$$(\boldsymbol{L}\cdot\boldsymbol{S})\Phi_{J,M} = \frac{\hbar^2}{2}\{J(J+1) - L(L+1) - S(S+1)\}\Phi_{J,M} \quad (11)$$

となるから，$\Phi_{J,M}$ は $\lambda(\boldsymbol{L}\cdot\boldsymbol{S})$ の固有関数であり，行列は対角形になることがわかる．

$$\langle\Phi_{J',M'}|\lambda(\boldsymbol{L}\cdot\boldsymbol{S})|\Phi_{J,M}\rangle = \frac{\lambda}{2}\hbar^2\{J(J+1) - L(L+1) - S(S+1)\}\delta_{JJ'}\delta_{MM'}$$

L と S はすべてに共通であるから，{ }内の第 1 項が J によるエネルギーの違いを表す．1 つの J（たとえば J'）に対する $\lambda(\boldsymbol{L}\cdot\boldsymbol{S})$ の固有値と，J がそれより 1 だけ少ない $(J'-1)$ に対する $\lambda(\boldsymbol{L}\cdot\boldsymbol{S})$ との差は

$$\frac{\lambda}{2}\hbar^2 J'(J'+1) - \frac{\lambda}{2}\hbar^2(J'-1)J' = \lambda\hbar^2 J'$$

となって，その J の値に比例することがわかる．これを**ランデの間隔則**という．

(L, S) 準位が $\mathcal{H}_{\mathrm{so}}$ でこのように分かれることを**微細構造**を生じているといい，$(nl)^x$ という形の不完全殻の場合に，

$$x < 2l+1 \quad \text{ならば} \quad \lambda > 0$$
$$x = 2l+1 \quad \text{ならば} \quad \lambda = 0$$
$$x > 2l+1 \quad \text{ならば} \quad \lambda < 0$$

となることが知られている．$\lambda > 0$ のときには微細構造は**常位**，$\lambda < 0$ のときには**倒位**であるという．

この節で行った角運動量合成は，もっと一般の場合にも適用される．$\boldsymbol{L}$ と $\boldsymbol{S}$ から $\boldsymbol{J}$ を合成したのを，任意の角運動量 $\boldsymbol{J}_1$ と $\boldsymbol{J}_2$ から $\boldsymbol{J}$ を合成するという手続きに一般化すれば，次のようになる．

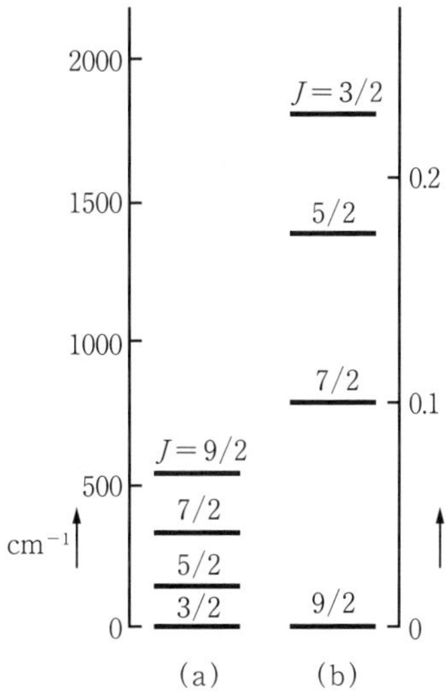

10-4 図
(a) $V(3d)^3$ の ^4F レベル（常位）
(b) $Co(3d)^7$ の ^4F レベル（倒位）

$\boldsymbol{J}_1{}^2$ と J_{1z} の固有値が $J_1(J_1+1)\hbar^2$，$M_1\hbar$ $(J_1 \geqq M_1 \geqq -J_1)$ であって，$\boldsymbol{J}_2{}^2$ と J_{2z} の固有値が $J_2(J_2+1)\hbar^2, M_2\hbar(J_2 \geqq M_2 \geqq -J_2)$ であるような関数を $|J_1 J_2 M_1 M_2\rangle$ とし*，$\boldsymbol{J}_1+\boldsymbol{J}_2=\boldsymbol{J}$ について $\boldsymbol{J}^2$ と J_z の固有関数を $|J_1 J_2 J M\rangle$ とする．このとき，

> J として許される値は
>
> $$J=J_1+J_2,\ J_1+J_2-1,\ \cdots,\ |J_1-J_2|$$
>
> の $2J_2+1$ 個（$J_1>J_2$ のとき）または $2J_1+1$ 個（$J_1<J_2$ のとき）である．$|J_1J_2JM\rangle$ は，$M_1+M_2=M$ を満たす $|J_1J_2M_1M_2\rangle$ の 1 次結合として
>
> $$|J_1J_2JM\rangle=\sum_{M_1,M_2}\langle J_1J_2M_1M_2|J_1J_2JM\rangle|J_1J_2M_1M_2\rangle \qquad (12)$$
>
> のように表すことができる．このときの 1 次結合の係数 $\langle J_1J_2M_1 M_2|J_1J_2JM\rangle$ をクレプシュ - ゴルダン係数，またはウィグナー係数という．

クレプシュ - ゴルダン係数は，(5a)，(5b)，(6) 式以下のところで述べた方法で決定することができるが，ウィグナーによって求められたその一般式を紹介しておこう．

$$\langle J_1J_2M_1M_2|J_1J_2JM\rangle=$$

$$\left\{\frac{(J+M)!(J-M)!(J_1-M_1)!(J_2-M_2)!(J_1+J_2-J)!(2J+1)}{(J_1+M_1)!(J_2+M_2)!(J_1-J_2+J)!(J_2-J_1+J)!(J_1+J_2+J+1)!}\right\}^{1/2}$$

$$\times\ \delta_{M,M_1+M_2}\sum_r(-1)^{J_1+r-M_1}$$

$$\times\ \frac{(J_1+M_1+r)!(J_2+J-r-M_1)!}{r!(J-M-r)!(J_1-M_1-r)!(J_2-J+M_1+r)!} \qquad (13)$$

---

* $\boldsymbol{J}_1, \boldsymbol{J}_2$ が $\boldsymbol{S}$ と $\boldsymbol{L}$ である場合の関数をいままでは $|S, M_S\,;\,L, M_L\rangle$ と書いたが，ここでは慣習に従うように順序を変えて $|SLM_SM_L\rangle$ のようにしたから気をつけてほしい．$|J_1J_2JM\rangle$ は先に $\Phi_{J,M}$ と書いたものである．

ここでrについての和は，rを含む階乗！が0または正整数の階乗 $(0! = 1)$ であるような範囲でとる．

11 数表示と第二量子化

多数の同種粒子からできている系を扱うのに，いちいち波動関数をひき合いに出さないで，いろいろな1粒子状態を占めている粒子の数とその変化の仕方を用いて表現する方法がある．これは，粒子数が大きいときや粒子数が不定のときには特に便利なので，最近は量子力学の応用に際して広く用いられるようになった．

§11.1～§11.4でその方法を学び，§11.5ではその1つの応用例を見ることにする．続いて，§11.6～§11.8では場の演算子というものを調べる．これは実用上よりもむしろ考え方の上で重要であって，多粒子系を3次元空間の中に起こる量子化された波として扱う，場の量子論（素粒子論）への準備となるべき部分である．物性論で扱う似たような考え方の例として，最後の§11.9ではフォノンの簡単な場合を考察する．

§11.1 マクロな自由粒子系

多粒子系を扱う方法のうちで，第10章で説明した方法は原子に適用されて成功し，原子スペクトルの解析などでその有用性が立証された．同様の方法は，原子核内の核子に対しても用いられ，殻模型という近似の範囲内で，原子の核外電子ほどの精度は望めないにしても，有効性を発揮している．

しかし，量子力学はもっと大きな系 — 10^{23} 個程度の粒子を含み，統計力学の適用を必要とするような巨視的な系 — に対しても用いられる．その典型例は，金属内の伝導電子系である．このような大きな系について，たとえば状態方程式（理想気体なら $pV = RT$）を導き出すとか，比熱を求めるとか，電気伝導率を計算する，といったような，その系の大きさ，形や表面の具合などと無関係な性質を調べる際には，それに適した方法が用いられる．

そのうちで最も広く用いられているのは，自由粒子から出発する方法である．1個の自由粒子の状態は平面波 $e^{i\boldsymbol{k}\cdot\boldsymbol{r}}$ で表される．ところで，平面波には，無限に広い空間で考えた場合には規格化できず，$\boldsymbol{k}$ は連続変数としてあらゆる値をとりうるので，エネルギーの固有値 $\varepsilon_{\boldsymbol{k}} = \hbar^2\boldsymbol{k}^2/2m$ も連続的にすべての正の値をとる，といった難点がある．そこで有限の空間内に閉じ込めたいのであるが，上に述べたような諸性質は系の形や表面の条件には無関係なので，なるべく簡単な形として（一辺の長さが L の）立方体をとることが多い．ところで，この立方体として，内壁が粒子を完全に反射するような容器を想定し，その中に粒子を入れたとすると，粒子は壁で反射して（I）巻の§2.5で扱ったような定常波をつくるから，波動関数は $e^{i\boldsymbol{k}\cdot\boldsymbol{r}}$ ではなくなってしまい，扱いにくくなる．

そこで，壁のところで波動関数が0になるという条件（(I) 巻の§2.5 (5a)～(5c) 式）の代りに次のような**周期的境界条件**を設ける．

$$\left.\begin{aligned}\varphi(0,y,z) &= \varphi(L,y,z)\\ \nabla\varphi(0,y,z) &= \nabla\varphi(L,y,z)\end{aligned}\right\}\quad(1\mathrm{a})$$

$$\left.\begin{aligned}\varphi(x,0,z) &= \varphi(x,L,z)\\ \nabla\varphi(x,0,z) &= \nabla\varphi(x,L,z)\end{aligned}\right\}\quad(1\mathrm{b})$$

$$\left.\begin{aligned}\varphi(x,y,0) &= \varphi(x,y,L)\\ \nabla\varphi(x,y,0) &= \nabla\varphi(x,y,L)\end{aligned}\right\}\quad(1\mathrm{c})$$

これは，立方体の相対する2つの面上で，φ の値とその導関数が完全に一致するという条件である．

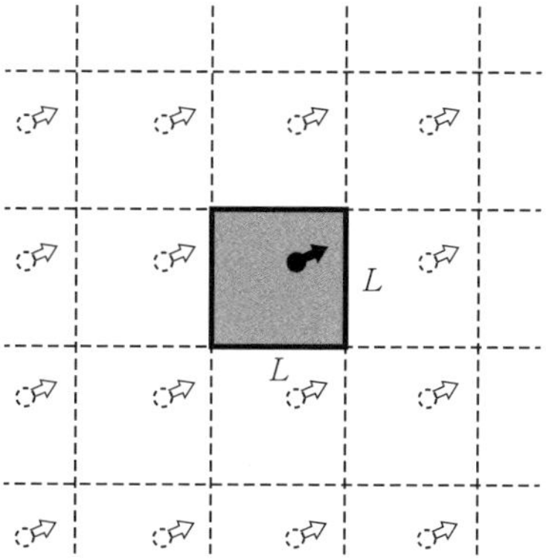

11-1図　周期的境界条件は，この図のように考えている系と全く同じものが周期的に並んでいて，すべての粒子が境目の影響を受けずに運動を続けていることに相当する．

このような条件は，上のように立方体ではなく，x, y, z 方向の長さがそれぞれ L, b, c の直方体を考え，L が b, c に比べてずっと大きい細長い管であるとして，その管の両端を連結して境を取り去った場合を想定すれば，x 方向については (1a) 式が成り立つ．管の曲がりを無視すれば，この場合の運動は，y と z 方向については§2.5と同じ等速往復運動であるが，x 方向については一方向きに一定に運動し続ける ── つまり管に沿ってぐるぐる回る ── ことになる．

同様な条件を y 方向と z 方向にも課したのが (1b), (1c) 式である．曲げてつなぎ合わせる，という実際的な操作はこの場合には不可能であるから，(1a)〜(1c) 式という条件を具体的に実現することはできない．しかし，このようにすると，以下でわかるように，計算がはなはだ楽になるので，系の形や表面の状態に無関係な性質を調べるときには広く用いられる方法である．

さて，自由粒子のシュレーディンガー方程式

$$-\frac{\hbar^2}{2m}\nabla^2\varphi = \varepsilon\varphi$$

はすぐ変数分離でき，たとえば x 方向については

$$-\frac{\hbar^2}{2m}\frac{d^2X(x)}{dx^2} = \varepsilon_x X(x) \tag{2}$$

となることは§2.5で見たとおりである．周期的境界条件は

$$X(0) = X(L), \qquad X'(0) = X'(L) \tag{3}$$

で与えられる．(2) 式の定数 ε_x が負であると，(3) 式を満たす $X(x)$ を求めることはできない（(I) 巻の§2.5と同様にして容易に証明できる）．ゆえに $\varepsilon_x \geqq 0$ であって，

$$X(x) = \frac{1}{\sqrt{L}}\mathrm{e}^{\pm i|k_x|x}, \qquad \varepsilon_x = \frac{\hbar^2}{2m}{k_x}^2 \tag{4}$$

が (2) 式の固有関数と固有値（$k_x = 0$ のときを除き，二重に縮退）であることがわかる．固有関数は，(4) 式のようにとらねばならないとは限らず，各 $|k_x|$ ごとに上記の2つ $(\mathrm{e}^{\pm i|k_x|x}/\sqrt{L})$ の1次結合で互いに直交するものなら何でもよいのであるが，(4) 式のようにとるのが最も扱いやすいから，そうす

ることにしよう．

条件（3）式を満たすためには，k_x は

$$k_x L = 2\pi \times (0\ \text{または正負の整数})$$

を満たさねばならない．ゆえに

$$k_x = \frac{2\pi}{L} n_x \qquad (n_x = 0, \pm 1, \pm 2, \cdots) \tag{5}$$

である．

$Y(y)$，$Z(z)$ についても全く同様で，結局

$$\varphi_{\boldsymbol{k}}(\boldsymbol{r}) = \frac{1}{\sqrt{V}} \mathrm{e}^{i\boldsymbol{k}\cdot\boldsymbol{r}} \tag{6a}$$

$$\varepsilon_{\boldsymbol{k}} = \frac{\hbar^2}{2m}({k_x}^2 + {k_y}^2 + {k_z}^2) \tag{6b}$$

$$\text{ただし} \quad \begin{cases} k_x = \dfrac{2\pi}{L} n_x \\ k_y = \dfrac{2\pi}{L} n_y \qquad (n_x, n_y, n_z = 0, \pm 1, \pm 2, \cdots) \\ k_z = \dfrac{2\pi}{L} n_z \end{cases} \tag{6c}$$

が得られる．$V = L^3$ は系の体積である．このように，有限の体積について周期的境界条件をつけたために，$\boldsymbol{k}$ が連続的でなくなり，（6c）式のようなとびとびの値をとることになったわけであり，エネルギー固有値（6b）式もとびとびである．n_x, n_y, n_z がこの場合の量子数であるが，それらを１組にして $2\pi/L$ を掛けたベクトル $\boldsymbol{k}$ が量子数になっていると考えてもよい．

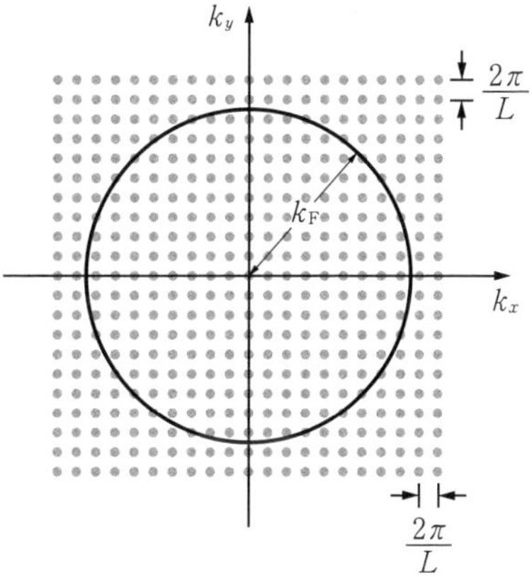

11-2 図　周期的境界条件から許される $\boldsymbol{k}$ の値を２次元の場合に描いたもの．円は（２次元の）フェルミ球を示す．

$\boldsymbol{k}$ はとびとびであるが，巨視的な系

を扱うときには L はマクロの長さであるために，実際上は $\boldsymbol{k}$ を連続変数のように扱ってよい場合が多い．そのようなときは，たとえば $\boldsymbol{k}$ についての和は

$$\sum_{\boldsymbol{k}} \cdots = \frac{V}{8\pi^3} \int \cdots \, d\boldsymbol{k} \tag{7}$$

のような三重積分で計算する．

［例題］ 体積が V で，N 個の伝導電子を含む金属片がある．この電子を自由電子とみなした場合に，基底状態における伝導電子の運動エネルギーの総和はいくらか．

［解］ 1 電子状態のエネルギーは（6b）式で与えられるから，11-2 図のような $\boldsymbol{k}$ 空間で考えた場合，原点に近い状態ほどエネルギーが低い．しかし，電子はパウリの原理に従うから，N 個の電子がすべて $\boldsymbol{k}=0$ $(\varepsilon_{\boldsymbol{k}}=0)$ の状態をとるということは許されない．11-2 図のような（3 次元の）各状態点を，スピンが上向きと下向きの 2 個の電子が占めうるに過ぎない．

N 電子系の基底状態においては，電子はなるべく $\boldsymbol{k}$ 空間の原点に近い状態点を占めようとする．各点を 2 個ずつの電子が占めるから，原点を中心とした $N/2$ 個の点を含むような球内が電子で占領され，その外は空席となる．この球を**フェルミ球**というが，その半径を k_{F} とすると，上の条件は

$$\frac{4\pi}{3} k_{\mathrm{F}}{}^3 = \frac{N}{2} \frac{8\pi^3}{V} \qquad \text{(フェルミ球の体積)}$$

と表されるから

$$k_{\mathrm{F}} = \left(\frac{3N\pi^2}{V} \right)^{1/3}$$

となることがわかる．

N 電子全体のエネルギーは

$$\begin{aligned} \sum_{\boldsymbol{k}} \frac{\hbar^2}{2m} \boldsymbol{k}^2 &= 2 \times \frac{V}{8\pi^3} \iiint_{\text{フェルミ球内}} \frac{\hbar^2}{2m} \boldsymbol{k}^2 \, d\boldsymbol{k} \\ &= \frac{V\hbar^2}{8\pi^3 m} 4\pi \int_0^{k_{\mathrm{F}}} k^4 \, dk \\ &= \frac{3}{5} \left(\frac{\hbar^2}{2m} k_{\mathrm{F}}{}^2 \right) N \end{aligned}$$

となる．電子 1 個あたりの平均運動エネルギーは，フェルミ球面におけるエネルギー $\hbar^2 k_{\mathrm{F}}{}^2/2m$ —— **フェルミエネルギー**という —— の 3/5 倍に等しい．

銅は1原子あたり1個の伝導電子（4s 電子が原子を離れて伝導電子となる）をもつ金属である．したがって，それの N/V は単位体積あたりの銅原子数に等しい．これに実測値を用いて k_F を求め，それからフェルミエネルギーを求めると，約 $10^{-18}\,\mathrm{J} = 7\,\mathrm{eV}$ になる．

§11.2　フェルミ粒子系の生成・消滅演算子

第9章でも述べたように，相互作用がない場合の多粒子系の問題は本質的には1粒子の場合と同じであるが，相互作用があるときの多粒子系の問題は一般には正確には解けない．そこで考え出された方法の1つがハートレーおよびハートレー－フォックのつじつまの合う場（自己無撞着の場）の近似である．この近似では，つじつまが合うように求めた1電子の波動関数（軌道）$\varphi_\nu(\boldsymbol{r})$ を用い，それらの積またはそれからつくったスレイター行列式（あるいはその1次結合）で多電子系の波動関数を近似する．

前節で扱ったような巨視的な大きさの多粒子系の場合には，外力がなければ粒子の空間的分布は一様になるはずであるから，ハートレーのつじつまの合う場のポテンシャルは一定となり，力が作用しないのと同じになる．したがって，1粒子の波動関数は平面波となり，それの $|\varphi_{\boldsymbol{k}}(\boldsymbol{r})|^2 = 1/V$ は一定であるから，確かにつじつまが合っている．そこで，もっと近似を進めるにせよ，その出発点として平面波近似を採用することは意味のあることである．

このように，原子や分子などミクロの系をハートレー－フォック的に扱う際にも，マクロの多粒子系を平面波近似で扱うときにも，適当な1粒子の直交関数系 $\varphi_1(\boldsymbol{r}), \varphi_2(\boldsymbol{r}), \cdots$（あるいはそれとスピン関数 α, β との積またはその1次結合）を用いて多粒子系の波動関数を表すわけである．いま，必要ならばスピン座標をも含むように，1粒子の座標をまとめて τ で表し，採用する規格化された完全直交関数系を $\phi_1(\tau), \phi_2(\tau), \cdots$ と記すことにする．$\phi_1, \phi_2, \cdots$ が完全系ならば，変数 $\tau_1, \tau_2, \cdots, \tau_N$ の任意の関数は，N 個の ϕ の積の1次結合で表すことができる．

$$\Phi(\tau_1, \tau_2, \cdots, \tau_N) = \sum_{\xi}\sum_{\eta}\cdots\sum_{\lambda} C_{\xi\eta\cdots\lambda}\,\phi_\xi(\tau_1)\,\phi_\eta(\tau_2)\cdots\phi_\lambda(\tau_N)$$

また，さらに関数 Φ が任意の 2 つの τ_i と τ_j の交換に関して反対称（符号を変える）ならば，それはスレイター行列式を用いて

$$\Phi(\tau_1, \tau_2, \cdots, \tau_N) = \sum_{\xi}\sum_{\eta}\cdots\sum_{\lambda} C_{\xi\eta\cdots\lambda}|\phi_\xi \;\; \phi_\eta \;\; \cdots \;\; \phi_\lambda| \tag{1}$$

のように展開できるはずである．ハートレー－フォックの近似ではこの右辺の和を 1 個または数個ですませ，それでも Φ がなるべく正しい波動関数に近いものになるように $\phi_\xi, \phi_\eta, \cdots, \phi_\lambda$ を選ぼうとするわけである．しかし，(1) 式の和をたくさん（一般には無限個）とるつもりならば，完全系 $\phi_1, \phi_2, \cdots$ としては扱いやすい適当なものをあらかじめきめておき，その係数 $C_{\xi\eta\cdots\lambda}$ をどうきめるかということに計算の主眼を置いてもよいわけである．そこで以下では，完全系 $\phi_1, \phi_2, \cdots$ としてあらかじめきまったものを用いて同等な粒子多数からできている系を扱うのに便利な方法を考えることにする．粒子がボース粒子の場合は§11.4 で扱うこととし，さしあたりはフェルミ粒子を考える．

N 個のフェルミ粒子系を記述するもとになるのは，完全系 $\phi_1, \phi_2, \cdots$ から N 個を選んでつくったスレイター行列式

$$|\phi_\xi \;\; \phi_\eta \;\; \cdots \;\; \phi_\lambda| \tag{2}$$

である．この関数で表されるような N 粒子系の状態というのは，可能な 1 粒子状態（スピンを考えなくてよいなら軌道）$\phi_1, \phi_2, \cdots$ のうちで，$\phi_\xi, \phi_\eta, \cdots, \phi_\lambda$ という状態をとっている粒子が 1 個ずつ（パウリの原理）存在し，それ以外のものは存在しない，というものである．粒子に個性はなく，スレイター行列式を使っているから，どの粒子が ϕ_ξ でどの粒子が $\phi_\eta, \cdots$ というようなことはいえない．可能な 1 粒子状態 $\phi_1, \phi_2, \cdots$ のうちのどれとどれ … が粒子で占められているか，ということで全体がきまるわけである．そこで，(2) 式のように書く代りに，1 粒子状態 $\phi_1, \phi_2, \cdots$ を占めている粒子の数 $n_1, n_2, \cdots$ の組を指定しても同じことである．ただし，フェルミ粒子のときは $n_1, n_2, \cdots$ は 0 か 1 かのどちらかである．そうすると (2) 式は，

$$n_\xi = n_\eta = \cdots = n_\lambda = 1, \text{ それ以外の } n_i \text{ はすべて } 0$$

という状態である．

そこで，これからは，(2) 式のようなスレイター行列式の代りに，$n_1, n_2, \cdots$ の組で指定することにきめ，そのように表した多粒子系の波動関数（= 状態ベクトル）を

$$|n_1, n_2, n_3, \cdots\rangle \tag{3}$$

のように表すことにする．たとえば

$$|0, 1, 1, 0, 1, 0, \cdots\rangle \equiv |\phi_2 \ \ \phi_3 \ \ \phi_5 \ \ \cdots| \tag{4}$$

である．ただし，ここで注意を要するのは (4) 式の行列式の中の列の順序である．(4) 式の左辺だけ見ると，$\phi_2, \phi_3, \phi_5, \cdots$ を拾ってきてスレイター行列式をつくれば何でもよさそうに思えるのであるが，列の順序によって符号が逆転するので，あまり勝手に並べられては困る．そこで，あらかじめ $\phi_1, \phi_2, \phi_3, \cdots$ の順序を定めておき，指定されたもの（n が 0 でない状態の ϕ）だけを抜き出してこの順序を崩さずに (4) 式の右辺のように並べたときのスレイター行列式が $|n_1, n_2, n_3, \cdots\rangle$ であると約束することにしよう．たとえば，3 つの粒子が ϕ_1, ϕ_3, ϕ_4 を占めているときには

$$|1, 0, 1, 1, 0, 0, \cdots\rangle = |\phi_1 \ \ \phi_3 \ \ \phi_4| = -|\phi_1 \ \ \phi_4 \ \ \phi_3| = |\phi_4 \ \ \phi_1 \ \ \phi_3|$$

などのようになる．

今度は，粒子を消したりつけ加えたりする演算子を定義しよう．まず，**消滅演算子** a_j を，

> スレイター行列式 $|\phi_\xi \ \ \phi_\eta \ \ \cdots \ \ \phi_\lambda|$ に作用させたとき，この中に ϕ_μ が含まれていなければ 0 を与え，もし ϕ_μ が含まれていれば列の順序を変えて，それを第 1 列にまで出してからこれを消す演算子を a_μ とする

によって定義しよう．たとえば，(4) 式に a_2 を作用させたときには，右辺の先頭の ϕ_2 をそのまま消せばよい．*

* われわれの記法ではスレイター行列式の規格化の定数 $1/\sqrt{N!}$ を略しているが，消すときに，同時にこれを $1/\sqrt{(N-1)!}$ に変えるものと約束する．

$$\begin{aligned} a_2|0, 1, 1, 0, 1, 0, \cdots\rangle &= a_2|\phi_2 \ \ \phi_3 \ \ \phi_5 \ \ \cdots| \\ &= |\phi_3 \ \ \phi_5 \ \ \cdots| \\ &= |0, 0, 1, 0, 1, 0, \cdots\rangle \end{aligned}$$

しかし a_3 の場合には，消すべき ϕ_3 を第1列にもってくるために ϕ_2 と交換しなければならず，そのとき符号が変わるから

$$\begin{aligned} a_3|0, 1, 1, 0, 1, 0, \cdots\rangle &= a_3|\phi_2 \ \ \phi_3 \ \ \phi_5 \ \ \cdots| \\ &= -|\phi_2 \ \ \phi_5 \ \ \cdots| \\ &= -|0, 1, 0, 0, 1, 0, \cdots\rangle \end{aligned}$$

となる．こうして一般に

$$a_\mu|n_1, n_2, \cdots, n_\mu, \cdots\rangle = \begin{cases} (-1)^{n_1+n_2+\cdots+n_{\mu-1}}|n_1, n_2, \cdots, n_\mu - 1, \cdots\rangle & (n_\mu = 1 \text{ のとき}) \\ 0 & (n_\mu = 0 \text{ のとき}) \end{cases} \tag{5}$$

となることは容易にわかるであろう．

次に，**生成演算子**を下記のように定義する．

> スレイター行列式の第1列に ϕ_μ を付加する演算子を $a_\mu{}^*$ とする．すでに ϕ_μ が含まれていれば，結果は0になる．

このように第1列に ϕ_μ を付加すると，一般にはこの行列式の列の順序は，あらかじめ定めた $\phi_1, \phi_2, \phi_3, \cdots$ の順序になっていないから，これを入れ換えて正しい順序に直すときに，$(-1)^{n_1+n_2+\cdots+n_{\mu-1}}$ が掛かることになる．したがって，

$$a_\mu{}^*|n_1, n_2, \cdots, n_\mu, \cdots\rangle = \begin{cases} (-1)^{n_1+n_2+\cdots+n_{\mu-1}}|n_1, n_2, \cdots, n_\mu + 1, \cdots\rangle & (n_\mu = 0 \text{ のとき}) \\ 0 & (n_\mu = 1 \text{ のとき}) \end{cases} \tag{6}$$

となることがわかる．たとえば

$$
\begin{aligned}
a_2{}^*|1,0,1,1,0,\cdots\rangle &= a_2{}^*|\phi_1\ \ \phi_3\ \ \phi_4\ \ \cdots| \\
&= |\phi_2\ \ \phi_1\ \ \phi_3\ \ \phi_4\ \ \cdots| \\
&= -|\phi_1\ \ \phi_2\ \ \phi_3\ \ \phi_4\ \ \cdots| \\
&= -|1,1,1,1,0,\cdots\rangle
\end{aligned}
$$

である．

(5)，(6) 式で右辺が 0 になる場合までも含めて

$$a_\mu|n_1,n_2,\cdots,n_\mu,\cdots\rangle = (-1)^{n_1+n_2+\cdots+n_{\mu-1}}\sqrt{n_\mu}\,|n_1,n_2,\cdots,n_\mu-1,\cdots\rangle \tag{7a}$$

$$a_\mu{}^*|n_1,n_2,\cdots,n_\mu,\cdots\rangle = (-1)^{n_1+n_2+\cdots+n_{\mu-1}}\sqrt{1-n_\mu}\,|n_1,n_2,\cdots,n_\mu+1,\cdots\rangle \tag{7b}$$

と表すこともできる．右辺の $\sqrt{n_\mu}$，$\sqrt{1-n_\mu}$ の根号はなくても同じであるが，ボース粒子のときの同様な式（107 ページの§11.4 (6a)，(6b) 式）との関係上つけておく．

ここで $a_\nu a_\mu$ および $a_\mu a_\nu$ という演算子を考えてみよう．$\mu=\nu$ のときには，$n_\nu=1,0$ のどちらにしても，これらを作用させると 0 になってしまう．$\mu\neq\nu$ のときには，n_ν と n_μ のどちらかが 0 であると，消滅演算子は 0 を与える．

$n_\nu=n_\mu=1$ のときには，そのような $|n_1,n_2,\cdots\rangle$ に $a_\nu a_\mu$ や $a_\mu a_\nu$ を作用させると，どちらの場合にも $n_\nu=n_\mu=0$ で，その他の n は変化しない状態が得られるが，このときの符号が反対になることが次のようにしてわかる．$\nu<\mu$ とすると，

$$
\begin{aligned}
&a_\nu a_\mu|n_1,n_2,\cdots,\underset{(\nu)}{1},\cdots,\underset{(\mu)}{1},\cdots\rangle \\
&\quad = (-1)^{n_1+n_2+\cdots+n_\nu+\cdots+n_{\mu-1}}\,a_\nu|n_1,n_2,\cdots,1,\cdots,0,\cdots\rangle \\
&\quad = (-1)^{n_1+n_2+\cdots+n_{\nu-1}+\cdots+n_{\mu-1}}(-1)^{n_1+n_2+\cdots+n_{\nu-1}}|n_1,n_2,\cdots,0,\cdots,0,\cdots\rangle \\
&a_\mu a_\nu|n_1,n_2,\cdots,\underset{(\nu)}{1},\cdots,\underset{(\mu)}{1},\cdots\rangle \\
&\quad = (-1)^{n_1+n_2+\cdots+n_{\nu-1}}\,a_\mu|n_1,n_2,\cdots,0,\cdots,1,\cdots\rangle \\
&\quad = (-1)^{n_1+n_2+\cdots+n_{\nu-1}}(-1)^{n_1+n_2+\cdots+(n_\nu-1)+\cdots+n_{\mu-1}}|n_1,n_2,\cdots,0,\cdots,0,\cdots\rangle
\end{aligned}
$$

であるから，この2式の右辺はちょうど -1 倍だけ違う．もちろん $\nu > \mu$ でも同様である．

このようにして，上記のどの場合にも $a_\nu a_\mu + a_\mu a_\nu$ という演算子は任意の $|n_1, n_2, \cdots, n_\nu, \cdots, n_\mu, \cdots\rangle$ に作用して0を与えることがわかる．全く同様にして $a_\nu{}^* a_\mu{}^* + a_\mu{}^* a_\nu{}^*$ が0を与えることも証明される．さらに $a_\nu a_\mu{}^* + a_\mu{}^* a_\nu$ という演算子に関して同様なことをやってみると，$\nu \neq \mu$ ならば0，$\nu = \mu$ のとき1を与えることが示される．これらの結果を並べて記せば

$$\left.\begin{aligned} a_\nu a_\mu + a_\mu a_\nu = a_\nu{}^* a_\mu{}^* + a_\mu{}^* a_\nu{}^* = 0 \\ a_\nu a_\mu{}^* + a_\mu{}^* a_\nu = \delta_{\nu\mu} \end{aligned}\right\} \tag{8}$$

となる．いままでいくつかの量について $[A, B] = AB - BA = C$ という形の交換関係を見てきたが，フェルミ粒子の生成・消滅演算子については，この (8) 式のような**反交換関係**が存在するという特徴がある．$AB + BA$ という式を**反交換子**とよび，$[A, B]_+$ などと記すことがある．この記法を使えば (8) 式は

$$[a_\nu, a_\mu]_+ = [a_\nu{}^*, a_\mu{}^*]_+ = 0, \qquad [a_\nu, a_\mu{}^*]_+ = \delta_{\nu\mu} \tag{8$'$}$$

と表される．

［例題1］　$a_\nu{}^* a_\mu{}^* + a_\mu{}^* a_\nu{}^* = 0$，$a_\nu a_\mu{}^* + a_\mu{}^* a_\nu = \delta_{\nu\mu}$ を証明せよ．

［解］　解は上に示したのと全く同様であるから，読者がみずから試みられることを期待し，記載を省略する．

［例題2］　$a_\mu{}^* a_\mu |n_1, n_2, \cdots, n_\mu, \cdots\rangle = n_\mu |n_1, n_2, \cdots, n_\mu, \cdots\rangle$ であることを示せ．

［解］　$n_\mu = 0$ ならば，$a_\mu |n_1, n_2, \cdots, n_\mu, \cdots\rangle = 0$ であるから与式は確かに成立している．$n_\mu = 1$ のときには

$$\begin{aligned} &a_\mu{}^* a_\mu |n_1, n_2, \cdots, 1, \cdots\rangle \\ &\quad = (-1)^{n_1+n_2+\cdots+n_{\mu-1}} a_\mu{}^* |n_1, n_2, \cdots, 0, \cdots\rangle \\ &\quad = (-1)^{n_1+n_2+\cdots+n_{\mu-1}} (-1)^{n_1+n_2+\cdots+n_{\mu-1}} |n_1, n_2, \cdots, 1, \cdots\rangle \\ &\quad = (\pm 1)^2 |n_1, n_2, \cdots, 1, \cdots\rangle \end{aligned}$$

$$= |n_1, n_2, \cdots, 1, \cdots\rangle$$

§11.3　生成・消滅演算子による表示

この節では，いま求めた生成・消滅演算子を用いて，一般の物理量（＝演算子）を書き表すことを考える．まず

$$F = \sum_j f(\boldsymbol{r}_j, -i\hbar\nabla_j, \sigma_j) \tag{1}$$

で表される１粒子演算子を考えよう．j は粒子につけた番号である．*　いま，この演算子 $f(\boldsymbol{r}, -i\hbar\nabla, \sigma)$ を，規格化された完全直交関数系 $\phi_1(\boldsymbol{r}, \sigma)$, $\phi_2(\boldsymbol{r}, \sigma), \cdots$ に作用させたものを，$\phi_1, \phi_2, \cdots$ で展開したとすると，

$$f(\boldsymbol{r}, -i\hbar\nabla, \sigma)\phi_\mu(\boldsymbol{r}, \sigma) = \sum_\nu c_\nu \phi_\nu(\boldsymbol{r}, \sigma) \tag{2}$$

と書けるが，右辺の係数は，いままでしばしば調べたように，

$$c_\nu = \langle\phi_\nu|f|\phi_\mu\rangle = f_{\nu\mu}$$

で与えられる．すなわち，(2) 式は，変数を省略して，

$$f\phi_\mu = \sum_\nu f_{\nu\mu}\phi_\nu \tag{3}$$

と書かれる．

さて，(1) 式の F のような演算子をスレイター行列式 $|\phi_\xi \ \phi_\eta \ \cdots \ \phi_\mu \ \cdots|$ に作用させたものが，

$$\begin{aligned} F|\phi_\xi \ \phi_\eta \ \cdots \ \phi_\mu \ \cdots| \\ &= |f\phi_\xi \ \phi_\eta \ \cdots \ \phi_\mu \ \cdots| + |\phi_\xi \ f\phi_\eta \ \cdots \ \phi_\mu \ \cdots| + \cdots \\ &\quad + |\phi_\xi \ \phi_\eta \ \cdots \ f\phi_\mu \ \cdots| + \cdots \end{aligned} \tag{4}$$

となることは，すでに（§10.4 の (5) 式，62 ページで）述べたとおりである．この各項に (3) 式を適用すると

$$|\phi_\xi \ \phi_\eta \ \cdots \ \sum_\nu f_{\nu\mu}\phi_\nu \ \cdots| = \sum_\nu f_{\nu\mu}|\phi_\xi \ \phi_\eta \ \cdots \ \phi_\nu \ \cdots|$$

---

*　以下，粒子につける番号を i, j などで表し，１粒子状態の番号を ϕ_μ, ϕ_ν のようにギリシア文字 μ, ν や ξ, η などで表すことにする．

となる．最後のスレイター行列式は，もとのものの中で ϕ_μ を ϕ_ν に置き換えたものになっている．

そこで，いま $a_\nu{}^*a_\mu$ という演算子を考えてみると，

$$a_\nu{}^*a_\mu|\phi_\xi\ \ \phi_\eta\ \ \cdots\ \ \phi_\mu\ \ \cdots|$$

$$= (-1)^{N'}a_\nu{}^*|\phi_\xi\ \ \phi_\eta\ \ \cdots| \qquad \left(\begin{array}{l}\phi_\mu \text{を消し，}(-1)^{N'}\text{を掛ける．}\\ N'\text{は}\phi_\mu\text{よりも左側にある列の数}\end{array}\right)$$

$$= (-1)^{N'}|\phi_\nu\ \ \phi_\xi\ \ \phi_\eta\ \ \cdots| \qquad (\text{第1列目に}\phi_\nu\text{を付加する})$$

$$= (-1)^{N'}(-1)^{N'}|\phi_\xi\ \ \phi_\eta\ \ \cdots\ \ \phi_\nu\ \ \cdots| \qquad (\phi_\nu\text{をもと}\phi_\mu\text{のあった列へ送る})$$

$$= |\phi_\xi\ \ \phi_\eta\ \ \cdots\ \ \phi_\nu\ \ \cdots|$$

となることがわかるから，スレイター行列式の中の１つの列を ϕ_μ から ϕ_ν に書き換えるという操作は $a_\nu{}^*a_\mu$ で表されることがわかる．ゆえに，(4) 式の右辺の各項は

第１項　　$\sum_\nu f_{\nu\xi}a_\nu{}^*a_\xi|\phi_\xi\ \ \phi_\eta\ \ \cdots\ \ \phi_\mu\ \ \cdots|$

第２項　　$\sum_\nu f_{\nu\eta}a_\nu{}^*a_\eta|\phi_\xi\ \ \phi_\eta\ \ \cdots\ \ \phi_\mu\ \ \cdots|$

一般項　　$\sum_\nu f_{\nu\mu}a_\nu{}^*a_\mu|\phi_\xi\ \ \phi_\eta\ \ \cdots\ \ \phi_\mu\ \ \cdots|$

…………………

と書き表される．したがって，これらの和として (4) 式は

$$F|\phi_\xi\ \ \phi_\eta\ \ \cdots\ \ \phi_\mu\ \ \cdots| = \sum_\mu\sum_\nu f_{\nu\mu}a_\nu{}^*a_\mu|\phi_\xi\ \ \phi_\eta\ \ \cdots\ \ \phi_\mu\ \ \cdots| \tag{5}$$

と表されよう．右辺の μ, ν についての和は，すべての１粒子状態（一般には無限個）についてとればよい．スレイター行列式の中に該当する ϕ_μ が含まれないときには a_μ は 0 を与えるから，和からは自動的に除外される．また，$a_\nu{}^*$ によって ϕ_ν を付加したときに，もとの行列式の中に同じ ϕ_ν があれば，行列式の性質によってその行列式全体が 0 になって和から脱落する．以上によって，次のことがわかった．

1粒子演算子の和として $F = \sum_j f(\boldsymbol{r}_j, -i\hbar\nabla_j, \sigma_j)$ のように表される物理量を，規格化された完全直交系 $\phi_1(\boldsymbol{r}, \sigma), \phi_2(\boldsymbol{r}, \sigma), \cdots$ に関する生成・消滅演算子で表すと

$$F = \sum_j f_j \longrightarrow \sum_\mu \sum_\nu \langle\phi_\nu|f|\phi_\mu\rangle a_\nu{}^* a_\mu \tag{6}$$

となる．

$F = \sum_j f_j$ と表したときの和は，粒子について行うわけであるから，N 粒子系では $j = 1, 2, \cdots, N$ についてとることになる．しかし，μ と ν についての和は1粒子状態すべてについてとるのであるから，粒子の数とは無関係である．つまり，(6) 式の右側の表式は，粒子の数がいくつの系に対しても共通に適用できるものである．

［**例題 1**］ §11.1で考えた平面波 $\mathrm{e}^{i\boldsymbol{k}\cdot\boldsymbol{r}}/\sqrt{V}$ にスピン関数 $\alpha(\sigma)$ あるいは $\beta(\sigma)$ を掛けたものを1粒子状態の関数系として用いた場合に，運動エネルギーを (6) 式の形式で表すとどうなるか．

［**解**］ 運動エネルギーは

$$K = -\frac{\hbar^2}{2m}\sum_j \nabla_j{}^2$$

であるから

$$-\frac{\hbar^2}{2m}\nabla^2\frac{1}{\sqrt{V}}\mathrm{e}^{i\boldsymbol{k}\cdot\boldsymbol{r}} = \frac{\hbar^2}{2m}k^2\frac{1}{\sqrt{V}}\mathrm{e}^{i\boldsymbol{k}\cdot\boldsymbol{r}}$$

となり，$\hbar^2k^2/2m$ が掛かるだけで，$\boldsymbol{r}$ に関する部分もスピンの部分も変化しない．ゆえに，直交性により

$$\left\langle \boldsymbol{k}', \gamma' \left| -\frac{\hbar^2}{2m}\nabla^2 \right| \boldsymbol{k}, \gamma \right\rangle = \frac{\hbar^2}{2m}k^2\delta_{\boldsymbol{k}\boldsymbol{k}'}\delta_{\gamma\gamma'}$$

が得られる．したがって，(6) 式で $\mu = \nu$ のところ（対角要素）だけが残り

$$K = \sum_{\boldsymbol{k},\gamma}\frac{\hbar^2k^2}{2m}a_{\boldsymbol{k}\gamma}{}^* a_{\boldsymbol{k}\gamma}$$

となることがわかる．

前節の［例題2］（98～99ページ）によれば，$a_{\boldsymbol{k}\gamma}{}^* a_{\boldsymbol{k}\gamma}$ は運動量が $\hbar\boldsymbol{k}$ でスピンが

γ の粒子の数 $n_{k\gamma}$ を表すから

$$K = \sum \frac{\hbar^2 k^2}{2m} a_{k\gamma}{}^* a_{k\gamma} = \sum \frac{\hbar^2 k^2}{2m} n_{k\gamma} \tag{7}$$

と書いてもよいことがわかる.

今度は2粒子演算子 — たとえば電子間のクーロン反発力 $e^2/4\pi\epsilon_0 r_{ij}$ — を考えてみよう. i 番目の粒子と j 番目の粒子の両方に作用する演算子を g_{ij} と略記すると,

$$g_{ij}\,\phi_\mu(\boldsymbol{r}_i, \sigma_i)\,\phi_\nu(\boldsymbol{r}_j, \sigma_j) = \sum_\gamma \sum_\delta \langle \gamma\delta | g | \mu\nu \rangle\, \phi_\gamma(\boldsymbol{r}_i, \sigma_i)\,\phi_\delta(\boldsymbol{r}_j, \sigma_j) \tag{8}$$

と展開できる. ただし, $\boldsymbol{r}$ と σ をまとめて τ と表し,

$$\langle \gamma\delta | g | \mu\nu \rangle = \iint \phi_\gamma{}^*(\tau_1)\,\phi_\delta{}^*(\tau_2)\, g_{12}\,\phi_\mu(\tau_1)\,\phi_\nu(\tau_2)\, d\tau_1\, d\tau_2 \tag{9}$$

である. そうすると

$$G = \sum_{i<j}\sum g_{ij} = \frac{1}{2}\sum_{i \neq j}\sum g_{ij} \tag{10}$$

という演算子を $|\phi_\xi \ \phi_\eta \ \cdots|$ に作用させるということは, この行列式の2つの列 — たとえば, ϕ_μ と ϕ_ν — を ϕ_γ と ϕ_δ に変えて, 同時に, それに $(1/2)\langle \gamma\delta | g | \mu\nu \rangle$ を掛け, すべての μ, ν, γ, δ について和をとるということになる. ところで

$$\begin{aligned}
a_\eta{}^* a_\xi{}^* a_\mu a_\nu |\underbrace{\cdots}_{N'個}\ \phi_\mu\ \underbrace{\cdots}_{N''個}\ \phi_\nu\ \cdots| &= (-1)^{N'+N''+1}\, a_\eta{}^* a_\xi{}^* a_\mu |\underbrace{\cdots}_{N'個}\ \phi_\mu\ \underbrace{\cdots}_{N''個}\ \cdots| \\
&= (-1)^{N''+1}\, a_\eta{}^* a_\xi{}^* |\underbrace{\cdots}_{N'個}\ \underbrace{\cdots}_{N''個}\ \cdots| \\
&= (-1)^{N''+1}\, a_\eta{}^* |\phi_\xi\ \underbrace{\cdots}_{N'個}\ \underbrace{\cdots}_{N''個}\ \cdots| \\
&= (-1)^{N'+N''+1}\, a_\eta{}^* |\underbrace{\cdots}_{N'個}\ \phi_\xi\ \underbrace{\cdots}_{N''個}\ \cdots| \\
&= (-1)^{N'+N''+1} |\phi_\eta\ \underbrace{\cdots}_{N'個}\ \phi_\xi\ \underbrace{\cdots}_{N''個}\ \cdots| \\
&= |\underbrace{\cdots}_{N'個}\ \phi_\xi\ \underbrace{\cdots}_{N''個}\ \phi_\eta\ \cdots|
\end{aligned}$$

であるから，結局

2粒子演算子で $G=\sum\sum_{i<j} g_{ij}$ のように表される演算子 G は

$$G=\sum\sum_{i<j} g_{ij} \longrightarrow \sum_{\gamma}\sum_{\delta}\sum_{\mu}\sum_{\nu}\frac{1}{2}\langle\phi_\gamma\phi_\delta|g|\phi_\mu\phi_\nu\rangle a_\delta{}^* a_\gamma{}^* a_\mu a_\nu \qquad (11)$$

と表される.

この (11) 式の積分内の添字の順序と，a^*a^*aa の添字の順序が少し違うことに注意していただきたい.

［**例題 2**］ ただ1個のスレイター行列式で表されるような状態ベクトル $|n_1, n_2, n_3, \cdots\rangle$ に関する (11) 式の G の期待値はどのような形になるか.

［**解**］ 期待値は

$$\langle n_1, n_2, \cdots|G|n_1, n_2, \cdots\rangle$$

で与えられるから，G の項の中で $n_1, n_2, \cdots$ を変化させないようなものだけが残る. そのような項は

$$a_\nu{}^* a_\mu{}^* a_\mu a_\nu \quad \text{または} \quad a_\mu{}^* a_\nu{}^* a_\mu a_\nu$$

という形の演算子の積を含むものに限られるから，(11) 式のうち

$$\frac{1}{2}\sum_{\mu}\sum_{\nu}(\langle\phi_\mu\phi_\nu|g|\phi_\mu\phi_\nu\rangle a_\nu{}^* a_\mu{}^* a_\mu a_\nu + \langle\phi_\nu\phi_\mu|g|\phi_\mu\phi_\nu\rangle a_\mu{}^* a_\nu{}^* a_\mu a_\nu) \qquad (12)$$

という形の部分だけである. ここで，前節 (8) 式 (98 ページ) の反交換関係を用いると，

$$\begin{aligned}
a_\nu{}^* a_\mu{}^* a_\mu a_\nu &= -a_\nu{}^* a_\mu{}^* a_\nu a_\mu \\
&= -a_\nu{}^*(\delta_{\mu\nu} - a_\nu a_\mu{}^*)a_\mu \\
&= a_\nu{}^* a_\nu a_\mu{}^* a_\mu - \delta_{\mu\nu} a_\nu{}^* a_\mu \\
&= (n_\nu - \delta_{\mu\nu})n_\mu \\
&= n_\mu n_\nu \qquad (\text{ただし，} \mu \neq \nu) \\
a_\mu{}^* a_\nu{}^* a_\mu a_\nu &= a_\mu{}^*(\delta_{\mu\nu} - a_\mu a_\nu{}^*)a_\nu \\
&= (\delta_{\mu\nu} - n_\nu)n_\mu \\
&= -n_\mu n_\nu \qquad (\text{ただし，} \mu \neq \nu)
\end{aligned}$$

となることがわかるから，(12) 式は

$$\frac{1}{2}\sum\sum_{\mu\neq\nu}(\langle\phi_\mu\phi_\nu|g|\phi_\mu\phi_\nu\rangle n_\mu n_\nu - \langle\phi_\nu\phi_\mu|g|\phi_\mu\phi_\nu\rangle n_\mu n_\nu) \qquad (13)$$

と書かれる.

特に，g がクーロン相互作用 $e^2/4\pi\epsilon_0|\boldsymbol{r}_1-\boldsymbol{r}_2|$ で，ϕ_μ や ϕ_ν が軌道関数 $\varphi_a(\boldsymbol{r}), \varphi_b(\boldsymbol{r})$ とスピン関数 $\alpha(\sigma)$ または $\beta(\sigma)$ の積に書ける場合には，$\phi_\mu(\boldsymbol{r},\sigma) = \varphi_a(\boldsymbol{r})\gamma(\sigma)$，$\phi_\nu(\boldsymbol{r},\sigma) = \varphi_b(\boldsymbol{r})\gamma'(\sigma)$ として，

$$\langle\phi_\mu\phi_\nu|g|\phi_\mu\phi_\nu\rangle = \left\langle\varphi_a\varphi_b\left|\frac{e^2}{4\pi\epsilon_0 r_{12}}\right|\varphi_a\varphi_b\right\rangle = Q(a,b) \qquad \text{(クーロン積分)}$$

$$\langle\phi_\nu\phi_\mu|g|\phi_\mu\phi_\nu\rangle = \left\langle\varphi_b\varphi_a\left|\frac{e^2}{4\pi\epsilon_0 r_{12}}\right|\varphi_a\varphi_b\right\rangle\delta_{\gamma\gamma'} = J(a,b)\,\delta_{\gamma\gamma'} \qquad \text{(交換積分)}$$

となるから，(13) 式の

第1項は，粒子に占められたすべての軌道間のクーロン積分の和

第2項は，互いに平行なスピンをもつ粒子によって占められた軌道間の交換積分の和に -1 を掛けたもの

になることがわかる．これは§9.5の37ページの（ii），（iii）で述べたことに他ならない．

§11.4　ボース粒子系の生成・消滅演算子

今度は N 個の同じボース粒子からなる系を考えよう．1粒子状態を表す規格化された完全系 $\varphi_1(\boldsymbol{r}), \varphi_2(\boldsymbol{r}), \varphi_3(\boldsymbol{r}), \cdots$ を用いて N 粒子系を表す場合に，ボース粒子についてはパウリの原理はないから，同じ1粒子状態を2個以上の粒子が占めてもかまわない．そこで，$\varphi_1, \varphi_2, \varphi_3, \cdots$ を占める粒子の数が $n_1, n_2, n_3, \cdots$ であるような状態を考える．それは，§9.2の10ページで述べたように，

$$\underbrace{\varphi_1(\ \ )\varphi_1(\ \ )\cdots\varphi_1(\ \ )}_{n_1\text{個}}\ \underbrace{\varphi_2(\ \ )\varphi_2(\ \ )\cdots\varphi_2(\ \ )}_{n_2\text{個}}\ \underbrace{\varphi_3(\ \ )\varphi_3(\ \ )\cdots\varphi_3(\ \ )}_{n_3\text{個}}\ \cdots$$

$$\text{ただし}\quad n_1+n_2+n_3+\cdots = N$$

の N 個の（　）の中に，$\boldsymbol{r}_1, \boldsymbol{r}_2, \cdots, \boldsymbol{r}_N$ をいろいろな順序で入れた $N!$ 個の和に

比例する．いま，そのような $N!$ 個の和を $[n_1, n_2, n_3, \cdots]$ または $[\varphi_1 \cdots \varphi_1\, \varphi_2 \cdots \varphi_2\, \varphi_3 \cdots \varphi_3\, \cdots]$ と略記することにしよう．*

たとえば，$N = 5$，$n_1 = 3$，$n_2 = 2$ の場合には $N! = 120$ であるから，$[\varphi_1\, \varphi_1\, \varphi_1\, \varphi_2\, \varphi_2]$ は 120 項の和である．ところで，この 120 項の中には同じ項が 12 個ずつ存在する．12 というのは，$n_1! \times n_2! = 3! \times 2! = 12$ であって，5 個の $\boldsymbol{r}_1, \boldsymbol{r}_2, \cdots, \boldsymbol{r}_5$ を 3 個と 2 個に分け（その分け方は ${}_5C_3 = {}_5C_2 = 10$ 通り），その 3 個を $\varphi_1(\quad)\varphi_1(\quad)\varphi_1(\quad)$ の中に並べる仕方 $3!$ と，残り 2 個を $\varphi_2(\quad)\varphi_2(\quad)$ の中に並べる仕方 $2!$ の積である．ゆえに，

$$[\varphi_1\, \varphi_1\, \varphi_1\, \varphi_2\, \varphi_2] = 12 \times (10\text{ 個の独立な項の和})$$

となる．これを Φ とすると，10 個の異なる項は互いに直交するので

$$\int \cdots \int |\Phi|^2\, d\boldsymbol{r}_1 \cdots d\boldsymbol{r}_5 = 12^2 \times (10\text{ 個の }1\text{ の和})$$
$$= 12^2 \times 10 = (3!\,2!)^2 \frac{5!}{3!\,2!} = 3!\,2!\,5!$$

となることがわかる．1 というのは

$$\int \cdots \int |\varphi_1(\boldsymbol{r}_3)\, \varphi_1(\boldsymbol{r}_5)\, \varphi_1(\boldsymbol{r}_1)\, \varphi_2(\boldsymbol{r}_4)\, \varphi_2(\boldsymbol{r}_2)|^2\, d\boldsymbol{r}_1 \cdots d\boldsymbol{r}_5 = 1$$

といった類の積分である．ゆえに，Φ を規格化したものは

$$\frac{1}{\sqrt{3!\,2!\,5!}} [\varphi_1\, \varphi_1\, \varphi_1\, \varphi_2\, \varphi_2]$$

となる．

以上を一般化すると，$[n_1, n_2, n_3, \cdots] \equiv [\varphi_1 \cdots \varphi_1\, \varphi_2 \cdots \varphi_2 \cdots]$ を規格化した関数は

$$|n_1, n_2, n_3, \cdots\rangle = \frac{1}{\sqrt{n_1!\, n_2! \cdots N!}} [n_1, n_2, n_3, \cdots]$$
$$= \frac{1}{\sqrt{n_1!\, n_2! \cdots N!}} [\varphi_1 \cdots \varphi_1\, \varphi_2 \cdots \varphi_2\, \varphi_3 \cdots \varphi_3 \cdots] \qquad (1)$$

と表されることがわかる．フェルミ粒子のときと異なるのは，規格化の定数

---

*　これは行列式を定義に従って展開したときに現れる，負号のついた半数の項のマイナスをプラスに変えたものである．そのような式をパーマネントとよぶことがある．

が $n_1, n_2, \cdots$ によって違うことである．

そこで，いま1粒子演算子

$$F = \sum_{j=1}^{N} f(\boldsymbol{r}_j, -i\hbar\nabla_j) \tag{2}$$

を考えて，これを $[n_1, n_2, n_3, \cdots] \equiv [\varphi_1\cdots\varphi_1\,\varphi_2\cdots\varphi_2\,\varphi_3\cdots\varphi_3\cdots]$ に作用させた場合を考えてみると，スレイター行列式のときと全く同様にして

$$\begin{aligned} F[\varphi_1\cdots\varphi_1\,\varphi_2\cdots\varphi_2\,\varphi_3\cdots\varphi_3\cdots] \\ = [f\varphi_1\,\varphi_1\cdots\varphi_1\,\varphi_2\cdots\varphi_2\,\varphi_3\cdots\varphi_3\cdots] \\ + [\varphi_1\,f\varphi_1\cdots\varphi_1\,\varphi_2\cdots\varphi_2\,\varphi_3\cdots\varphi_3\cdots] + \cdots \\ + [\varphi_1\cdots\varphi_1\,f\varphi_2\,\varphi_2\cdots\varphi_2\,\varphi_3\cdots\varphi_3\cdots] \\ + [\varphi_1\cdots\varphi_1\,\varphi_2\,f\varphi_2\cdots\varphi_2\,\varphi_3\cdots\varphi_3\cdots] + \cdots \\ + \cdots \end{aligned} \tag{3}$$

となるが，右辺の第1行に並んだ n_1 個のパーマネントは実は全く同じものであり，第2行の n_2 個も同じものであり，…，ということになる.* したがって

$$\begin{aligned} (3) = n_1[f\varphi_1\,\varphi_1\cdots\varphi_1\,\varphi_2\cdots\varphi_2\,\varphi_3\cdots\varphi_3\cdots] \\ + n_2[\varphi_1\cdots\varphi_1\,f\varphi_2\,\varphi_2\cdots\varphi_2\,\varphi_3\cdots\varphi_3\cdots] + \cdots \end{aligned}$$

と表してよい．ここで，展開式

$$f\varphi_\mu = \sum_\nu f_{\nu\mu}\varphi_\nu = \sum_\nu \langle\varphi_\nu|f|\varphi_\mu\rangle\,\varphi_\nu$$

を用いると

$$\begin{aligned} [\underbrace{f\varphi_1\,\varphi_1\cdots\varphi_1}_{n_1\text{個}}\,\underbrace{\varphi_2\cdots\varphi_2}_{n_2\text{個}}\,\underbrace{\varphi_3\cdots\varphi_3}_{n_3\text{個}}\cdots] \\ = \sum_{\nu=1}^{\infty} f_{\nu 1}[\underbrace{\varphi_\nu\,\varphi_1\cdots\varphi_1}_{n_1\text{個}}\,\varphi_2\cdots\varphi_2\varphi_3\cdots\varphi_3\cdots] \\ = f_{11}[n_1, n_2, n_3, \cdots] + \sum_{\nu=2}^{\infty} f_{\nu 1}[n_1-1, \cdots, n_\nu+1, \cdots] \end{aligned}$$

---

*　パーマネントの場合には，行列式の列の交換に相当する操作を行っても不変である．

と書けるから，$\varphi_2, \varphi_3, \cdots$ についても同様にすれば，(3) 式は

$$F[n_1, n_2, n_3, \cdots]$$
$$= \sum_{\mu} n_\mu f_{\mu\mu}[n_1, n_2, \cdots, n_\mu, \cdots]$$
$$+ \sum_{\mu \neq \nu}\sum n_\mu f_{\nu\mu}[n_1, n_2, \cdots, n_\mu - 1, \cdots, n_\nu + 1, \cdots] \qquad (4)$$

と表されることがわかる．最後の［　］内で $n_\mu - 1$ が $n_\nu + 1$ より左側 $(\mu < \nu)$ とは限らない．どこか 1 つの n を 1 だけ減らし，別のどこかの n を 1 だけ増せばよい．

次に，(1) 式を用いて左辺の $[n_1, n_2, \cdots]$ を規格化する．このとき右辺第 2 項の $[\cdots]$ は，その同じ定数では規格化されないことに注意する．

$$\frac{[n_1, n_2, \cdots, n_\mu - 1, \cdots, n_\nu + 1, \cdots]}{\sqrt{n_1! n_2! \cdots n_\mu! \cdots n_\nu! \cdots N!}}$$
$$= \sqrt{\frac{n_\nu + 1}{n_\mu}} \frac{[n_1, n_2, \cdots, n_\mu - 1, \cdots, n_\nu + 1, \cdots]}{\sqrt{n_1! n_2! \cdots (n_\mu - 1)! \cdots (n_\nu + 1)! \cdots N!}}$$
$$= \sqrt{\frac{n_\nu + 1}{n_\mu}} |n_1, n_2, \cdots, n_\mu - 1, \cdots, n_\nu + 1, \cdots\rangle$$

そこで，$\mu \neq \nu$ のときと $\mu = \nu$ のときをまとめて書けば，(4) 式から

$$F|n_1, n_2, n_3, \cdots\rangle$$
$$= \sum_{\mu} n_\mu f_{\mu\mu}|n_1, n_2, n_3, \cdots\rangle$$
$$+ \sum_{\mu \neq \nu}\sum \sqrt{n_\mu(n_\nu + 1)}\, f_{\nu\mu}|n_1, n_2, \cdots, n_\mu - 1, \cdots, n_\nu + 1, \cdots\rangle \quad (5)$$

が得られることがわかる．

いま，ボース粒子系の場合の**消滅演算子** a_μ，**生成演算子** $a_\mu{}^*$ を次式によって定義する．

$$a_\mu|n_1, n_2, \cdots, n_\mu, \cdots\rangle = \sqrt{n_\mu}\,|n_1, n_2, \cdots, n_\mu - 1, \cdots\rangle \qquad (6\text{a})$$
$$a_\mu{}^*|n_1, n_2, \cdots, n_\mu, \cdots\rangle = \sqrt{1 + n_\mu}\,|n_1, n_2, \cdots, n_\mu + 1, \cdots\rangle \qquad (6\text{b})$$

そうすると，(5) 式は

$$F|n_1, n_2, n_3, \cdots\rangle = \sum_{\mu}\sum_{\nu} f_{\nu\mu} a_\nu{}^* a_\mu |n_1, n_2, n_3, \cdots\rangle \qquad (7)$$

と書き表すことができる．演算子の部分だけとり出して書けば

$$F = \sum_j f(\boldsymbol{r}_j, -i\hbar\nabla_j) \longrightarrow \sum_\mu \sum_\nu \langle\varphi_\nu|f|\varphi_\mu\rangle a_\nu{}^* a_\mu \tag{8}$$

となるわけであって，前節で調べたフェルミ粒子の場合と全く同じである．

上記の（6a），(6b）式は，フェルミ粒子の場合の§11.2（7a），(7b）式（97ページ）に対応するものであるが，パーマネントでは行列式の列の交換で符号が変わるというようなことが起こらないので，$(-1)^{N'}$ という類の因子は現れない．したがって，$\mu \neq \nu$ のときには，$a_\mu a_\nu$ と $a_\nu a_\mu$，$a_\mu{}^* a_\nu{}^*$ と $a_\nu{}^* a_\mu{}^*$，$a_\mu{}^* a_\nu$ と $a_\nu a_\mu{}^*$ は全く同じ結果を与える．ゆえに

$$a_\nu a_\mu - a_\mu a_\nu = a_\nu{}^* a_\mu{}^* - a_\mu{}^* a_\nu{}^* = 0, \qquad a_\nu a_\mu{}^* - a_\mu{}^* a_\nu = \delta_{\mu\nu} \tag{9}$$

である．最後の式で $\mu = \nu$ の場合は，（6a），(6b）式を用いた

$$\left.\begin{aligned} a_\mu a_\mu{}^* |\cdots, n_\mu, \cdots\rangle &= \sqrt{n_\mu + 1}\, a_\mu |\cdots, n_\mu + 1, \cdots\rangle \\ &= (n_\mu + 1)|\cdots, n_\mu, \cdots\rangle \\ a_\mu{}^* a_\mu |\cdots, n_\mu, \cdots\rangle &= \sqrt{n_\mu}\, a_\mu{}^* |\cdots, n_\mu - 1, \cdots\rangle \\ &= n_\mu |\cdots, n_\mu, \cdots\rangle \end{aligned}\right\} \tag{10}$$

から容易にわかるであろう．

（9）式は§11.2（8）式（98ページ）に対応する交換関係であって，フェルミ粒子のときの反交換関係とは異なり，普通の交換関係になっている．$[A, B] = AB - BA$ という記号を使えば，

$$[a_\nu, a_\mu] = [a_\nu{}^*, a_\mu{}^*] = 0, \qquad [a_\nu, a_\mu{}^*] = \delta_{\mu\nu} \tag{9$'$}$$

とも表される．また，（10）式の第2式が示すように，

$$a_\mu{}^* a_\mu = n_\mu \tag{11}$$

は，状態 φ_μ を占める粒子の数を表す演算子である．

2粒子演算子

$$G = \sum_{i<j}\sum g_{ij}$$

がフェルミ粒子の場合と全く同じ形

$$G = \sum_\gamma \sum_\delta \sum_\mu \sum_\nu \frac{1}{2} \langle\varphi_\gamma \varphi_\delta|g|\varphi_\mu \varphi_\nu\rangle a_\delta{}^* a_\gamma{}^* a_\mu a_\nu \tag{12}$$

に書けることも，上と同様にして示されるのであるが，ここでは証明は省略する．ボース粒子の場合には $a_\delta{}^* a_\gamma{}^*$ としても $a_\gamma{}^* a_\delta{}^*$ としても同じである．

結局，$F = \sum_j f_j$ とか $G = \sum_{i<j}\sum g_{ij}$ などを $a_\mu{}^*, a_\mu$ で表す式は全く同じであって，交換関係だけがフェルミ粒子とボース粒子では異なるのである．

§11.5　数表示とその応用例

まず，§11.2～§11.4 で調べたことをまとめておこう．

多数の同種粒子から成る系の状態を指定するのに，適当な1粒子波動関数の完全系をとり，それらの1粒子状態を占める粒子の数の組で，

$$|n_1, n_2, n_3, \cdots\rangle \qquad n_\mu = \begin{cases} 0, 1 & \text{(フェルミ粒子)} \\ 0, 1, 2, 3, \cdots & \text{(ボース粒子)} \end{cases} \tag{1}$$

のように表したものを基底にとり，一般の状態はこれの1次結合で表すのが，§11.2 以下に述べてきた**数表示**の方法である．上記のような**状態ベクトル**（= 多粒子系の波動関数）に対する演算子は，これら $n_1, n_2, \cdots$ を変化させるものとして，生成演算子 $a_\mu{}^*$ と消滅演算子 a_μ で表される．ただし，これらは

$$a_\mu|n_1, n_2, \cdots, n_\mu, \cdots\rangle = \begin{cases} (-1)^{n_1+n_2+\cdots+n_{\mu-1}}\sqrt{n_\mu}\,|n_1, n_2, \cdots, n_\mu - 1, \cdots\rangle & \text{(フェルミ粒子)} \\ \sqrt{n_\mu}\,|n_1, n_2, \cdots, n_\mu - 1, \cdots\rangle & \text{(ボース粒子)} \end{cases} \tag{2a}$$

$$a_\mu{}^*|n_1, n_2, \cdots, n_\mu, \cdots\rangle = \begin{cases} (-1)^{n_1+n_2+\cdots+n_{\mu-1}}\sqrt{1 - n_\mu}\,|n_1, n_2, \cdots, n_\mu + 1, \cdots\rangle & \text{(フェルミ粒子)} \\ \sqrt{1 + n_\mu}\,|n_1, n_2, \cdots, n_\mu + 1, \cdots\rangle & \text{(ボース粒子)} \end{cases} \tag{2b}$$

で定義され，次の交換関係を満たす．

$$\begin{aligned} a_\nu a_\mu \pm a_\mu a_\nu = a_\nu{}^* a_\mu{}^* \pm a_\mu{}^* a_\nu{}^* = 0 \\ a_\nu a_\mu{}^* \pm a_\mu{}^* a_\nu = \delta_{\mu\nu} \end{aligned} \qquad \left(\begin{array}{l}\text{複号の上側はフェルミ粒子} \\ \text{下側はボース粒子の場合}\end{array}\right) \tag{3}$$

また，

$$a_\mu{}^* a_\mu = n_\mu \tag{4}$$

は1粒子状態 μ を占める粒子の数を表す演算子になっている．

一般の演算子を $a_\mu{}^*, a_\mu$ で表すと，1粒子演算子は

$$F = \sum_{j=1}^{N} f_j \longrightarrow \sum_\mu \sum_\nu \langle \nu | f | \mu \rangle a_\nu{}^* a_\mu \tag{5}$$

2粒子演算子は次のように書かれる．

$$\begin{aligned} G &= \sum_{i<j} \sum g_{ij} \\ &= \frac{1}{2} \sum_{i \neq j} \sum g_{ij} \longrightarrow \sum_\gamma \sum_\delta \sum_\mu \sum_\nu \frac{1}{2} \langle \gamma\delta | g | \mu\nu \rangle a_\delta{}^* a_\gamma{}^* a_\mu a_\nu \end{aligned} \tag{6}$$

このような表し方の特徴は，演算子が系の粒子数とは無関係な形をしており，(5) 式や (6) 式が1粒子状態（ギリシア文字の添字で指定）についての和になっていること，粒子の統計，すなわち粒子交換に対して状態ベクトルが反対称もしくは対称であるという要請が (3) 式の（反）交換関係にすべて含まれてしまうこと，などである．こういった点が計算に便利なので，数表示の方法は広く用いられるようになってきている．その使い方の例として，超伝導状態をどのように表すかを紹介しよう．

出発点は自由電子で，その状態を波数ベクトル $\boldsymbol{k}$ とスピンの上向き↑と下向き↓で指定する．そして，そのような電子の生成・消滅演算子 $a_{\boldsymbol{k}\gamma}{}^*, a_{\boldsymbol{k}\gamma}$ を用いて，

$$b_{\boldsymbol{k}\downarrow} = u_k a_{\boldsymbol{k}\downarrow} + v_k a_{-\boldsymbol{k}\uparrow}{}^*, \qquad b_{\boldsymbol{k}\uparrow} = u_k a_{\boldsymbol{k}\uparrow} - v_k a_{-\boldsymbol{k}\downarrow}{}^* \tag{7a}$$

および

$$\begin{aligned} b_{\boldsymbol{k}\downarrow}{}^* &= u_k a_{\boldsymbol{k}\downarrow}{}^* + v_k a_{-\boldsymbol{k}\uparrow}, \\ b_{\boldsymbol{k}\uparrow}{}^* &= u_k a_{\boldsymbol{k}\uparrow}{}^* - v_k a_{-\boldsymbol{k}\downarrow} \end{aligned} \tag{7b}$$

を定義する．係数 u_k, v_k は

$$u_k{}^2 + v_k{}^2 = 1 \tag{8}$$

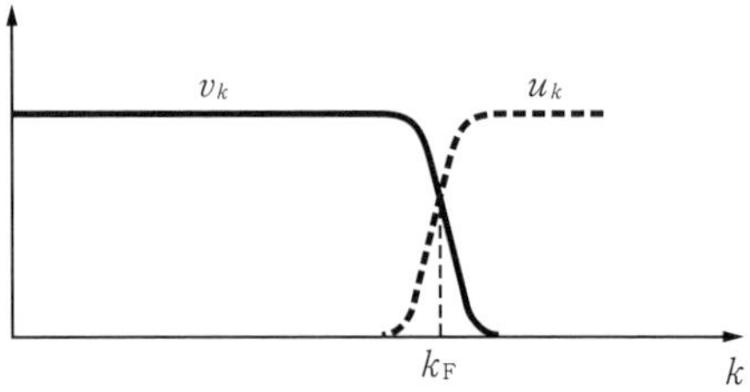

11-3 図　u_k, v_k は大体このようになる．

を満たす実数で，大きさは $k=|\boldsymbol{k}|$ の関数（11-3 図）である．この (7a), (7b) 式で定義された演算子 $b_{\boldsymbol{k}\gamma}{}^*, b_{\boldsymbol{k}\gamma}$ がフェルミ粒子の生成・消滅演算子と同じ反交換関係

$$[b_{\boldsymbol{k}\gamma}, b_{\boldsymbol{k}'\gamma'}]_+ = [b_{\boldsymbol{k}\gamma}{}^*,\ b_{\boldsymbol{k}'\gamma'}{}^*]_+ = 0, \qquad [b_{\boldsymbol{k}\gamma}, b_{\boldsymbol{k}'\gamma'}{}^*]_+ = \delta_{\boldsymbol{k}\boldsymbol{k}'}\delta_{\gamma\gamma'} \tag{9}$$

を満たすことは，代入してみれば容易にわかる．なお，(7a), (7b) 式の逆変換が

$$a_{\boldsymbol{k}\uparrow} = u_k b_{\boldsymbol{k}\uparrow} + v_k b_{-\boldsymbol{k}\downarrow}{}^*, \qquad a_{\boldsymbol{k}\downarrow} = u_k b_{\boldsymbol{k}\downarrow} - v_k b_{-\boldsymbol{k}\uparrow}{}^* \tag{10a}$$

および

$$a_{\boldsymbol{k}\uparrow}{}^* = u_k b_{\boldsymbol{k}\uparrow}{}^* + v_k b_{-\boldsymbol{k}\downarrow}, \qquad a_{\boldsymbol{k}\downarrow}{}^* = u_k b_{\boldsymbol{k}\downarrow}{}^* - v_k b_{-\boldsymbol{k}\uparrow} \tag{10b}$$

で与えられることも読者みずから確かめてほしい．$a_{\boldsymbol{k}\gamma}{}^*, a_{\boldsymbol{k}\gamma}$ と $b_{\boldsymbol{k}\gamma}{}^*, b_{\boldsymbol{k}\gamma}$ との間のこのような変換を**ボゴリューボフ変換**という．$b_{\boldsymbol{k}\gamma}{}^*, b_{\boldsymbol{k}\gamma}$ は一種のフェルミ粒子の生成・消滅演算子と考えることができるので，この“粒子”── **準粒子**といった方が正確 ── のことを**ボゴロン**とよぶ人もある．

さて，超伝導状態になっている金属内伝導電子系の基底状態（0 K の状態）は，電子が何もない真空状態を $|0\rangle$ として，

$$\Phi_{\mathrm{BCS}}{}^0 = \prod^{\boldsymbol{k}} (u_k + v_k a_{\boldsymbol{k}\uparrow}{}^* a_{-\boldsymbol{k}\downarrow}{}^*)|0\rangle \tag{11}$$

で与えられる，というのが，バーディーン（Bardeen），クーパー（Cooper），シュリーファー（Schrieffer）の理論（BCS 理論）である．この式の意味を，$\boldsymbol{k}$ として 2 つの値だけをとる場合について考えてみよう．$|\boldsymbol{k}| = |\boldsymbol{k}'| = k$ の場合を考えると，u_k, v_k は共通なので，(11) 式の右辺は

$$u_k{}^2|0\rangle + u_k v_k (a_{\boldsymbol{k}\uparrow}{}^* a_{-\boldsymbol{k}\downarrow}{}^* + a_{\boldsymbol{k}'\uparrow}{}^* a_{-\boldsymbol{k}'\downarrow}{}^*)|0\rangle + v_k{}^2 a_{\boldsymbol{k}\uparrow}{}^* a_{-\boldsymbol{k}\downarrow}{}^* a_{\boldsymbol{k}'\uparrow}{}^* a_{-\boldsymbol{k}'\downarrow}{}^*|0\rangle \tag{12}$$

ということになるが，この第 1 項は真空状態，第 2 項は電子対が 1 個存在して，それが $(\boldsymbol{k}\uparrow, -\boldsymbol{k}\downarrow)$ になったり $(\boldsymbol{k}'\uparrow, -\boldsymbol{k}'\downarrow)$ になったりしている状態，第 3 項は 2 個の電子対 $(\boldsymbol{k}\uparrow, -\boldsymbol{k}\downarrow)$ と $(\boldsymbol{k}'\uparrow, -\boldsymbol{k}'\downarrow)$ が共存する状態を表している．つまり (12) 式は，運動量とスピンの向きが逆であるような 2 個の電子の対（つい）（ペア）をつくり，その対が，できたり消えたり相対運動量の方向

を変えたりしている電子系を表している．BCS 基底状態の 1 つの特徴は，電子数がふらふらと変化しているという点である．(12) 式なら 0, 2, 4 の間で変化していることになる．実際の金属では，u_k を 11-3 図のようにとるので，フェルミ面 ($|\boldsymbol{k}| = k_{\mathrm{F}}$) の近くの薄い球殻内のたくさんの $\boldsymbol{k}$ について，このような電子対（クーパー対（ペア））ができたり消えたり，

$$(\boldsymbol{k}\uparrow, -\boldsymbol{k}\downarrow) \longrightarrow (\boldsymbol{k}'\uparrow, -\boldsymbol{k}'\downarrow) \longrightarrow (\boldsymbol{k}''\uparrow, -\boldsymbol{k}''\downarrow) \longrightarrow \cdots \quad (13)$$

という変化をしたりしている状態が $\Phi_{\mathrm{BCS}}{}^0$ で表されているのである．

このように $\Phi_{\mathrm{BCS}}{}^0$ は，たくさんの電子対と，フェルミ球内にぎっちりつまって凍結された大多数の電子 ($u_k = 0$, $v_k = 1$ の部分) からできている多電子系（ただし，電子の総数はゆらいでいる）を表しているが，これに任意の $b_{\boldsymbol{k}\gamma}$ を作用させてみよう．$(\boldsymbol{k}\uparrow)$ で指定される 1 電子状態については，

$$\begin{aligned}
&b_{\boldsymbol{k}\uparrow}(u_k + v_k a_{\boldsymbol{k}\uparrow}{}^* a_{-\boldsymbol{k}\downarrow}{}^*) \\
&\quad = (u_k a_{\boldsymbol{k}\uparrow} - v_k a_{-\boldsymbol{k}\downarrow}{}^*)(u_k + v_k a_{\boldsymbol{k}\uparrow}{}^* a_{-\boldsymbol{k}\downarrow}{}^*) \\
&\quad = u_k{}^2 a_{\boldsymbol{k}\uparrow} + u_k v_k a_{\boldsymbol{k}\uparrow} a_{\boldsymbol{k}\uparrow}{}^* a_{-\boldsymbol{k}\downarrow}{}^* - u_k v_k a_{-\boldsymbol{k}\downarrow}{}^* - v_k{}^2 a_{-\boldsymbol{k}\downarrow}{}^* a_{\boldsymbol{k}\uparrow}{}^* a_{-\boldsymbol{k}\downarrow}{}^*
\end{aligned}$$

をそのような電子の存在しない状態に作用させることになるから，$u_k{}^2 a_{\boldsymbol{k}\uparrow}$ は 0 を与える．また，同じ $(-\boldsymbol{k}\downarrow)$ の電子を 2 個つくることは許されないから最後の項も消える．$a_{\boldsymbol{k}\uparrow} a_{\boldsymbol{k}\uparrow}{}^*|0\rangle = 1|0\rangle$ であるから，最後から 2 番目の項と 3 番目の項は相殺する．結局，上の式を $|0\rangle$ に作用させたものは 0 になってしまう．

$$b_{\boldsymbol{k}\uparrow}\,\Phi_{\mathrm{BCS}}{}^0 = 0 \quad (14\mathrm{a})$$

下向きスピンのボゴロンについても同様に

$$b_{\boldsymbol{k}\downarrow}\,\Phi_{\mathrm{BCS}}{}^0 = 0 \quad (14\mathrm{b})$$

が証明できる．このようにして，BCS 基底状態という一見複雑な状態は，ボゴロンが 1 個も存在しない“ボゴロンの真空状態”になっていることがわかる．

金属の伝導電子の間に何らかの原因で引力が存在すると，その効果は (13) 式のような変化を $|\boldsymbol{k}| \approx |\boldsymbol{k}'| \approx |\boldsymbol{k}''| \approx \cdots$（つまり，エネルギーのほぼ等し

い）であるような対状態の間にひき起こすことが知られている．このとき，電子間の相互作用（6）式は近似的に*

$$-\frac{g}{V}\sum_{\boldsymbol{k},\boldsymbol{k}'} a_{\boldsymbol{k}'\uparrow}{}^{*}a_{-\boldsymbol{k}'\downarrow}{}^{*}a_{-\boldsymbol{k}\uparrow}\,a_{\boldsymbol{k}\uparrow} \qquad (g\text{ は正の定数}) \tag{15}$$

の形に表せることが示される．$\boldsymbol{k}, \boldsymbol{k}'$ についての和は，フェルミ面をはさむ薄い球殻内でとる．伝導電子の運動エネルギー

$$\sum_{\boldsymbol{k},\gamma} \frac{\hbar^2 k^2}{2m} a_{\boldsymbol{k}\gamma}{}^{*} a_{\boldsymbol{k}\gamma} \tag{16}$$

に（15）式を加えたハミルトニアンを $b_{\boldsymbol{k}\gamma}{}^{*}, b_{\boldsymbol{k}\gamma}$ で表すと，$\Phi_{\mathrm{BCS}}{}^{0}$ がその近似的固有関数になっていることがわかり，そのエネルギー期待値をなるべく小さくするように（（I）巻の第7章で学んだ変分原理）u_k, v_k を選ぶことによって，良い近似で超伝導金属の基底状態を表す $\Phi_{\mathrm{BCS}}{}^{0}$ が求められる，というのがBCS理論の筋書である．

励起状態は $\Phi_{\mathrm{BCS}}{}^{0}$ に $b_{\boldsymbol{k}\gamma}{}^{*}$ を作用させてボゴロンをつくることによって得られるが，ボゴロンのエネルギーは

$$\varepsilon(\boldsymbol{k}) = \sqrt{\Delta^2 + \left(\frac{\hbar^2 k^2}{2m} - \frac{\hbar^2 k_{\mathrm{F}}{}^2}{2m}\right)^2} \tag{17}$$

となることが示されるので，最低値 Δ から上に，各 $\boldsymbol{k}$ に対応してほとんど連続的に分布したエネルギー準位を与えることになる．したがって，多電子系としての金属全体のエネルギー準位も，ボゴロン0個の基底状態だけが孤立して存在し，その上の Δ だけ隔てたところからボゴロン1個，2個，3個，…に対応するさまざまな励起状態のエネルギー準位がほぼ連続的に生じる．なお，このエネルギーギャップ Δ は，ボゴロンの数が増すと減るので，温度が上がると減少し，ある温度で0になる．これが超伝導から常伝導への転移である．

---

*　クーロン相互作用がこうなるわけではない．原子芯（正イオン）の動きまで考慮に入れた上で，簡単化をするとこうなる，というのがBCS理論である．

以上のような特異なエネルギー準位のでき方により，超伝導金属の示すいろいろな性質もうまく説明できるのであるが，これ以上のくわしいことは固体物理学の書物にゆずらざるをえない.*

§11.6 場の演算子

しばらく，簡単のためにスピンを考えないことにする．フェルミ粒子でもボース粒子でもよいが，N 粒子系の状態を表すシュレーディンガーの波動関数は，$\Psi(\boldsymbol{r}_1, \boldsymbol{r}_2, \cdots, \boldsymbol{r}_N, t)$ という $3N+1$ 個の変数の関数である．これは波とはいっても，$\boldsymbol{r}_1, \boldsymbol{r}_2, \cdots, \boldsymbol{r}_N$ が決定する $3N$ 次元空間 ── これを**配位空間**という ── の中の波であって，普通の 3 次元空間の波ではない．ド・ブロイが最初に考えたのは，3 次元の普通の意味の空間内に起こる波であって，光波のときの電場 $\boldsymbol{E}(\boldsymbol{r}, t)$ や磁場 $\boldsymbol{B}(\boldsymbol{r}, t)$ のように $\boldsymbol{r}$ と t の関数として表されるものであった．粒子が 1 個のときの $\psi(\boldsymbol{r}, t)$ は確かにそうなっているのであるが，われわれがいままでやってきたような扱い方で多粒子系を波動関数を用いて論ずると $\Psi(\boldsymbol{r}_1, \boldsymbol{r}_2, \cdots, \boldsymbol{r}_N, t)$ を考えることになってしまう．この場合，時間 t だけは特別扱いになっていて，空間と時間とをもっと統一的に扱う相対論的な立場とも相容れがたいという問題もある．

そこで，波動論という立場に徹底した最初の考え方に立ちもどり，抽象的な配位空間ではなくて，われわれがその中に住む 3 次元空間内の波として，多粒子系の問題をも扱う方法を探そう，というのが以下の考え方である．そうすれば，3 次元空間の電磁波から出発する光の量子論（第 13 章）との比較もできるし，相対論的な立場への移行にも便利である．

N 粒子系の状態を表すのに，1 粒子関数 $\varphi_1(\boldsymbol{r}), \varphi_2(\boldsymbol{r}), \cdots$ を基礎にした数表示を用いることにすると，状態ベクトル $|n_1, n_2, \cdots\rangle$ で表される定常状態において，空間内の点 $\boldsymbol{r}'$ を含む $d\boldsymbol{r}$ という微小体積内に見出される粒子の数

---

* たとえば，花村榮一：「固体物理学」（裳華房，1986）．

$\rho(\boldsymbol{r}')\,d\boldsymbol{r}$ は*

$$\rho(\boldsymbol{r}') = n_1|\varphi_1(\boldsymbol{r}')|^2 + n_2|\varphi_2(\boldsymbol{r}')|^2 + \cdots = \sum_\mu n_\mu|\varphi_\mu(\boldsymbol{r}')|^2 \tag{1}$$

で与えられる．

ところで，n_μ という数は，数表示で $|n_1, n_2, \cdots, n_\mu, \cdots\rangle$ と表される状態における演算子 $a_\mu{}^*a_\mu$ の固有値である．

$$a_\mu{}^*a_\mu|n_1, n_2, \cdots, n_\mu, \cdots\rangle = n_\mu|n_1, n_2, \cdots, n_\mu, \cdots\rangle$$

したがって，$\rho(\boldsymbol{r}')$ は

$$\rho(\boldsymbol{r}') = \langle n_1, n_2, \cdots|\sum_\mu |\varphi_\mu(\boldsymbol{r}')|^2 a_\mu{}^*a_\mu|n_1, n_2, \cdots\rangle \tag{2}$$

と書くことができる．

そこでいま

$$\begin{cases} \boldsymbol{\varphi}(\boldsymbol{r}) = \sum_\mu \varphi_\mu(\boldsymbol{r})\,a_\mu & \text{(3a)} \\ \boldsymbol{\varphi}^*(\boldsymbol{r}) = \sum_\mu \varphi_\mu{}^*(\boldsymbol{r})\,a_\mu{}^* & \text{(3b)} \end{cases}$$

という演算子を考えてみると，

$$\boldsymbol{\varphi}^*(\boldsymbol{r}')\,\boldsymbol{\varphi}(\boldsymbol{r}') = \sum_\mu \sum_\nu \varphi_\mu{}^*(\boldsymbol{r}')\,\varphi_\nu(\boldsymbol{r}')\,a_\mu{}^*a_\nu \tag{4}$$

となるが，これをブラ $\langle n_1, n_2, \cdots|$ とケット $|n_1, n_2, \cdots\rangle$ ではさんだ対角要素をとると，$a_\mu{}^*a_\nu$ $(\mu \neq \nu)$ の項はすべて結果に寄与しないので，$\mu = \nu$ の項のみが残り，(2) 式の右辺が得られる．したがって，$\rho(\boldsymbol{r}')$ は

$$\rho(\boldsymbol{r}') = \langle n_1, n_2, \cdots|\boldsymbol{\varphi}^*(\boldsymbol{r}')\,\boldsymbol{\varphi}(\boldsymbol{r}')|n_1, n_2, \cdots\rangle \tag{5}$$

で与えられることがわかる．

1粒子の場合に，その波動関数 $\varphi(\boldsymbol{r})$ ── これは普通の c－数である ── が与えられたとすると，点 $\boldsymbol{r}'$ における粒子の確率密度は $|\varphi(\boldsymbol{r}')|^2 = \varphi^*(\boldsymbol{r}')\varphi(\boldsymbol{r}')$ で与えられる．多粒子の場合には，これが演算子 $\boldsymbol{\varphi}^*(\boldsymbol{r}')\,\boldsymbol{\varphi}(\boldsymbol{r}')$ の期待値で与

* 以後に現れる $\boldsymbol{r}$ とか $\boldsymbol{r}'$ とかは，古典的質点力学における粒子の位置（t の関数 $\boldsymbol{r}(t), \boldsymbol{r}'(t)$ である）という考えとは全く違い，空間内の位置 ── そこで粒子や波がくるのを待ち受ける ── を表すパラメーターとみなすべきものである．つまり，いつどこでの“どこ”かを示すのが $\boldsymbol{r}$ であって，その意味で t とは独立であり，同格な変数である．

えられることがわかったのである．

今度は $F=\sum_j f(\boldsymbol{r}_j, \boldsymbol{p}_j)$ で定義される１粒子演算子を考えてみよう．

$$
\begin{aligned}
F=\sum_j f_j \ \longrightarrow\ & \sum_\mu\sum_\nu \langle\nu|f|\mu\rangle\, a_\nu{}^* a_\mu \\
&= \sum_\mu\sum_\nu \int \varphi_\nu{}^*(\boldsymbol{r})\, f\, \varphi_\mu(\boldsymbol{r})\, d\boldsymbol{r}\ a_\nu{}^* a_\mu \\
&= \int \sum_\nu \varphi_\nu{}^*(\boldsymbol{r})\, a_\nu{}^*\, f(\boldsymbol{r}, -i\hbar\nabla) \sum_\mu \varphi_\mu(\boldsymbol{r})\, a_\mu\, d\boldsymbol{r}
\end{aligned}
$$

すなわち

$$
F=\int \boldsymbol{\varphi}^*(\boldsymbol{r})\, f(\boldsymbol{r}, -i\hbar\nabla)\, \boldsymbol{\varphi}(\boldsymbol{r})\, d\boldsymbol{r} \tag{6}
$$

となることは容易にわかるであろう．たとえば，粒子系の運動エネルギーは

$$
K=\int \boldsymbol{\varphi}^*(\boldsymbol{r}) \left(-\frac{\hbar^2}{2m}\nabla^2\right) \boldsymbol{\varphi}(\boldsymbol{r})\, d\boldsymbol{r} \tag{7}
$$

のように表される．

全く同様にして，２粒子演算子 $G=\sum\sum_{i<j} g_{ij}$ は

$$
\begin{aligned}
G &= \frac{1}{2}\sum_\gamma\sum_\delta\sum_\mu\sum_\nu \langle\gamma\delta|g|\mu\nu\rangle\, a_\delta{}^* a_\gamma{}^* a_\mu a_\nu \\
&= \frac{1}{2}\sum_\gamma\sum_\delta\sum_\mu\sum_\nu \iint \varphi_\gamma{}^*(\boldsymbol{r})\, \varphi_\delta{}^*(\boldsymbol{r}')\, g\, \varphi_\mu(\boldsymbol{r})\, \varphi_\nu(\boldsymbol{r}')\, d\boldsymbol{r}\, d\boldsymbol{r}'\ a_\delta{}^* a_\gamma{}^* a_\mu a_\nu
\end{aligned}
$$

であるから

$$
G=\frac{1}{2}\iint \boldsymbol{\varphi}^*(\boldsymbol{r}')\, \boldsymbol{\varphi}^*(\boldsymbol{r})\, g\, \boldsymbol{\varphi}(\boldsymbol{r})\, \boldsymbol{\varphi}(\boldsymbol{r}')\, d\boldsymbol{r}\, d\boldsymbol{r}' \tag{8}
$$

と表される．たとえば，電子間のクーロン斥力は

$$
G=\frac{e^2}{8\pi\epsilon_0}\iint \boldsymbol{\varphi}^*(\boldsymbol{r}')\, \boldsymbol{\varphi}^*(\boldsymbol{r})\, \frac{1}{|\boldsymbol{r}'-\boldsymbol{r}|}\, \boldsymbol{\varphi}(\boldsymbol{r})\, \boldsymbol{\varphi}(\boldsymbol{r}')\, d\boldsymbol{r}\, d\boldsymbol{r}' \tag{9}
$$

と書かれる．

もう一度念のために断っておくが，(6)～(9) 式はいずれも演算子であって，普通の数（c－数）ではない．これの期待値をとったものが，測定値と比較されるべき数値を与えるわけである．なお，粒子系の密度を表す演算子としての $\rho_{\mathrm{op}}(\boldsymbol{r}')=\boldsymbol{\varphi}^*(\boldsymbol{r}')\boldsymbol{\varphi}(\boldsymbol{r}')$ も (6) 式の特別な場合である．つまり，$\rho_{\mathrm{op}}(\boldsymbol{r}')$ に相

当する演算子を $\sum_j f(\boldsymbol{r}_j, \boldsymbol{p}_j)$ の形で書けば

$$\rho_{\rm op}(\boldsymbol{r}') = \sum_j \delta(\boldsymbol{r}_j - \boldsymbol{r}') \tag{10}$$

となるのであるが，これから

$$\langle\nu|\rho_{\rm op}(\boldsymbol{r}')|\mu\rangle = \int \varphi_\nu{}^*(\boldsymbol{r})\,\delta(\boldsymbol{r} - \boldsymbol{r}')\,\varphi_\mu(\boldsymbol{r})\,d\boldsymbol{r} = \varphi_\nu{}^*(\boldsymbol{r}')\,\varphi_\mu(\boldsymbol{r}') \tag{11}$$

を得るので，(6) 式を導いた手続きを使えば

$$\rho_{\rm op}(\boldsymbol{r}') = \boldsymbol{\varphi}^*(\boldsymbol{r}')\,\boldsymbol{\varphi}(\boldsymbol{r}') \tag{12}$$

が得られる．

これらの式で $\boldsymbol{\varphi}$ の字を細くすれば，1個の粒子の場合に対応する量の期待値の表式になる．φ を演算子 $\boldsymbol{\varphi}$ と置き直すことによって，式の形は同じままで，多粒子系の場合の同じ量を表す演算子が得られるのである．この太字の $\boldsymbol{\varphi}(\boldsymbol{r})$ のことを，**場の演算子**または**量子化された波動関数**という．その性質と物理的意味については，さらに次節で説明する．

［**例題**］ スピン（$s = 1/2$）を考えた場合のフェルミ粒子の1粒子状態を $\varphi_\xi(\boldsymbol{r})\alpha(\sigma)$ および $\varphi_\xi(\boldsymbol{r})\beta(\sigma)$（$\xi = 1, 2, 3, \cdots$）で表すことにし，これらに対応した生成・消滅演算子をそれぞれ $a_{\xi\uparrow}{}^*, a_{\xi\uparrow}$ および $a_{\xi\downarrow}{}^*, a_{\xi\downarrow}$ とする．これらを用いて，上向きおよび下向きスピンの場の量 $\boldsymbol{\varphi}_\uparrow(\boldsymbol{r}), \boldsymbol{\varphi}_\downarrow(\boldsymbol{r})$ を定義するとき，1粒子演算子 $\sum_j f(\boldsymbol{r}_j, \boldsymbol{p}_j)\,s_{jy}$ はどのような形に表されるか．

［**解**］ $s_y = \dfrac{1}{2i}(s_+ - s_-)$ であるから，

$$\begin{aligned}\langle\varphi_\xi\gamma|f(\boldsymbol{r}, -i\hbar\nabla)s_y|\varphi_\eta\gamma'\rangle &= \langle\varphi_\xi|f|\varphi_\eta\rangle \times \frac{1}{2i}\langle\gamma|s_+ - s_-|\gamma'\rangle \\ &= \frac{\hbar}{2i}\langle\varphi_\xi|f|\varphi_\eta\rangle \times \begin{cases} 1 & \gamma = \alpha,\ \gamma' = \beta \text{ のとき} \\ -1 & \gamma = \beta,\ \gamma' = \alpha \text{ のとき} \\ 0 & \text{それ以外のとき}\end{cases}\end{aligned}$$

となることが容易にわかる．したがって，a^* と a による表示では

$$\sum_j f(\boldsymbol{r}_j, \boldsymbol{p}_j)s_{jy} \longrightarrow \frac{\hbar}{2i}\sum_\xi\sum_\eta \langle\varphi_\xi|f|\varphi_\eta\rangle(a_{\xi\uparrow}{}^*a_{\eta\downarrow} - a_{\xi\downarrow}{}^*a_{\eta\uparrow})$$

となる．ゆえに

$$\boldsymbol{\varphi}_\uparrow(\boldsymbol{r}) = \sum_\xi \varphi_\xi(\boldsymbol{r})\,a_{\xi\uparrow}, \qquad \boldsymbol{\varphi}_\uparrow{}^*(\boldsymbol{r}) = \sum_\xi \varphi_\xi{}^*(\boldsymbol{r})\,a_{\xi\uparrow}{}^*$$

$$\varphi_\downarrow(\boldsymbol{r}) = \sum_\xi \varphi_\xi(\boldsymbol{r}) a_{\xi\downarrow}, \qquad \varphi_\downarrow{}^*(\boldsymbol{r}) = \sum_\xi \varphi_\xi{}^*(\boldsymbol{r}) a_{\xi\downarrow}{}^*$$

を用いれば

$$\sum_j f(\boldsymbol{r}_j, \boldsymbol{p}_j) s_{jy} \longrightarrow \frac{\hbar}{2i}\int \varphi_\uparrow{}^*(\boldsymbol{r}) f(\boldsymbol{r}, -i\hbar\nabla) \varphi_\downarrow(\boldsymbol{r})\, d\boldsymbol{r} - \frac{\hbar}{2i}\int \varphi_\downarrow{}^*(\boldsymbol{r}) f(\boldsymbol{r}, -i\hbar\nabla) \varphi_\uparrow(\boldsymbol{r})\, d\boldsymbol{r}$$

となることは明らかであろう.

§11.7 場の演算子の諸性質

まず, 場の演算子 $\varphi(\boldsymbol{r})$ が, もとにとった直交関数系 $\varphi_1(\boldsymbol{r}), \varphi_2(\boldsymbol{r}), \cdots$ の選び方にはよらないものであることを示しておこう. 別の直交関数系 $\chi_1(\boldsymbol{r}), \chi_2(\boldsymbol{r}), \cdots$ と $\varphi_1(\boldsymbol{r}), \varphi_2(\boldsymbol{r}), \cdots$ との関係は, 一方を他方で展開した式

$$\chi_\xi(\boldsymbol{r}) = \sum_\mu \langle\varphi_\mu|\chi_\xi\rangle \varphi_\mu(\boldsymbol{r}) \tag{1}$$

で与えられる. ただし, 係数は内積

$$\langle\varphi_\mu|\chi_\xi\rangle = \int \varphi_\mu{}^*(\boldsymbol{r}') \chi_\xi(\boldsymbol{r}')\, d\boldsymbol{r}' \tag{2}$$

で計算される.

$\varphi_1, \varphi_2, \cdots$ のときの生成・消滅演算子を $a_\mu{}^*, a_\mu$ と表し, $\chi_1, \chi_2, \cdots$ に対する生成・消滅演算子を $b_\xi{}^*, b_\xi$ とする. これらの関係を見るには, 生成演算子で考えるとわかりやすいであろう. $b_\xi{}^*$ を作用させるということは, スレイター行列式もしくはパーマネントに関数 χ_ξ をつけ加えることであった. ところが, χ_ξ は (1) 式で与えられるから

$$b_\xi{}^* = \sum_\mu \langle\varphi_\mu|\chi_\xi\rangle a_\mu{}^* \tag{3}$$

となることがわかる.

次に, この式の両辺に $\chi_\xi{}^*(\boldsymbol{r})$ を掛けて ξ について和をとれば

$$\sum_\xi \chi_\xi{}^*(\boldsymbol{r})\, b_\xi{}^* = \sum_\xi\sum_\mu \int \varphi_\mu{}^*(\boldsymbol{r}') \chi_\xi(\boldsymbol{r}')\, d\boldsymbol{r}'\ \chi_\xi{}^*(\boldsymbol{r})\, a_\mu{}^*$$
$$= \sum_\mu \int \varphi_\mu{}^*(\boldsymbol{r}') \{\sum_\xi \chi_\xi{}^*(\boldsymbol{r}) \chi_\xi(\boldsymbol{r}')\}\, d\boldsymbol{r}'\ a_\mu{}^*$$

となるが，{　}内の式は（I）巻の§6.3（22）式により $\delta(\boldsymbol{r}'-\boldsymbol{r})$ に等しいから，（I）巻の§3.7（12a）式により積分は $\varphi_\mu{}^*(\boldsymbol{r})$ になる．ゆえに

$$\sum_\xi \chi_\xi{}^*(\boldsymbol{r})\,b_\xi{}^* = \sum_\mu \varphi_\mu{}^*(\boldsymbol{r})\,a_\mu{}^* \equiv \boldsymbol{\varphi}^*(\boldsymbol{r}) \tag{4a}$$

を得る．消滅演算子は，これの複素共役（演算子の部分は転置共役（＝アジョイント）にし，$a_\mu{}^*, b_\xi{}^*$ はそれぞれ a_μ, b_ξ のアジョイントである）として

$$\sum_\xi \chi_\xi(\boldsymbol{r})\,b_\xi = \sum_\mu \varphi_\mu(\boldsymbol{r})\,a_\mu \equiv \boldsymbol{\varphi}(\boldsymbol{r}) \tag{4b}$$

が得られる．これらの式は，どのような完全直交関数系をもとにして $\boldsymbol{\varphi}^*(\boldsymbol{r})$, $\boldsymbol{\varphi}(\boldsymbol{r})$ を定義しても同じものが得られることを示している．つまり，これらの演算子はもとになる関数系とは独立な，もっと一般的なものなのである．

さて，太い文字で表した $\boldsymbol{\varphi}(\boldsymbol{r})$ と $\boldsymbol{\varphi}^*(\boldsymbol{r})$ はただの関数ではなくて演算子であるから，c-数のように可換ではない．それらがどのような交換関係に従うかということは，はなはだ重要である．$\boldsymbol{\varphi}^*(\boldsymbol{r}), \boldsymbol{\varphi}(\boldsymbol{r})$ の交換関係は，$a_\mu{}^*, a_\nu$ の交換関係を使って簡単に求められる．フェルミ粒子の場合を上側，ボース粒子の場合を下側の符号で示すことに約束して，複号を用いて統一的に書くことにすると，たとえば

$$\begin{aligned}\boldsymbol{\varphi}(\boldsymbol{r}')\,\boldsymbol{\varphi}^*(\boldsymbol{r}) \pm \boldsymbol{\varphi}^*(\boldsymbol{r})\,\boldsymbol{\varphi}(\boldsymbol{r}') &= \sum_\mu\sum_\nu \varphi_\mu{}^*(\boldsymbol{r})\,\varphi_\nu(\boldsymbol{r}')\,(a_\nu a_\mu{}^* \pm a_\mu{}^* a_\nu) \\ &= \sum_\mu\sum_\nu \varphi_\mu{}^*(\boldsymbol{r})\,\varphi_\nu(\boldsymbol{r}')\,\delta_{\mu\nu}\end{aligned}$$

であるが，ここで完全正規直交関数系について成り立つ関係式（(I）巻の§6.3（22）式）を用いると，最後の和は $\delta(\boldsymbol{r}-\boldsymbol{r}')$ に等しいから，結局

$$\boldsymbol{\varphi}(\boldsymbol{r}')\,\boldsymbol{\varphi}^*(\boldsymbol{r}) \pm \boldsymbol{\varphi}^*(\boldsymbol{r})\,\boldsymbol{\varphi}(\boldsymbol{r}') = \delta(\boldsymbol{r}-\boldsymbol{r}') \tag{5a}$$

を得る．同様にして

$$\boldsymbol{\varphi}(\boldsymbol{r}')\,\boldsymbol{\varphi}(\boldsymbol{r}) \pm \boldsymbol{\varphi}(\boldsymbol{r})\,\boldsymbol{\varphi}(\boldsymbol{r}') = \boldsymbol{\varphi}^*(\boldsymbol{r}')\,\boldsymbol{\varphi}^*(\boldsymbol{r}) \pm \boldsymbol{\varphi}^*(\boldsymbol{r})\,\boldsymbol{\varphi}^*(\boldsymbol{r}') = 0 \tag{5b}$$

も得られる．これらは，

$$[\boldsymbol{\varphi}(\boldsymbol{r}'), \boldsymbol{\varphi}^*(\boldsymbol{r})]_\pm = \delta(\boldsymbol{r}-\boldsymbol{r}') \tag{5a$'$}$$

$$[\boldsymbol{\varphi}(\boldsymbol{r}'), \boldsymbol{\varphi}(\boldsymbol{r})]_\pm = [\boldsymbol{\varphi}^*(\boldsymbol{r}'), \boldsymbol{\varphi}^*(\boldsymbol{r})]_\pm = 0 \tag{5b$'$}$$

とも書かれる．これらの（反）交換関係は，非常に重要である．

さて，以上の議論ではシュレーディンガー表示（(I) 巻の§6.9を参照）で考えてきたのであるが，場の量子論という立場で後述の光子（第13章）などと統一的に考えるためには，ハイゼンベルク表示で扱った方が好都合の場合も多い．シュレーディンガー表示からハイゼンベルク表示へ移るには，(I) 巻の§6.9で調べたように，すべての演算子を

$$F \longrightarrow e^{i\mathscr{H}t/\hbar}Fe^{-i\mathscr{H}t/\hbar} \equiv F(t) \tag{6}$$

とすればよい．$\mathscr{H}$ は系全体のハミルトニアンである．

場の演算子について $\varphi(\boldsymbol{r},t), \varphi^*(\boldsymbol{r},t)$ と書く代りに $\boldsymbol{\psi}(\boldsymbol{r},t), \boldsymbol{\psi}^*(\boldsymbol{r},t)$ と記すことにすれば

$$\left\{\begin{aligned} \boldsymbol{\psi}(\boldsymbol{r},t) &= \sum_\mu \varphi_\mu(\boldsymbol{r})a_\mu(t) & \text{(7a)} \\ \boldsymbol{\psi}^*(\boldsymbol{r},t) &= \sum_\mu \varphi_\mu{}^*(\boldsymbol{r})a_\mu{}^*(t) & \text{(7b)} \end{aligned}\right.$$

である．一般の1粒子演算子 $F = \sum_j f_j$ は

$$\begin{aligned} e^{i\mathscr{H}t/\hbar}a_\nu{}^*a_\mu e^{-i\mathscr{H}t/\hbar} &= e^{i\mathscr{H}t/\hbar}a_\nu{}^*e^{-i\mathscr{H}t/\hbar}e^{i\mathscr{H}t/\hbar}a_\mu e^{-i\mathscr{H}t/\hbar} \\ &= a_\nu{}^*(t)a_\mu(t) \end{aligned}$$

を用いれば

$$\begin{aligned} F(t) &= \sum_\mu \sum_\nu \langle\varphi_\nu|f|\varphi_\mu\rangle a_\nu{}^*(t)a_\mu(t) \\ &= \sum_\mu \sum_\nu \int \varphi_\nu{}^*(\boldsymbol{r})f\varphi_\mu(\boldsymbol{r})\,d\boldsymbol{r}\ a_\nu{}^*(t)a_\mu(t) \end{aligned}$$

となり，(7a) 式と (7b) 式を使えば

$$F(t) = \int \boldsymbol{\psi}^*(\boldsymbol{r},t)f(\boldsymbol{r},-i\hbar\nabla)\boldsymbol{\psi}(\boldsymbol{r},t)\,d\boldsymbol{r} \tag{8}$$

が得られる．2粒子演算子についても全く同様で，§11.6の (8) 式 (116ページ) に対応して

$$G(t) = \frac{1}{2}\iint \boldsymbol{\psi}^*(\boldsymbol{r}',t)\boldsymbol{\psi}^*(\boldsymbol{r},t)g\,\boldsymbol{\psi}(\boldsymbol{r},t)\boldsymbol{\psi}(\boldsymbol{r}',t)\,d\boldsymbol{r}\,d\boldsymbol{r}' \tag{9}$$

を得る．

粒子の密度は，(8) 式で $f(\boldsymbol{r}, -i\hbar\nabla)$ として $\delta(\boldsymbol{r}-\boldsymbol{r}')$ を用いれば

$$\rho(\boldsymbol{r}') = \boldsymbol{\psi}^*(\boldsymbol{r}', t)\,\boldsymbol{\psi}(\boldsymbol{r}', t) \tag{10}$$

と得られる．

交換関係が次のようになることも全く同様にして証明できる．

$$\boldsymbol{\psi}(\boldsymbol{r}', t)\,\boldsymbol{\psi}^*(\boldsymbol{r}, t) \pm \boldsymbol{\psi}^*(\boldsymbol{r}, t)\,\boldsymbol{\psi}(\boldsymbol{r}', t) = \delta(\boldsymbol{r}-\boldsymbol{r}') \tag{11a}$$

$$\begin{aligned}&\boldsymbol{\psi}(\boldsymbol{r}', t)\,\boldsymbol{\psi}(\boldsymbol{r}, t) \pm \boldsymbol{\psi}(\boldsymbol{r}, t)\,\boldsymbol{\psi}(\boldsymbol{r}', t)\\ &\quad = \boldsymbol{\psi}^*(\boldsymbol{r}', t)\,\boldsymbol{\psi}^*(\boldsymbol{r}, t) \pm \boldsymbol{\psi}^*(\boldsymbol{r}, t)\,\boldsymbol{\psi}^*(\boldsymbol{r}', t) = 0\end{aligned} \tag{11b}$$

§11.8　第二量子化

このように，場の演算子 $\boldsymbol{\varphi}(\boldsymbol{r})$ または $\boldsymbol{\psi}(\boldsymbol{r}, t)$ は，1粒子の波動関数によるのと全く同形の式で，多粒子系に関する物理量の演算子を与える．細字の波動関数の場合には (8) 式や (9) 式は期待値（普通の c - 数）であるが，太字の (8) 式や (9) 式は演算子であるから，測定値と比較すべき値を得るには，もちろん状態ベクトルで両側からはさんで積分しなければならない．しかしこのことは，古典力学の物理量 $\boldsymbol{F}(\boldsymbol{r}, \boldsymbol{p})$ ── この場合は $\boldsymbol{r}$ も $\boldsymbol{p}$ も時間 t の関数 ── において，$\boldsymbol{p}$ を $-i\hbar\nabla$ で置き換えることによって波動力学の演算子 $F(\boldsymbol{r}, -i\hbar\nabla)$ をつくる手続き（量子化）とよく似ている．そこで，1粒子の波動関数 $\varphi(\boldsymbol{r})$ あるいは $\psi(\boldsymbol{r}, t)$ を，改めて演算子 $\boldsymbol{\varphi}(\boldsymbol{r})$ あるいは $\boldsymbol{\psi}(\boldsymbol{r}, t)$ であると考え，それに（反）交換関係 (5a), (5b) 式，あるいは (11a), (11b) 式を課する，という手続きによって多粒子系の演算子を得ることを**第二量子化**とよぶ．

この名称はちょっと誤解を生じやすい．この章でやってきたことは，多粒子系の状態ベクトルを，1粒子波動関数の積を反対称化（スレイター行列式）または対称化（パーマネント）したもので表すことから出発して，それを数表示に移し同時に諸演算子を生成・消滅演算子で表すように書き直し，さらにそれを $\boldsymbol{\varphi}^*, \boldsymbol{\varphi}$ または $\boldsymbol{\psi}^*, \boldsymbol{\psi}$ で書き換えたに過ぎない．(5a), (5b), (11a), (11b) 式といった交換関係は，別に新たに設けたものではない．したがって，

この章でやったことは，いままでの理論の単なる書き直しであって，2度目の量子化をやったわけではない．ではなぜこんなよび方をし，$\boldsymbol{\varphi}$とか$\boldsymbol{\psi}$という文字を使うのだろうか．

光は電磁波であるのに，光子という粒子性をもったものであることは（I）巻の§1.1で触れたとおりである．その手続きは第13章でくわしく述べるが，光子を導き出すだいたいの手順は次のようにして行われる．

電磁場は$\boldsymbol{E}(\boldsymbol{r},t), \boldsymbol{B}(\boldsymbol{r},t)$で表されるが，これらはオブザーバブルである．したがって，粒子系の場合の諸量と同様に，これらを演算子で置き換えることによって古典論から量子論に移行する．このことは，空間のすべての点で電磁場を定めようとすると，どうしても不確定さが避けられない，ということと関連している．とにかく，そのような手続き（量子化）を行うことにより，$\boldsymbol{E}(\boldsymbol{r},t)$も$\boldsymbol{B}(\boldsymbol{r},t)$も演算子に化けることになる．これらの演算子が作用する相手は，電磁場の状態を表す状態ベクトルであり，それは通常どんな光子がいくつずつ存在するか，という数表示で表される．

電子その他の物質粒子についてこれと全く平行な議論を組み立てることができれば，粒子・波動の二重性をもったものとしてのこれら粒子を，同様な性質をもつ光子と全く同様に扱えることになって，理論が統一的になる．

この立場で考えるには，量子化されて演算子となった電磁場$\boldsymbol{E}(\boldsymbol{r},t)$や$\boldsymbol{B}(\boldsymbol{r},t)$がわれわれの$\boldsymbol{\psi}(\boldsymbol{r},t)$に対応するとみなすと都合がよい．量子化された電磁場というのは，一般には多数の光子の集まりであるから，多粒子系がこれに対応する．$\boldsymbol{E}^2$や$\boldsymbol{B}^2$の期待値の大きいところには光子がたくさんくるのと同様に，$\boldsymbol{\psi}^*\boldsymbol{\psi}$は粒子の密度を表す演算子である．

それならば，量子化する前の古典論での$\boldsymbol{E}(\boldsymbol{r},t)$や$\boldsymbol{B}(\boldsymbol{r},t)$に対応する$\psi(\boldsymbol{r},t)$は古典的な波であるということになる．そこで，$\psi(\boldsymbol{r},t)$が従うべき方程式

$$i\hbar\frac{\partial}{\partial t}\psi(\boldsymbol{r},t)=\left\{-\frac{\hbar^2}{2m}\nabla^2+V(\boldsymbol{r})\right\}\psi(\boldsymbol{r},t) \tag{1}$$

も，マクスウェル方程式に対応する波動方程式とみなさねばならぬことになる．(1) 式は古典的な方程式である，といって頑張るのも1つのゆき方であるが，これはすでに $\hbar$ を含む方程式で，1個の粒子を量子論的に扱う式なのだと考え，§11.1以来行ってきた手続きを経ずに，ψ をいきなり量子化する ($\psi \to \boldsymbol{\psi}$ とし，交換関係を設定する) ということにすれば，二度量子化したのと同じことになる．これが**第二量子化**という名称の由来である．

このような考え方では，いろいろな種類の素粒子に対応するそれぞれの場の量というものを考え，その量が満たすべき方程式 ── 光子ならマクスウェル方程式，非相対論的物質粒子なら上記 (1) 式 ── を求め，しかる後にその波動関数を演算子と考え直し，フェルミ粒子かボース粒子かによって異なる交換関係を設けて，その演算子の性質を規定する．これが場の量子論の考え方である．このような扱いは，相対論を考慮に入れるときにその有効性を発揮するのであるが，本書では，いままでのところまだ非相対論的な場合しか扱っていないから，この章では話を非相対論的粒子に限定しておく．

さて，上のような立場では，別種の粒子は別種の場をつくると考えるから，(非相対論的) 電子だけで光子の共存しない系を扱うときには，電子間のクーロン斥力のような力は考えないことにしてよい．クーロン力は，電子同士が光子のやりとりをすることで生じる力，という形にして論ずることができるからである．それ以外は考えることとし，そのポテンシャルを $V(\boldsymbol{r})$ とする．そうすると，多粒子系といっても相互作用のない多粒子系だから，1粒子の場合のシュレーディンガー方程式

$$H\varphi_\mu(\boldsymbol{r}) = \left\{-\frac{\hbar^2}{2m}\nabla^2 + V(\boldsymbol{r})\right\}\varphi_\mu(\boldsymbol{r}) = \varepsilon_\mu\varphi_\mu(\boldsymbol{r}) \tag{2}$$

を解いて，固有値 $\varepsilon_1, \varepsilon_2, \varepsilon_3, \cdots$ と固有関数 $\varphi_1(\boldsymbol{r}), \varphi_2(\boldsymbol{r}), \varphi_3(\boldsymbol{r}), \cdots$ を求めればよいことになる．これが求められたとすると，それに対する生成・消滅演算子 $a_\mu{}^*, a_\mu$ を用いて話を進めれば計算がやりやすくて便利である．多粒子に移った場合のハミルトニアンは

$$\mathscr{H} = \sum_\mu \sum_\nu \langle \varphi_\nu | H | \varphi_\mu \rangle a_\nu^* a_\mu = \sum_\mu \sum_\nu \varepsilon_\mu \langle \varphi_\nu | \varphi_\mu \rangle a_\nu^* a_\mu$$
$$= \sum_\mu \varepsilon_\mu a_\mu^* a_\mu \tag{3}$$

であるから，すぐわかるように

$$\mathscr{H} | n_1, n_2, \cdots \rangle = \sum_\mu \varepsilon_\mu n_\mu | n_1, n_2, \cdots \rangle \tag{4}$$

である．ここで，ハイゼンベルク表示へ移ると，

$$\begin{cases} a_\mu(t) = \mathrm{e}^{i\mathscr{H}t/\hbar} a_\mu \mathrm{e}^{-i\mathscr{H}t/\hbar} & \text{(5a)} \\ a_\mu^*(t) = \mathrm{e}^{i\mathscr{H}t/\hbar} a_\mu^* \mathrm{e}^{-i\mathscr{H}t/\hbar} & \text{(5b)} \end{cases}$$

において，

$$\mathscr{H} = \varepsilon_1 a_1^* a_1 + \varepsilon_2 a_2^* a_2 + \varepsilon_3 a_3^* a_3 + \cdots$$

の右辺の各項は互いに交換するから*，$\mathrm{e}^{\pm i\mathscr{H}t/\hbar}$ を普通の数のときと同様に $\mathrm{e}^{A+B+C+\cdots} = \mathrm{e}^A \mathrm{e}^B \mathrm{e}^C \cdots$ のように変形してもよく，しかもこれら $\mathrm{e}^A, \mathrm{e}^B, \cdots$ の掛算の順序も勝手に交換できる．そうすると，$\mu \neq \nu$ のとき $[a_\mu, a_\nu^* a_\nu]_- = [a_\mu^*, a_\nu^* a_\nu]_- = 0$ であるから**，(5a) 式と (5b) 式の右辺の指数で番号が μ と異なるものは全部 a_μ または a_μ^* と入れ換え，$\mathrm{e}^A \mathrm{e}^{-A} = 1$ によって消してしまうことができる．結局，たとえば (5a) 式は

$$a_\mu(t) = \exp\left(\frac{i\varepsilon_\mu a_\mu^* a_\mu t}{\hbar}\right) a_\mu \exp\left(-\frac{i\varepsilon_\mu a_\mu^* a_\mu t}{\hbar}\right)$$

となる．この演算子を勝手な $|n_1, n_2, \cdots, n_\mu, \cdots\rangle$ に作用させてみると

$$\exp\left(\frac{i\varepsilon_\mu a_\mu^* a_\mu t}{\hbar}\right) a_\mu \exp\left(-\frac{i\varepsilon_\mu a_\mu^* a_\mu t}{\hbar}\right) | n_1, n_2, \cdots, n_\mu, \cdots \rangle$$
$$= \exp\left(\frac{i\varepsilon_\mu a_\mu^* a_\mu t}{\hbar}\right) a_\mu \exp\left(-\frac{i\varepsilon_\mu n_\mu t}{\hbar}\right) | n_1, n_2, \cdots, n_\mu, \cdots \rangle$$
$$= \pm \exp\left(\frac{i\varepsilon_\mu a_\mu^* a_\mu t}{\hbar}\right) \sqrt{n_\mu} \exp\left(-\frac{i\varepsilon_\mu n_\mu t}{\hbar}\right) | n_1, n_2, \cdots, n_\mu - 1, \cdots \rangle$$

---

* $\mu \neq \nu$ とすると，フェルミ粒子の場合を複号の上側，ボース粒子の場合を下側として，$a_\mu^* a_\mu a_\nu^* a_\nu = \mp a_\mu^* a_\nu^* a_\mu a_\nu = a_\nu^* a_\mu^* a_\mu a_\nu = \mp a_\nu^* a_\mu^* a_\nu a_\mu = a_\nu^* a_\nu a_\mu^* a_\mu$.

** 上と全く同様にやればよい．

$$= \pm\sqrt{n_\mu}\,\exp\left(-\frac{i\varepsilon_\mu n_\mu t}{\hbar}\right)\exp\left(\frac{i\varepsilon_\mu a_\mu{}^* a_\mu t}{\hbar}\right)|n_1, n_2, \cdots, n_\mu - 1, \cdots\rangle$$

$$= \pm\sqrt{n_\mu}\,\exp\left(-\frac{i\varepsilon_\mu n_\mu t}{\hbar}\right)\exp\left\{\frac{i\varepsilon_\mu (n_\mu - 1)t}{\hbar}\right\}|n_1, n_2, \cdots, n_\mu - 1, \cdots\rangle$$

$$= \pm\exp\left(-\frac{i\varepsilon_\mu t}{\hbar}\right)\sqrt{n_\mu}\,|n_1, n_2, \cdots, n_\mu - 1, \cdots\rangle$$

となるから（$\pm$ は97ページの§11.2（7a）式と同様）

$$a_\mu(t) = \mathrm{e}^{-i\varepsilon_\mu t/\hbar} a_\mu \tag{6a}$$

であることがわかる．全く同様にして

$$a_\mu{}^*(t) = \mathrm{e}^{i\varepsilon_\mu t/\hbar} a_\mu{}^* \tag{6b}$$

が得られる．この（6a），(6b) 式を用いれば，$\boldsymbol{\psi}(\boldsymbol{r}, t), \boldsymbol{\psi}^*(\boldsymbol{r}, t)$ は

$$\begin{cases} \boldsymbol{\psi}(\boldsymbol{r}, t) = \sum\limits_\mu \varphi_\mu(\boldsymbol{r})\, a_\mu(t) = \sum\limits_\mu \varphi_\mu(\boldsymbol{r})\,\mathrm{e}^{-i\varepsilon_\mu t/\hbar} a_\mu & \text{(7a)} \\ \boldsymbol{\psi}^*(\boldsymbol{r}, t) = \sum\limits_\mu \varphi_\mu{}^*(\boldsymbol{r})\, a_\mu{}^*(t) = \sum\limits_\mu \varphi_\mu{}^*(\boldsymbol{r})\,\mathrm{e}^{+i\varepsilon_\mu t/\hbar} a_\mu{}^* & \text{(7b)} \end{cases}$$

となる．

これを用いて $\boldsymbol{\psi}(\boldsymbol{r}, t)$ の運動方程式を導いてみよう．この（7a）式を t で微分して $i\hbar$ を掛けると，

$$i\hbar\frac{\partial}{\partial t}\boldsymbol{\psi}(\boldsymbol{r}, t) = \sum_\mu \varepsilon_\mu\,\varphi_\mu(\boldsymbol{r})\,\mathrm{e}^{-i\varepsilon_\mu t/\hbar} a_\mu$$

となる．ところが，$\varphi_\mu(\boldsymbol{r})$ は（2）式を満たすから

$$i\hbar\frac{\partial}{\partial t}\boldsymbol{\psi}(\boldsymbol{r}, t) = \sum_\mu\left\{-\frac{\hbar^2}{2m}\nabla^2 + V(\boldsymbol{r})\right\}\varphi_\mu\,\mathrm{e}^{-i\varepsilon_\mu t/\hbar} a_\mu$$
$$= \left\{-\frac{\hbar^2}{2m}\nabla^2 + V(\boldsymbol{r})\right\}\sum_\mu \varphi_\mu\,\mathrm{e}^{-i\varepsilon_\mu t/\hbar} a_\mu$$

すなわち

$$i\hbar\frac{\partial}{\partial t}\boldsymbol{\psi}(\boldsymbol{r}, t) = \left\{-\frac{\hbar^2}{2m}\nabla^2 + V(\boldsymbol{r})\right\}\boldsymbol{\psi}(\boldsymbol{r}, t) \tag{8}$$

が得られた．これは，外力のポテンシャル $V(\boldsymbol{r})$ の中で運動する1個の粒子の時間を含むシュレーディンガー方程式（1）と全く同形であって，ψ が太文

字 $\boldsymbol{\psi}$ に変わっているだけである．

したがって，1粒子の場合の方程式（1）が与えられたら，何も考えずにいきなり波動関数 ψ を場の演算子 $\boldsymbol{\psi}$ にすり換え，粒子がフェルミ粒子かボース粒子かによって，§11.7 (11a), (11b) 式の複号の上か下かの交換関係を課しさえすれば，多粒子系の演算子が得られるのである．これが，われわれの非相対論的粒子の第二量子化である．

電子のようにスピン1/2のフェルミ粒子では，§11.6の［例題］で行ったように，$\boldsymbol{\psi}_\uparrow(\boldsymbol{r},t)$ と $\boldsymbol{\psi}_\downarrow(\boldsymbol{r},t)$ を別々に定義すればよい．しかし，もっと正確な理論は次の章で論じるディラックの理論をもとにして組立てねばならない．

［**例題**］ハイゼンベルクの運動方程式（(I) 巻の§6.10（2）式）を用いて，$\boldsymbol{\psi}(\boldsymbol{r},t)$ の運動方程式（8）を導いてみよ．

［**解**］
$$i\hbar\frac{d}{dt}\psi(\boldsymbol{r},t)=\psi(\boldsymbol{r},t)\mathcal{H}-\mathcal{H}\psi(\boldsymbol{r},t)$$
において，左辺の t に関する微分は，$\boldsymbol{r}$ と t がいまは独立な変数なのであるから，$\partial/\partial t$ と記した方がよい．右辺には（7a）式および $\mathcal{H}=\sum_\nu \varepsilon_\nu a_\nu{}^* a_\nu$ を代入すると，
$$i\hbar\frac{\partial}{\partial t}\psi(\boldsymbol{r},t)=\sum_\mu\sum_\nu \varepsilon_\nu\,\varphi_\mu(\boldsymbol{r})\,\mathrm{e}^{-i\varepsilon_\mu t/\hbar}(a_\mu a_\nu{}^* a_\nu - a_\nu{}^* a_\nu a_\mu)$$
となるが，$\mu \neq \nu$ のときはフェルミ粒子，ボース粒子どちらの場合にも右辺のカッコ内は0になる．$\mu=\nu$ のときは，フェルミ粒子なら，$n_\mu=1,0$ であるから $a_\mu{}^* a_\mu a_\mu=0$ であり，$a_\mu a_\mu{}^* a_\mu = a_\mu n_\mu$ は $n_\mu=1,0$ のどちらについても a_μ そのものに等しい．

ボース粒子ならば，$a_\mu a_\mu{}^* - a_\mu{}^* a_\mu = 1$ を用いれば
$$a_\mu a_\mu{}^* a_\mu - a_\mu{}^* a_\mu a_\mu = (a_\mu a_\mu{}^* - a_\mu{}^* a_\mu)a_\mu = a_\mu$$
ゆえに，どちらの場合にも
$$i\hbar\frac{\partial}{\partial t}\psi(\boldsymbol{r},t)=\sum_\mu \varepsilon_\mu\,\varphi_\mu(\boldsymbol{r})\,\mathrm{e}^{-i\varepsilon_\mu t/\hbar}a_\mu$$
となる．以下は本文と同じ手続きで（8）式を得る．

§11.9　フォノン

場の量子化とは少し違うけれども，似たような議論のできる1つの例として**フォノン**を考えよう．

よく知られているように，固体の結晶はたくさんの原子が規則正しく並んで構成されている．並んでいるとはいっても，静止しているのではなく，つり合いの位置の付近で不規則な振動をしているのであって，この運動を熱振動とか熱運動などとよんでいる．このような振動だけを扱う限り，原子の内部自由度は無視してよく，原子を1個の質点のように考えることが許される．

3次元的な固体を考えるのは面倒なことがいろいろ多いので，ここではたくさんの球をばねでつないだ，11-4図のような1次元の鎖を考えることにする．簡単のため，球の質量はすべてMであるとし，ばねの長さや強さも全部等しいものとする．つり合って静止しているときの隣り合う球の中心間の距離をlとする．ここでは球の運動は鎖の長さの方向にのみ動くものと限定する．

11-4 図 固体結晶の1次元モデルとしてばねでつないだ球の鎖を考える．

球に左から順に番号をつけ$1, 2, 3, \cdots, N$とする．さらに両端の扱いを簡単にするため，§11.1で行ったのと同様の周期的境界条件を設けることにする．つまり，鎖を丸めて両端をつないで，首飾りのようにしたと考えるのである．

n番目の球の，つり合いの位置からの変位をX_nとすると，ばねの定数をKとして，n番目の球の運動方程式は

$$M\frac{d^2X_n}{dt^2} = K(X_{n+1} - X_n) - K(X_n - X_{n-1})$$

すなわち

$$M\frac{d^2X_n}{dt^2} = -K(2X_n - X_{n+1} - X_{n-1}) \qquad (n = 1, 2, \cdots, N) \qquad (1)$$

となる．このN個の方程式を連立させて解けばよいのであるが，それには次のように考えればよい．

横軸上に等間隔lで$n = 1, 2, \cdots, N$を目盛り，縦軸に$X_n(t)$をとったとすると，われわれの縦波を横波に直したグラフができるが，この横軸をx軸と

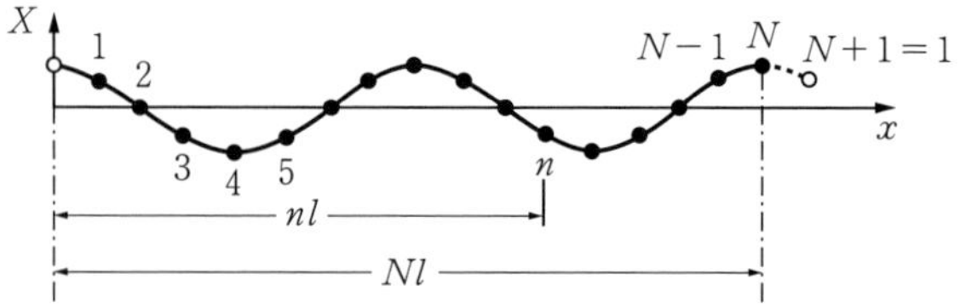

11-5 図　球の変位はこのような波の重ね合せで表される．この図は縦波を横波に直したものである．

して X を x の関数のようにみなすと，$X_n(t) = X(nl, t)$ と考えることができる．この $X(x, t)$ は $Nl \equiv L$ を周期とする $-\infty < x < \infty$ で定義された関数のうちの長さ $Nl = L$ の部分であるから，（I）巻の§3.2 のように複素数の指数関数で展開できる（(I) 巻の§3.2 の $2l$ の代りに $L = Nl$ を入れる必要がある）．

$$X(x, t) = \sum_{j=-\infty}^{\infty} c_j(t)\,\mathrm{e}^{ik_j x} \tag{2}$$

$$\text{ただし}\qquad k_j = \frac{2\pi}{L}j \tag{2a}$$

ここで，$X(x, t)$ は仮想的な連続関数で，意味のあるのは途中のとびとびの $X_1, X_2, \cdots, X_N$ だけである，ということを考慮に入れると，むやみに値の大きい k_j は波長の短い波に対応するので，$X(x)$ の細かいギザギザを記述するだけで X_n に対しては意味がない．それで，N を偶数として，k_j の j としては

$$-\frac{N}{2} + 1 \leqq j \leqq \frac{N}{2} \qquad \left(k = \frac{2\pi}{Nl}j\right) \tag{3}$$

という N 個だけをとれば十分なのである．そこで，以下では，k としては (3) 式の値に対する N 個の値だけを考えることにする．そうすると

$$X_n \propto \sum_k q_k \mathrm{e}^{iknl}$$

とおけることがわかるのであるが，X_n は実数なので，各 k について複素共役といっしょにした

$$X_n(t) = \sqrt{\frac{1}{2N}} \sum_k (q_k \mathrm{e}^{iknl} + q_k{}^* \mathrm{e}^{-iknl}) \tag{4}$$

という式を用いると，各 k ごとに複素数 $q_k(t)$ を勝手に選んでも，$X_n(t)$ が実数でなくなる心配は不要になる．

この (4) 式を (1) 式に代入すれば

$$\sum_k \left\{\frac{d^2 q_k}{dt^2}\mathrm{e}^{iknl} + \frac{d^2 q_k{}^*}{dt^2}\mathrm{e}^{-iknl}\right\} = -\sum_k \omega_k{}^2 (q_k \mathrm{e}^{iknl} + q_k{}^* \mathrm{e}^{-iknl})$$

が得られる．ただし

$$\omega_k = \sqrt{\frac{2K}{M}(1-\cos kl)} \tag{5}$$

である．ゆえに，$q_k(t)$ は $d^2 q_k/dt^2 = -\omega_k{}^2 q_k$ の解であればよいことがわかる．

$|q_k|$ と α_k を積分定数として

$$q_k = |q_k| \exp(-i\omega_k t + i\alpha_k) \tag{6}$$

ととることにしよう．そうすると，(4) 式から

$$X_n(t) = \sqrt{\frac{2}{N}} \sum_k |q_k| \cos(knl - \omega_k t + \alpha_k) \tag{7}$$

が得られるが，この式は $X_n(t)$ が波長 $2\pi/|k|$，振動数 $\omega_k/2\pi$ で k の符号の方向に進む進行波の重ね合せで表されることを示している．$|q_k|$ は成分進行波の振幅，α_k は位相をきめる定数である．

(4) 式と (6) 式の 2 式から

$$\frac{dX_n(t)}{dt} = -i\sqrt{\frac{1}{2N}} \sum_k \omega_k (q_k \mathrm{e}^{iknl} - q_k{}^* \mathrm{e}^{-iknl}) \tag{8}$$

はただちに得られる．

(2a) 式を満たす k と k' に対して

$$\sum_{n=1}^{N} \mathrm{e}^{i(k+k')nl} = \begin{cases} N & (k+k'=0 \quad \text{のとき}) \\ 0 & (k+k' \neq 0 \quad \text{のとき}) \end{cases} \tag{9}$$

となることは，等比級数の和を計算すれば容易に確かめられる．これを用いると，(4)，(8) 式から

$$\sum_n X_n{}^2 = \sum_k \left\{q_k{}^* q_k + \frac{1}{2}(q_k q_{-k} + q_k{}^* q_{-k}{}^*)\right\} \tag{10a}$$

$$\sum_n \frac{dX_n^2}{dt} = \sum_k \omega_k^2 \left\{ q_k^* q_k - \frac{1}{2}(q_k q_{-k} + q_k^* q_{-k}^*) \right\} \tag{10b}$$

$$\sum_n X_n X_{n+1} = \sum_k \left\{ q_k^* q_k + \frac{1}{2}(q_k q_{-k} + q_k^* q_{-k}^*) \right\} \cos kl \tag{10c}$$

を導くことは困難ではない（読者みずから検証のこと）.

ところで，外力がなく，ばねの力で球が振動しているとき，この系のエネルギーは

$$\begin{aligned}\mathcal{H}_{\text{cl}} &= \frac{1}{2}M\sum_n \frac{dX_n^2}{dt} + \frac{1}{2}K\sum_n (X_{n+1} - X_n)^2 \\ &= \frac{1}{2}M\sum_n \frac{dX_n^2}{dt} + K\sum_n (X_n^2 - X_n X_{n+1})\end{aligned}$$

で与えられる．ただし，$\sum_n X_{n+1}^2 = \sum_n X_n^2$ を用いた（$X_{N+1} = X_1$）．これに上記の（10a）～（10c）式を代入すれば

$$\mathcal{H}_{\text{c1}} = \sum_k M\omega_k^2 q_k^* q_k \tag{11}$$

となることは，（5）式を用いればすぐわかる．

q_k は複素数であるが，実数の $Q_k(t)$ を

$$Q_k = \frac{1}{\sqrt{2}}(q_k + q_k^*) \tag{12}$$

で定義すれば，これは（6）式によって

$$Q_k = \sqrt{2}\,|q_k| \cos(\omega_k t - \alpha_k) \tag{12$'$}$$

という単振動を行う変数である．t で微分すれば

$$\frac{dQ_k}{dt} = \frac{-1}{\sqrt{2}} i\omega_k (q_k - q_k^*) \tag{13}$$

となるから，（12）式と（13）式の2乗をつくってみれば

$$2\omega_k^2 q_k^* q_k = \frac{dQ_k^2}{dt} + \omega_k^2 Q_k^2$$

がただちに得られる．これを（11）式に入れれば，

$$\mathcal{H}_{\text{c1}} = \sum_k M\omega_k^2 q_k^* q_k = \sum_k \left(\frac{M}{2}\frac{dQ_k^2}{dt} + \frac{1}{2}M\omega_k^2 Q_k^2 \right) \tag{14}$$

が得られる.

このようにして，N 個の $X_1, X_2, \cdots, X_N$ で記述されるわれわれの系の運動は，(12)′ 式のような N 個の単振動の振幅と位相が与えられさえすれば，(7) 式によって完全にきまることがわかった．そして系のエネルギーは，単振動のエネルギーの和として (14) 式によって求められる.

さて，(14) 式は古典的なハミルトニアンであるが，ハミルトニアンとよぶからには dQ_k/dt ではなく $P_k = M(dQ_k/dt)$ で表さねばならないから, 正しくは

$$\mathscr{H}_{\mathrm{cl}} = \sum_k \left(\frac{1}{2M} {P_k}^2 + \frac{1}{2} M {\omega_k}^2 {Q_k}^2 \right) \tag{15}$$

と書くべきである．これで量子論へ移行する準備が完了した.

(15) 式は，自由度 N のわれわれの連成振動系を，N 個の一般化座標 Q_k と，それに共役な運動量 P_k で記述した場合の，エネルギーを表すハミルトニアンである．Q_k の意味を知るには，ある 1 つの k に対してだけ $Q_k \neq 0$ で, 他のすべての Q_k が 0 であるときを考えればよい．その k に対する $|q_k|$ だけが $\neq 0$ で，他の $|q_k|$ は全部 0 となるから，(7) 式によって，これはただ 1 つの進行波だけが起きている場合であることがすぐわかる.

量子論へ移るには

$$P_k \longrightarrow -i\hbar \frac{\partial}{\partial Q_K} \tag{16}$$

という置き換えをすればよい．ハミルトニアンは

$$\mathscr{H} = \sum_k \left(-\frac{\hbar^2}{2M} \frac{\partial^2}{\partial {Q_k}^2} + \frac{1}{2} M {\omega_k}^2 {Q_k}^2 \right) \tag{17}$$

という演算子になる．これの固有関数は N 個の 1 次元調和振動子の固有関数（(I) 巻の§2.6 (24a) 式で $x \to Q_k$, $m \to M$, $\omega \to \omega_k$, $n \to n_k$ としたもの）の積であり，固有値は

$$E = \sum_k \left(n_k + \frac{1}{2} \right) \hbar\omega_k = (\text{定数}) + \sum_k n_k \hbar\omega_k \qquad (n_k = 0, 1, 2, 3, \cdots) \tag{18}$$

で与えられる．n_kは，kで指定されるような波の起こり具合を指定すると考えられ，それが大きいほど（古典的にいえば）振幅の大きい波になっているわけである．振動のエネルギーが間隔$\hbar\omega_k$のとびとびの値をとるのは，量子論の特徴的な結果である．

さて，このようにn_kを波の起こり具合を示す数と考える代りに，波を粒子的なものと解釈し，1個のエネルギーが$\hbar\omega_k$であるような**フォノン**がn_k個できていると考えることもできる．フォノンという名は，固体内の原子の振動による波のうち，波長の長い縦波が音波であるからという理由で，光の量子のフォトンにならってつけられた名である．しかしこれは，光子や電子のように，空間$\boldsymbol{r}$と時間tの関数としての場を量子化して導かれる素粒子ではなく，原子集合系に起きる振動という**励起**が，ある意味で粒子的であるということに過ぎない．このような粒子的なものを**準粒子**と総称しているが，フォノンもその1つである．準粒子は，励起のいわば単位のようなものとも考えられるので，**素励起**とよばれることもある．準粒子あるいは素励起の他の例は§11.5にあげておいた．

さて，1次元調和振動子では，(I) 巻の§2.6 (27a)，(27b) 式で定義されたような演算子を用いると便利である．われわれの記号で記すならば

$$\begin{cases} a_k{}^* = \sqrt{\dfrac{M\omega_k}{2\hbar}}\left(Q_k - \dfrac{i}{M\omega_k}P_k\right) & \text{(19a)} \\ a_k = \sqrt{\dfrac{M\omega_k}{2\hbar}}\left(Q_k + \dfrac{i}{M\omega_k}P_k\right) & \text{(19b)} \end{cases}$$

である．この$a_k{}^*$とa_kは，振動の量子数n_kを1だけ上げたり下げたりするはたらきがある（(I) 巻の§2.6 (28) 式）．そして，同じく§2.6 (30) 式が示すように

$$a_k a_k{}^* - a_k{}^* a_k = 1 \tag{20}$$

という交換関係を満たしている．kの異なる(Q_k, P_k)は変数として独立だから，互いに交換する．したがって

$$\begin{cases} a_k a_{k'}{}^* - a_{k'}{}^* a_k = \delta_{kk'} & \text{(21 a)} \\ a_k a_{k'} - a_{k'} a_k = a_k{}^* a_{k'}{}^* - a_{k'}{}^* a_k{}^* = 0 & \text{(21 b)} \end{cases}$$

となることがすぐわかる．これはボース粒子の生成・消滅演算子の交換則に他ならない．

エネルギーが（18）式で与えられるような状態というのは，フォノンの数表示を用いて $|n_{k1}, n_{k2}, \cdots, n_k, \cdots\rangle$ と表されるべき状態であるが，§11.4 の 107〜108 ページの諸式を用いれば

$$a_k{}^*|\cdots, n_k, \cdots\rangle = \sqrt{n_k + 1}\,|\cdots, n_k + 1, \cdots\rangle \tag{22a}$$

$$a_k|\cdots, n_k, \cdots\rangle = \sqrt{n_k}\,|\cdots, n_k - 1, \cdots\rangle \tag{22b}$$

$$a_k{}^* a_k|\cdots, n_k, \cdots\rangle = n_k|\cdots, n_k, \cdots\rangle \tag{22c}$$

であり，特にハミルトニアンについては

$$\mathscr{H} = \sum_k \hbar\omega_k \left(a_k{}^* a_k + \frac{1}{2}\right) \tag{23}$$

となる．このように，フォノンはボース粒子的な準粒子であることがわかる．

また，（19a），（19b）式から得られる

$$Q_k = \sqrt{\frac{\hbar}{2M\omega_k}}\,(a_k + a_k{}^*) \tag{24}$$

と（12）式とを比べてみると*，

$$\sqrt{\frac{\hbar}{M\omega_k}}\,a_k(t) \longleftrightarrow q_k(t)$$

のように対応していることがわかるから，（4）式の q_k，$q_k{}^*$ を $a_k(t)$，$a_k{}^*(t)$ で表すと，演算子としての X_n の式

$$X_n(t) = \sqrt{\frac{1}{2N}}\sum_k \sqrt{\frac{\hbar}{M\omega_k}}\{a_k(t)\,\mathrm{e}^{iknl} + a_k{}^*(t)\,\mathrm{e}^{-iknl}\} \tag{25}$$

が得られる．

---

*　古典論では諸量を t の関数と考えているから，対応を完全にするためにはハイゼンベルク表示に移った方がよい．ハイゼンベルク表示にしたことを示すために，演算子の後に (t) をつけることにする．

12

相対論的電子論

いままで学んできた量子力学は相対性理論の要求を満たしていないので，光速に近いような高速度の電子に対しては適用できない．本章では，ディラックがつくり上げた，相対論の要求を満たす波動方程式について学ぶ．はじめに§12.1で特殊相対性理論の簡単な復習をし，続いて§12.2で電子には適用できないが別の意味で重要な相対論的波動方程式 — クライン - ゴルドン方程式 — を調べる．§12.3からいよいよディラック方程式が登場し，スピンが自動的に導かれること，負エネルギー状態という奇妙な状態が存在すること，などがわかる．陽電子については§12.6で学んで，対消滅や対生成の意味が明らかになる．§12.7では電磁場との相互作用を調べ，スピンにともなう磁気モーメント，スピン軌道相互作用がディラック理論から自然に導かれることを説明する．

§12.1　ローレンツ変換

相対論的な量子論に入る前に，ローレンツ変換について復習しておくことにしよう．

ニュートン力学では，(力) = (質量) × (加速度) という運動法則の成立する座標系を**慣性系**または惰性系といい，互いに等速度運動を行う座標系では

$$\boldsymbol{r}' = \boldsymbol{r} + \boldsymbol{V}t, \qquad \therefore \quad \frac{d^2\boldsymbol{r}'}{dt^2} = \frac{d^2\boldsymbol{r}}{dt^2}$$

となって，加速度が共通であるから，一方が慣性系なら他方も慣性系となり，相対的には全く同格である．したがって，力学的に“絶対静止系”を定める

ことは不可能である．

それならば，真空中を伝わる光の速度を測ることによって，すべての方向に同じ速さで光が伝わる系として，絶対静止系を求めることができるのではあるまいか．あるいは，方向による光速の違いから，絶対静止系に対する運動を知りうるのではないか，という疑問が当然生じる．ところが，マイケルソンとモーリーの実験をはじめとする種々の試みの結果は，これに対し否定的であって，どの慣性系においても，光の速度はすべての方向に一様で一定の値（$c = 2.99792458 \times 10^8$ m/s）をとることがわかった．

この問題を解決したのがアインシュタインの**特殊相対性理論**である．彼は，絶対静止系という特権をもった座標系の存在を否定し，光（電磁波）の性質をきめるマクスウェル方程式も，力学の法則も，その他すべての自然法則は，互いに等速度運動をしている座標系に対しては全く同じ形になるべきであるとした．そして，それまでの時間と空間の概念を再検討し，時間をすべての座標系に共通にとれるという考えを捨て，光速不変の原理を基礎とするように理論を組み立てた．

2つの座標系 A, B があるとき，ある事象の起こった場所と時刻を，A 系では x, y, z, t と観測し，B 系では x', y', z', t' と観測したとする．t と t' とが一般には等しくないとした点が新しい立場なのである．A 系と B 系の関係が 12-1 図のようになっている場合を考え，A 系に対する B 系の相対速度を x 方向に u（一定）であるとし，O と O′ が一致したときを $t = t' = 0$ に選ぶことにする．

いま，点 P である瞬間に起こった出来事の位置と時刻を，A 系では x, y, z, t と記録し，B 系では x', y', z', t' と記録したものとする．

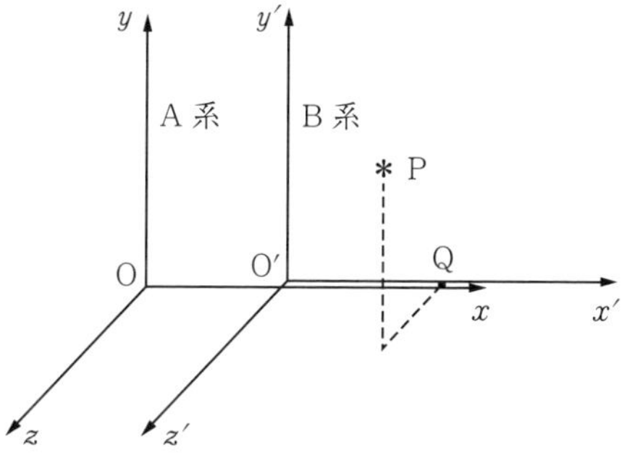

12-1 図　A 系から見て，B 系は右向きに一様な速さ u で動いている．

両系が同格であることから，

$$y = y', \quad z = z'$$

となる．Q の位置を A 系では $\mathrm{OQ} = x$，B 系では $\mathrm{O'Q} = x'$ と観測するわけである．

さて，B 系で x' となる O′Q を A 系ではどう観測するかというと，A 系に対して動いている O′ の位置は ut で与えられるから，

$$\mathrm{O'Q} = x - ut$$

である．これと，等速直線運動はどちらから見ても等速直線運動であるから，変換が 1 次変換でなければならない，ということを使うと

$$x' = \gamma(x - ut) \tag{1}$$

とおかなければならないことがわかる．左辺は O′Q をそれに対し静止している系（B 系）から見たときの長さ，右辺の（　）内は相対速度 $-u$ で動いている系（A 系）から見たときの長さである．

同様のことを OQ に対して行うと，同じ γ を用いて

$$x = \gamma(x' + ut') \tag{2}$$

が得られる．これらの関係は，A 系と B 系の間では常に成り立つ一般的なものである．

γ をきめるには光速不変の原理を用いる．一般式 (1) と (2) を，$t = t' = 0$ に $\mathrm{O} = \mathrm{O'}$ から出た光が Q に到達したという事象に対して適用する．(1)，(2) 式はこういう特別な場合にも当然適用できるはずのものである．このときには，どちらの系でも光速は c なのだから，$x = ct$，$x' = ct'$ である．これらを (1)，(2) 式に代入すると

$$ct' = \gamma(c - u)t$$

$$ct = \gamma(c + u)t'$$

を得るから，両辺をそれぞれ掛け合わせれば

$$c^2 tt' = \gamma^2 (c^2 - u^2) tt'$$

となり，これからただちに

$$\gamma = \frac{1}{\sqrt{1-\dfrac{u^2}{c^2}}} \tag{3}$$

を得る．これらを (1), (2) 式に入れた式，およびそれらから x または x' を消去して得られる式，および $y=y'$，$z=z'$ を並べて書くと，x, y, z, t から x', y', z', t' を求める式として

$$x' = \frac{x-ut}{\sqrt{1-\dfrac{u^2}{c^2}}}, \qquad y'=y, \qquad z'=z, \qquad t' = \frac{t-\dfrac{u}{c^2}x}{\sqrt{1-\dfrac{u^2}{c^2}}} \tag{4a}$$

その逆の式として

$$x = \frac{x'+ut'}{\sqrt{1-\dfrac{u^2}{c^2}}}, \qquad y=y', \qquad z=z', \qquad t = \frac{t'+\dfrac{u}{c^2}x'}{\sqrt{1-\dfrac{u^2}{c^2}}} \tag{4b}$$

が得られる．この変換を**ローレンツ変換**という．

これらの式は，空間座標と時間とがある意味で同等に混じり合うこと（時間と空間の対称性）を示している．いま，$x=x_1$，$y=x_2$，$z=x_3$，$ct=x_4$ と記すことにし*，

$$\cosh\alpha = \frac{1}{\sqrt{1-\dfrac{u^2}{c^2}}}$$

とおけば**，

$$\sinh\alpha = \sqrt{\cosh^2\alpha - 1} = \frac{\dfrac{u}{c}}{\sqrt{1-\dfrac{u^2}{c^2}}}$$

---

* 添字を上につけて x^1, x^2, x^3, x^4 と記し，下につけたものは別の意味に使う記法もあるから注意してほしい．

** $\cosh\xi = (e^{\xi}+e^{-\xi})/2$，$\sinh\xi = (e^{\xi}-e^{-\xi})/2$，$\tanh\xi = \sinh\xi/\cosh\xi$，$\coth\xi = 1/\tanh\xi$, $\mathrm{sech}\,\xi = 1/\cosh\xi$, $\mathrm{cosech}\,\xi = 1/\sinh\xi$ で定義される関数を双曲線関数と総称する．これらは三角関数に似た性質（$\cosh^2\xi - \sinh^2\xi = 1$ など）をもつ．

であるから，(4a) 式と (4b) 式の最初と最後の式は

$$\left.\begin{aligned} x_1' &= x_1\cosh\alpha - x_4\sinh\alpha \\ x_4' &= -x_1\sinh\alpha + x_4\cosh\alpha \end{aligned}\right\} \tag{5a}$$

および

$$\left.\begin{aligned} x_1 &= x_1'\cosh\alpha + x_4'\sinh\alpha \\ x_4 &= x_1'\sinh\alpha + x_4'\cosh\alpha \end{aligned}\right\} \tag{5b}$$

と書かれる．これは，2 次元空間内で座標軸を回転した場合の変換式とよく似ている．

似てはいるけれども異なるのは，普通の空間（**ユークリッド空間**という）の回転では，ベクトルの長さ（の 2 乗）が不変に保たれるのに，ローレンツ変換 (4a), (4b) 式では

$$x^2 + y^2 + z^2 - c^2t^2 = x'^2 + y'^2 + z'^2 - c^2t'^2 \tag{6a}$$

あるいは

$$x_1{}^2 + x_2{}^2 + x_3{}^2 - x_4{}^2 = x_1'^2 + x_2'^2 + x_3'^2 - x_4'^2 \tag{6b}$$

となって，第 4 成分（時間成分）のところだけ符号が逆になっている点である．(4a) 式と (4b) 式は x と x' 軸，y と y' 軸，z と z' 軸が平行な場合の変換式であるが，その必要はない．$t = t' = 0$ のときに両系の原点が一致していさえすれば (6a), (6b) 式は成り立つ．なぜなら，それぞれの系の中で空間部分を回転しても，$x_1{}^2 + x_2{}^2 + x_3{}^2$ および $x_1'^2 + x_2'^2 + x_3'^2$ はそれぞれ不変に保たれるからである．そこで，(4a), (4b) 式をもう少し一般化して，(6a) 式あるいは (6b) 式の関係を満たす斉 1 次変換のことをローレンツ変換とよぶのが普通である．

普通の 3 次元空間のベクトルを考えよう．ベクトルという量を初等的に定義するときには，大きさ（長さ）と方向をもち，矢印で表されるのがベクトルであるなどという．しかし，もっと進んだ立場では，ベクトルを座標系の変換に対する性質によって規定する．座標系の回転に対する同じベクトルの成分の変換則は，(I) 巻の §6.1 で調べたように，(18) 式または (18a)，(19) 式で与えら

れる．われわれは，むしろこの変換則をベクトルの定義とみなす．そこで，ベクトル $\boldsymbol{V}$ として位置ベクトルをとると

$$\begin{cases} x' = T_{11}x + T_{12}y + T_{13}z \\ y' = T_{21}x + T_{22}y + T_{23}z \\ z' = T_{31}x + T_{32}y + T_{33}z \end{cases} \qquad \begin{cases} x = T_{11}x' + T_{21}y' + T_{31}z' \\ y = T_{12}x' + T_{22}y' + T_{32}z' \\ z = T_{13}x' + T_{23}y' + T_{33}z' \end{cases}$$

であるから，$\partial/\partial x'$ などを考えてみると

$$\begin{aligned} \frac{\partial}{\partial x'} &= \frac{\partial x}{\partial x'}\frac{\partial}{\partial x} + \frac{\partial y}{\partial x'}\frac{\partial}{\partial y} + \frac{\partial z}{\partial x'}\frac{\partial}{\partial z} \\ &= T_{11}\frac{\partial}{\partial x} + T_{12}\frac{\partial}{\partial y} + T_{13}\frac{\partial}{\partial z} \end{aligned}$$

などが得られる．したがって，

$$\begin{pmatrix} \dfrac{\partial}{\partial x'} \\ \dfrac{\partial}{\partial y'} \\ \dfrac{\partial}{\partial z'} \end{pmatrix} = \begin{pmatrix} T_{11} & T_{12} & T_{13} \\ T_{21} & T_{22} & T_{23} \\ T_{31} & T_{32} & T_{33} \end{pmatrix} \begin{pmatrix} \dfrac{\partial}{\partial x} \\ \dfrac{\partial}{\partial y} \\ \dfrac{\partial}{\partial z} \end{pmatrix}$$

を得る．これは，(I) 巻の§6.1 (18a) 式を，ナブラ演算子 ∇ に適用したものになっている．つまり，∇ の成分はベクトルの変換則にちゃんと従うのである．だからこそ，いままでこれをベクトル扱いにしてきたのである．∇ には長さも大きさも定義しようがないし，矢印で表すこともできるはずがない．

座標変換に対して不変なのがスカラーである．たとえば，温度が空間の場所によって異なっている場合，場所を表す座標（= 位置ベクトルの成分）は座標変換によって変化するが，同じ場所の温度を表す値 T が座標変換によって変わることはない．ベクトルの大きさは $\sqrt{V_1{}^2 + V_2{}^2 + V_3{}^2} = \sqrt{V_1'^2 + V_2'^2 + V_3'^2}$ であるから，座標系の回転* に対して不変であり，したがってスカラーである．このことを多次元の場合まで拡張して，ベクトルの成分の 2 乗の和が不変であるような多次元空間を**ユークリッド空間**というのである．3 次元ユークリッド空間では，ラプラシアン ∇^2 はスカラーとして扱われる．

さて，特殊相対論では上に見たように時間と空間が混じり合うので，これをまとめた 4 次元空間（ただし，ディメンションを合わせるために，時間の代りにそれの c 倍を用いる）を考えた方が便利である．これを**ミンコフスキー**

---

* 原点が特別な意味をもつ位置ベクトルを除けば，平行移動があってもよい．

空間とか 4 次元の世界などとよぶ．ただし，この空間はユークリッド的ではなく，回転に相当するのがローレンツ変換である．**4元ベクトル**は，その成分 A_1, A_2, A_3, A_4 がローレンツ変換に際して $x, y, z, ct\,(= x_1, x_2, x_3, x_4)$ と同じ変換則に従うもの，として定義される．2 つの 4 元ベクトル (A_1, A_2, A_3, A_4) と (B_1, B_2, B_3, B_4) があるとき

$$A_1B_1 + A_2B_2 + A_3B_3 - A_4B_4 = A_1'B_1' + A_2'B_2' + A_3'B_3' - A_4'B_4' \tag{7}$$

が**不変量**である．

4 次元の世界の各点でその連続関数として定義されたスカラー量 F を考え，この世界の中のきわめて接近した 2 点におけるその差を考えると，それは

$$dF = \frac{\partial F}{\partial x_1}dx_1 + \frac{\partial F}{\partial x_2}dx_2 + \frac{\partial F}{\partial x_3}dx_3 - \frac{\partial F}{\partial x_4}dx_4$$

で与えられる．これはローレンツ変換で不変であるから，(7) 式の特別な場合である．したがって，これを

$$\begin{cases} dx_1, \quad dx_2, \quad dx_3, \quad dx_4 & \text{を成分とする 4 元ベクトル} \\ \dfrac{\partial F}{\partial x_1}, \quad \dfrac{\partial F}{\partial x_2}, \quad \dfrac{\partial F}{\partial x_3}, \quad -\dfrac{\partial F}{\partial x_4} & \text{を成分とする 4 元ベクトル} \end{cases}$$

という 2 つの 4 元ベクトルのスカラー積と考えることができる．そうすると，∇F という 3 次元のベクトルを拡張した 4 元ベクトルは

$$\frac{\partial F}{\partial x}, \quad \frac{\partial F}{\partial y}, \quad \frac{\partial F}{\partial z}, \quad -\frac{1}{c}\frac{\partial F}{\partial t} \tag{8}$$

であることがわかる．つまり，∇ が 3 次元のベクトルとして振舞ったように，

$$\frac{\partial}{\partial x}, \quad \frac{\partial}{\partial y}, \quad \frac{\partial}{\partial z}, \quad -\frac{1}{c}\frac{\partial}{\partial t} \tag{9}$$

を 4 元ベクトルの成分として扱うことができるのである．これに $-i\hbar$ を掛ければ，

$$-i\hbar\frac{\partial}{\partial x}, \quad -i\hbar\frac{\partial}{\partial y}, \quad -i\hbar\frac{\partial}{\partial z}, \quad \frac{i\hbar}{c}\frac{\partial}{\partial t} \tag{10a}$$

を得るが，(I) 巻の §2.3 で述べたように，これは波動力学で運動量の成分

およびエネルギーの $1/c$ 倍を表す演算子である．

$$p_x,\quad p_y,\quad p_x,\quad \frac{\varepsilon}{c} \tag{10b}$$

つまり，この4つをひとまとめにしたものが1つの4元ベクトルとして振舞うのである．

§12.2　クライン - ゴルドンの方程式

前章までの考察の基礎になっていたのはシュレーディンガーの波動方程式であるが，これはローレンツ変換に対する不変性を満たしていない．$\boldsymbol{p}$ を2乗の形で含むのに，エネルギーについては1次の式であるから，4元ベクトルとしての $p_x, p_y, p_z, \varepsilon/c$ の扱いで空間部分 $\boldsymbol{p}$ と時間成分 ε/c の間に差別をつけている．したがって，シュレーディンガー方程式に基づく議論は，粒子の速さが c に比べてずっと小さいようなときにしか適用できない．そこで，この制限を撤廃するにはローレンツ変換に関して不変な波動方程式を探さねばならない．それを1粒子の場合について行っておけば，前章の方法によって多粒子の場合へ拡張することは困難ではない．電子に対するこのような方程式を見出したのはディラック（(I) 巻の§1.2を参照）である．この章では，次節以下でディラックの理論を調べることにする．

さて，前節の終りに見たように，$p_x, p_y, p_z, \varepsilon/c$ は4元ベクトルの成分として変換する．ゆえに，

$$c^2(p_x{}^2 + p_y{}^2 + p_z{}^2) - \varepsilon^2$$

はローレンツ変換に対して不変なスカラー量である．これを $-\varepsilon_0{}^2$ とおくと

$$\varepsilon^2 = c^2\boldsymbol{p}^2 + \varepsilon_0{}^2$$

を得る．ε_0 は運動量が0の場合のエネルギーで，それを mc^2 とおくと，m が粒子の静止質量であることはよく知られているとおりである．

$$\varepsilon^2 = c^2\boldsymbol{p}^2 + m^2c^4 \tag{1}$$

ここで，$\boldsymbol{p} \to -i\hbar\nabla$，$\varepsilon \to +i\hbar(\partial/\partial t)$ とすると，ローレンツ変換に対して不

変な演算子

$$-\hbar^2\frac{\partial^2}{\partial t^2} = -c^2\hbar^2\nabla^2 + m^2c^4$$

が得られる．したがって，スカラー関数 $\psi(\boldsymbol{r}, t)$ にこれを作用させた方程式

$$\frac{1}{c^2}\frac{\partial^2\psi}{\partial t^2} = \nabla^2\psi - \frac{m^2c^2}{\hbar^2}\psi \tag{2}$$

はローレンツ変換に対して不変という要求を満たしている．この方程式を**クライン－ゴルドンの方程式**とよんでいる．

ψ が t を含まないとき，方程式（2）は

$$\nabla^2\psi = \kappa^2\psi, \qquad \kappa = \frac{mc}{\hbar}$$

となるが，この方程式は特解として

$$\psi(r) \propto \frac{\mathrm{e}^{-\kappa r}}{r}$$

をもつ．仮にこれを，クーロン力の場合のポテンシャル（$\propto 1/r$）に対応する何か別種の力のポテンシャルであるとすると，これは $\mathrm{e}^{-\kappa r}$ という因子のために，クーロン力よりも力の作用範囲が短くなっている．その到達距離のだいたいの目安は $1/\kappa$ で与えられる．

原子核内で核子が互いにおよぼし合っている引力（核力）がこのポテンシャルで表されるとすると，実験的にわかっている核力の作用範囲は 10^{-13} cm の程度であるから，これを $1/\kappa = \hbar/mc$ に等しいとおくと m が求められるが，これは電子の質量の約 200 倍の程度になる．

湯川博士* はこのような考えによって核力の理論をつくり，今日パイ中間子（パイオン）とよばれている粒子の存在を予言したのである．

12-2 図　湯川秀樹（1907－1981）

*　湯川秀樹（1907－1981）．1935 年に中間子理論を発表．それによって 1949 年に日本人として最初のノーベル賞（物理学賞）を受賞．長く京都大学教授，基礎物理学研究所長として，日本の素粒子物理学を世界的なものに発展させ，多数の後進を育成した．

クライン－ゴルドンのスカラー波動方程式は，$\phi(\boldsymbol{r}, t)$ がパイ中間子系を表す場の演算子である場合には使うことができるのであるが，1個の電子に対するシュレーディンガー方程式を相対論的に一般化したものとして使うと，いろいろと具合の悪い点があることがわかった．たとえば，m として電子の静止質量を入れて，水素のスペクトルの微細構造を計算すると，実測値より大き過ぎる結果が得られる．また，電子のスピンが考慮されていない．実はシュレーディンガーが波動力学をつくるとき，最初に出したのがこの (2) 式であった．これがうまくいかないので，彼は波動力学の考えをあきらめかけたのであるが，思い直して非相対論的な方程式を導いてみたら，これは成功したといういきさつがある．

もっと困るのは，(2) 式が時間について2階の微分係数を含む点である．古典力学の運動方程式を解いて運動を定めるためには初期条件として位置と速度を与える必要があるように，(2) 式を解いて $\phi(\boldsymbol{r}, t)$ を定めるためには，与えられた時刻（たとえば $t=0$）において，ϕ の値だけでなく $\partial\phi/\partial t$ の値をも指定してやる必要がある．つまり，(2) 式で $\phi(\boldsymbol{r}, t)$ がきまるということは，ある時刻に ϕ だけでなく $\partial\phi/\partial t$ をも与えうる自由度が残されている，ということを意味している．

ところで，$|\phi|^2$ には確率という意味が付されているから，

$$\iiint |\phi(\boldsymbol{r}, t)|^2 \, d\boldsymbol{r}$$

は時間的に一定でなければならない（普通は，これが1になるように規格化する）．ゆえに，すべての時刻に

$$\begin{aligned}\frac{d}{dt}\iiint |\phi(\boldsymbol{r}, t)|^2 \, d\boldsymbol{r} &= \iiint \frac{\partial}{\partial t}|\phi(\boldsymbol{r}, t)|^2 \, d\boldsymbol{r} \\ &= \iiint \left(\frac{\partial\phi^*}{\partial t}\phi + \phi^*\frac{\partial\phi}{\partial t}\right) d\boldsymbol{r} \\ &= 0\end{aligned}$$

でなければならない．したがって，ϕ と $\partial\phi/\partial t$ とに任意の値をとらせること

は許されないことがわかる．こういう点でクライン - ゴルドンの方程式は，1粒子の確率波が従うべき方程式としては不適当なのである．

§12.3 ディラックの方程式

確率波が従うべき波動方程式は，前節に述べた理由によって，時間に関して1階の微分係数しか含んではならない．そうすると，時間と空間の対称性，あるいはエネルギーと運動量がともに4元ベクトルの成分であるということから考えて，われわれの探している方程式は p_x, p_y, p_z に関しても1次式でなければならない．しかし，エネルギーと運動量の間には前節の（1）式（141ページ）の関係があるから，エネルギーについて1次の式にすると

$$\varepsilon = c\sqrt{p_1{}^2 + p_2{}^2 + p_3{}^2 + m^2c^2} \tag{1}$$

となる．そこで，この式の右辺を p_1, p_2, p_3 の1次式に等しいとおいてみよう．c で割ったものを次のようにおく．

$$\frac{\varepsilon}{c} = \sqrt{p_1{}^2 + p_2{}^2 + p_3{}^2 + m^2c^2} = \alpha_1 p_1 + \alpha_2 p_2 + \alpha_3 p_3 + \beta mc \tag{2}$$

$\alpha_1, \alpha_2, \alpha_3, \beta$ がただの数では，このようにはならないことは明らかである．これらが互いに非可換な演算子であると仮定すれば (2) 式を満たすことができることを示し，その上，その代数的性質から (2) 式を満たす具体的な $\alpha_1, \alpha_2, \alpha_3, \beta$ の形を求めることにする．

それには (2) 式の両辺を2乗する．そうすると

$$\begin{aligned} &p_1{}^2 + p_2{}^2 + p_3{}^2 + m^2c^2 \\ &\quad = \alpha_1{}^2 p_1{}^2 + \alpha_2{}^2 p_2{}^2 + \alpha_3{}^2 p_3{}^2 + \beta^2 m^2c^2 \\ &\qquad + (\alpha_1\alpha_2 + \alpha_2\alpha_1)p_1 p_2 + (\alpha_2\alpha_3 + \alpha_3\alpha_2)p_2 p_3 + (\alpha_3\alpha_1 + \alpha_1\alpha_3)p_3 p_1 \\ &\qquad + (\alpha_1\beta + \beta\alpha_1)p_1 mc + (\alpha_2\beta + \beta\alpha_2)p_2 mc + (\alpha_3\beta + \beta\alpha_3)p_3 mc \end{aligned}$$

が得られる．ゆえに，α_i, β は次の代数的関係式を満たさねばならない．

$$\alpha_1{}^2 = \alpha_2{}^2 = \alpha_3{}^2 = \beta^2 = 1 \tag{3a}$$

$$\alpha_i\alpha_k + \alpha_k\alpha_i = 0 \qquad (i, k = 1, 2, 3,\ \ i \neq k) \tag{3b}$$

$$\alpha_i\beta + \beta\alpha_i = 0 \qquad (i = 1, 2, 3) \tag{3c}$$

これらの関係を満たす $\alpha_1, \alpha_2, \alpha_3, \beta$ がどのようなものでなければならないかを調べたディラックは，これらが少なくとも 4 行 4 列の行列でなければならないことを示し，その具体的な形として，

$$\left.\begin{aligned} \alpha_1 &= \begin{pmatrix} 0 & 0 & 0 & 1 \\ 0 & 0 & 1 & 0 \\ 0 & 1 & 0 & 0 \\ 1 & 0 & 0 & 0 \end{pmatrix}, \quad \alpha_2 = \begin{pmatrix} 0 & 0 & 0 & -i \\ 0 & 0 & i & 0 \\ 0 & -i & 0 & 0 \\ i & 0 & 0 & 0 \end{pmatrix} \\ \alpha_3 &= \begin{pmatrix} 0 & 0 & 1 & 0 \\ 0 & 0 & 0 & -1 \\ 1 & 0 & 0 & 0 \\ 0 & -1 & 0 & 0 \end{pmatrix}, \quad \beta = \begin{pmatrix} 1 & 0 & 0 & 0 \\ 0 & 1 & 0 & 0 \\ 0 & 0 & -1 & 0 \\ 0 & 0 & 0 & -1 \end{pmatrix} \end{aligned}\right\} \tag{4}$$

を与えた．$\alpha_1, \alpha_2, \alpha_3, \beta$ のことを**ディラック行列**というが，特に，この (4) 式はそれの**ディラック表現**とよばれるものである．

ディラック行列の具体的な表し方は他にも無数にある．たとえば

$$\left.\begin{aligned} \alpha_1 &= \begin{pmatrix} 0 & 1 & 0 & 0 \\ 1 & 0 & 0 & 0 \\ 0 & 0 & 0 & -1 \\ 0 & 0 & -1 & 0 \end{pmatrix}, \quad \alpha_2 = \begin{pmatrix} 0 & -i & 0 & 0 \\ i & 0 & 0 & 0 \\ 0 & 0 & 0 & i \\ 0 & 0 & -i & 0 \end{pmatrix} \\ \alpha_3 &= \begin{pmatrix} 1 & 0 & 0 & 0 \\ 0 & -1 & 0 & 0 \\ 0 & 0 & 1 & 0 \\ 0 & 0 & 0 & -1 \end{pmatrix}, \quad \beta = \begin{pmatrix} 0 & 0 & 1 & 0 \\ 0 & 0 & 0 & 1 \\ 1 & 0 & 0 & 0 \\ 0 & 1 & 0 & 0 \end{pmatrix} \end{aligned}\right\} \tag{4$'$}$$

と選んでもよいのである．

さて，$\alpha_1, \alpha_2, \alpha_3, \beta$ が求められたとすると，これを (2) 式に入れ，全体を c 倍し，量子化の手続きとして

$$p_j \longrightarrow -i\hbar\frac{\partial}{\partial x_j}, \qquad \varepsilon \longrightarrow +i\hbar\frac{\partial}{\partial t}$$

という置き換えを行えば，

$$i\hbar\frac{\partial}{\partial t}=-ic\hbar\left(\alpha_1\frac{\partial}{\partial x_1}+\alpha_2\frac{\partial}{\partial x_2}+\alpha_3\frac{\partial}{\partial x_3}\right)+\beta mc^2$$

を得る．これを1粒子の波動関数 $\psi(\boldsymbol{r},t)$ に作用させた式として，

$$i\hbar\frac{\partial\psi}{\partial t}=\left(-ic\hbar\sum_{j=1}^{3}\alpha_j\frac{\partial}{\partial x_j}+\beta mc^2\right)\psi \tag{5}$$

という方程式が得られる．これを**ディラックの方程式**という．

(5) 式の右辺の（ ）内を H とおけば，これは

$$H\psi=i\hbar\frac{\partial\psi}{\partial t} \tag{6}$$

となって，時間を含むシュレーディンガー方程式と似たものになるが，ハミルトニアン H が

$$H=-ic\hbar\sum_{j=1}^{3}\alpha_j\frac{\partial}{\partial x_j}+\beta mc^2 \tag{7}$$

となっている点が全く異なっている．

ディラックのハミルトニアンが $\alpha_1, \alpha_2, \alpha_3, \beta$ という4行4列の行列を含むということは，これが作用する $\psi(\boldsymbol{r},t)$ が単なる1つの関数ではなくて，4行1列の

$$\psi(\boldsymbol{r},t)=\begin{pmatrix}\psi_1(\boldsymbol{r},t)\\ \psi_2(\boldsymbol{r},t)\\ \psi_3(\boldsymbol{r},t)\\ \psi_4(\boldsymbol{r},t)\end{pmatrix} \tag{8}$$

という形の行列であることを意味する．つまり，$\psi(\boldsymbol{r},t)$ は4つの関数 $\psi_1, \psi_2, \psi_3, \psi_4$ を1セットにしたものを表していることになる．

(5) 式に，(4) 式と (8) 式とを代入してみると，

$$\begin{pmatrix} i\hbar\dfrac{\partial\psi_1}{\partial t} \\ i\hbar\dfrac{\partial\psi_2}{\partial t} \\ i\hbar\dfrac{\partial\psi_3}{\partial t} \\ i\hbar\dfrac{\partial\psi_4}{\partial t} \end{pmatrix} = H\begin{pmatrix} \psi_1 \\ \psi_2 \\ \psi_3 \\ \psi_4 \end{pmatrix} \tag{9a}$$

ただし

$$H = \begin{pmatrix} mc^2 & 0 & -ic\hbar\dfrac{\partial}{\partial x_3} & \dfrac{c\hbar}{i}\left(\dfrac{\partial}{\partial x_1} - i\dfrac{\partial}{\partial x_2}\right) \\ 0 & mc^2 & \dfrac{c\hbar}{i}\left(\dfrac{\partial}{\partial x_1} + i\dfrac{\partial}{\partial x_2}\right) & ic\hbar\dfrac{\partial}{\partial x_3} \\ -ic\hbar\dfrac{\partial}{\partial x_3} & \dfrac{c\hbar}{i}\left(\dfrac{\partial}{\partial x_1} - i\dfrac{\partial}{\partial x_2}\right) & -mc^2 & 0 \\ \dfrac{c\hbar}{i}\left(\dfrac{\partial}{\partial x_1} + i\dfrac{\partial}{\partial x_2}\right) & ic\hbar\dfrac{\partial}{\partial x_3} & 0 & -mc^2 \end{pmatrix} \tag{9b}$$

が得られる．これは次の 4 つの方程式をまとめて書いたものである．

$$i\hbar\frac{\partial\psi_1}{\partial t} = mc^2\psi_1 - ic\hbar\frac{\partial\psi_3}{\partial x_3} - ic\hbar\left(\frac{\partial}{\partial x_1} - i\frac{\partial}{\partial x_2}\right)\psi_4 \tag{10a}$$

$$i\hbar\frac{\partial\psi_2}{\partial t} = mc^2\psi_2 + ic\hbar\frac{\partial\psi_4}{\partial x_3} - ic\hbar\left(\frac{\partial}{\partial x_1} + i\frac{\partial}{\partial x_2}\right)\psi_3 \tag{10b}$$

$$i\hbar\frac{\partial\psi_3}{\partial t} = -mc^2\psi_3 - ic\hbar\frac{\partial\psi_1}{\partial x_3} - ic\hbar\left(\frac{\partial}{\partial x_1} - i\frac{\partial}{\partial x_2}\right)\psi_2 \tag{10c}$$

$$i\hbar\frac{\partial\psi_4}{\partial t} = -mc^2\psi_4 + ic\hbar\frac{\partial\psi_2}{\partial x_3} - ic\hbar\left(\frac{\partial}{\partial x_1} + i\frac{\partial}{\partial x_2}\right)\psi_1 \tag{10d}$$

これらを連立させて解いて $\psi_1, \psi_2, \psi_3, \psi_4$ を求めれば，それらを 1 組にした (8) 式のような ψ によって電子の状態が表される，というのがディラックの考えである．

ところで，$\psi_1, \psi_2, \psi_3, \psi_4$ のそれぞれはいずれも（I）巻の §6.3 で調べた意味のベクトル（無限次元）である．さらに，それらが 4 つ集まって電子の状態を指定するというのであるが，この4つの成分の存在は一体何を表すのだろうか．われわれはすでに（I）巻の第8章でスピンについて学び，スピンという新しい自由度を考慮したときの1電子の波動関数が（I）巻の§8.2（2）式のように2つの成分で表されることを知った．1電子の波動関数を，このように上向きスピンと下向きスピンの状態という2つの成分で表す方法を**パウリ近似**という．

ところが，ディラック理論による電子の波動関数は4成分をもつ．このうちの2つがスピンの状態を表すものであろうということは，すぐに想像されることであり，実際§12.4で見るとおり，そうなのである．では，残る2（＝4÷2）個の自由度は一体何を表すのであろうか．それは，上の方程式で仮に p_1, p_2, p_3 をすべて0としてみるとわかるように，もしも電子が静止することができたとするとき，

エネルギー固有値 $+mc^2$ をもつのが ψ_1, ψ_2

エネルギー固有値 $-mc^2$ をもつのが ψ_3, ψ_4

という状態なのである．相対論では，物体が静止しているときのエネルギーは mc^2 であり，運動すればそれは増加する．したがって，静止エネルギーが負の状態というのは奇妙なことになる．この一見不思議な結果が**陽電子**の存在と関連しているのであるが，それについては後で改めて述べることにする．

§12.4　ディラック電子のスピン

ディラックの波動関数は4つの成分をもつが，その意味を調べることを試みよう．

ディラックのハミルトニアンを再び記すと

$$H = -ic\hbar\left(\alpha_1 \frac{\partial}{\partial x} + \alpha_2 \frac{\partial}{\partial y} + \alpha_3 \frac{\partial}{\partial z}\right) + \beta mc^2 \qquad (1)$$

である．ただし，x_1, x_2, x_3 と書かずに x, y, z とした．そこでいま，電子の軌道角運動量 $\boldsymbol{l}$ の成分 l_x, l_y, l_z と，この H との交換関係を調べてみると，

$$
\left.\begin{aligned}
[H, l_x] &\equiv Hl_x - l_xH = -c\hbar^2\left(\alpha_2\frac{\partial}{\partial z} - \alpha_3\frac{\partial}{\partial y}\right)\\
[H, l_y] &\equiv Hl_y - l_yH = -c\hbar^2\left(\alpha_3\frac{\partial}{\partial x} - \alpha_1\frac{\partial}{\partial z}\right)\\
[H, l_z] &\equiv Hl_z - l_zH = -c\hbar^2\left(\alpha_1\frac{\partial}{\partial y} - \alpha_2\frac{\partial}{\partial x}\right)
\end{aligned}\right\} \tag{2}
$$

となることが容易にわかる．シュレーディンガーのハミルトニアンの場合（§10.2）と異なり，$\boldsymbol{l}$ は H と交換しない，つまり $\boldsymbol{l}$ は保存量ではない．

そこで，今度は次式で定義される3つの行列 $\sigma_x, \sigma_y, \sigma_z$ を考えてみよう．

$$
\sigma_x = \begin{pmatrix} 0 & 1 & 0 & 0 \\ 1 & 0 & 0 & 0 \\ 0 & 0 & 0 & 1 \\ 0 & 0 & 1 & 0 \end{pmatrix} \tag{3a}
$$

$$
\sigma_y = \begin{pmatrix} 0 & -i & 0 & 0 \\ i & 0 & 0 & 0 \\ 0 & 0 & 0 & -i \\ 0 & 0 & i & 0 \end{pmatrix} \tag{3b}
$$

$$
\sigma_z = \begin{pmatrix} 1 & 0 & 0 & 0 \\ 0 & -1 & 0 & 0 \\ 0 & 0 & 1 & 0 \\ 0 & 0 & 0 & -1 \end{pmatrix} \tag{3c}
$$

これは（I）巻の§8.1（8）式で定義された2行2列のパウリ行列2つを対角線上で並べてつくった4行4列の行列である．これらと，$\alpha_1, \alpha_2, \alpha_3, \beta$ との交換関係を調べてみると

$$
\left.\begin{aligned}
&[\alpha_1, \sigma_x] = 0, && [\alpha_1, \sigma_y] = 2i\alpha_3, && [\alpha_1, \sigma_z] = -2i\alpha_2\\
&[\alpha_2, \sigma_x] = -2i\alpha_3, && [\alpha_2, \sigma_y] = 0, && [\alpha_2, \sigma_z] = 2i\alpha_1\\
&[\alpha_3, \sigma_x] = 2i\alpha_2, && [\alpha_3, \sigma_y] = -2i\alpha_1, && [\alpha_3, \sigma_z] = 0\\
&[\beta, \sigma_x] = [\beta, \sigma_y] = [\beta, \sigma_z] = 0
\end{aligned}\right\} \tag{4}
$$

となることがわかるので，これらを用いると

$$\left.\begin{aligned}[H,\sigma_x] &= 2c\hbar\left(\alpha_2\frac{\partial}{\partial z}-\alpha_3\frac{\partial}{\partial y}\right)\\ [H,\sigma_y] &= 2c\hbar\left(\alpha_3\frac{\partial}{\partial x}-\alpha_1\frac{\partial}{\partial z}\right)\\ [H,\sigma_z] &= 2c\hbar\left(\alpha_1\frac{\partial}{\partial y}-\alpha_2\frac{\partial}{\partial x}\right)\end{aligned}\right\} \tag{5}$$

を得る．これと (2) 式とを見比べると，

$$\left.\begin{aligned}\left[H, l_x+\frac{\hbar}{2}\sigma_x\right] &= 0\\ \left[H, l_y+\frac{\hbar}{2}\sigma_y\right] &= 0\\ \left[H, l_z+\frac{\hbar}{2}\sigma_z\right] &= 0\end{aligned}\right\} \tag{6}$$

すなわち

$$\left[H, \boldsymbol{l}+\frac{\hbar}{2}\boldsymbol{\sigma}\right] = 0 \tag{6a}$$

が得られる．そこで

$$\boldsymbol{s} = \frac{\hbar}{2}\boldsymbol{\sigma} \tag{7}$$

によって (1 電子の) **スピン角運動量**とすれば，

$$\boldsymbol{j} = \boldsymbol{l} + \boldsymbol{s} \tag{8}$$

は全角運動量で，これはディラックのハミルトニアンと可換である．

(7) 式と (3c) 式とから

$$s_z = \begin{pmatrix} \hbar/2 & 0 & 0 & 0\\ 0 & -\hbar/2 & 0 & 0\\ 0 & 0 & \hbar/2 & 0\\ 0 & 0 & 0 & -\hbar/2\end{pmatrix}$$

であるから，ψ の 4 成分 $\psi_1, \psi_2, \psi_3, \psi_4$ のうち，ψ_1 と ψ_3 は s_z の固有値 $\hbar/2$，ψ_2 と ψ_4 は s_z の固有値 $-\hbar/2$ に対応するものであることがわかる．つまり，4 成分の ψ は，パウリ近似で考えた 2 成分の関数 ((I) 巻の§8.2 (2) 式) を

2組並べたものになっている．この2組の一方が**正エネルギーの状態**，他方が**負エネルギーの状態**を表すことは，前節の終りの所（148ページ）で述べたとおりである．

§12.5　ディラック電子の平面波

ディラックの波動関数の具体例として，最も簡単な平面波（自由電子）の場合を考えてみよう．

$\psi(\boldsymbol{r},t)$ は z 方向に進む平面波であるとし，x や y には関係せず z と t だけの関数で，

$$\mathrm{e}^{ikz-i\omega t} \qquad (k>0\text{とする})$$

に比例するという形で z と t に依存しているとする．つまり

$$\psi(\boldsymbol{r},t)=u\mathrm{e}^{ikz-i\omega t}, \qquad \text{ただし} \quad u=\begin{pmatrix} u_1 \\ u_2 \\ u_3 \\ u_4 \end{pmatrix} \tag{1}$$

と仮定してみる．u_1, u_2, u_3, u_4 は $\boldsymbol{r}$ にも t にもよらない定数である．これは

$$\psi_j=u_j\mathrm{e}^{ikz-i\omega t} \tag{2}$$

とおいたといっても同じである．これを§12.3の(10a)～(10d)式(147ページ)に代入すると

$$\begin{cases} \hbar\omega u_1=mc^2u_1+c\hbar ku_3 & \text{(3a)} \\ \hbar\omega u_2=mc^2u_2-c\hbar ku_4 & \text{(3b)} \\ \hbar\omega u_3=-mc^2u_3+c\hbar ku_1 & \text{(3c)} \\ \hbar\omega u_4=-mc^2u_4-c\hbar ku_2 & \text{(3d)} \end{cases}$$

が得られる．行列で書けば，(3a) 式と (3c) 式および (3b) 式と (3d) 式は分離して扱えるから

$$\hbar\omega\begin{pmatrix} u_1 \\ u_3 \end{pmatrix}=\begin{pmatrix} mc^2 & c\hbar k \\ c\hbar k & -mc^2 \end{pmatrix}\begin{pmatrix} u_1 \\ u_3 \end{pmatrix} \tag{4a}$$

$$\hbar\omega\begin{pmatrix}u_2\\u_4\end{pmatrix}=\begin{pmatrix}mc^2 & -c\hbar k\\-c\hbar k & -mc^2\end{pmatrix}\begin{pmatrix}u_2\\u_4\end{pmatrix} \tag{4b}$$

が得られる．

$\hbar k=p$ とおき，この 2 行 2 列の行列の固有値を求めれば，

$$\hbar\omega=\pm\sqrt{(mc^2)^2+c^2p^2} \tag{5}$$

となることはただちにわかる．これは 141 ページの (1) 式の関係そのものである．困るのは複号で，2 行 2 列の行列の固有値として出てきたものであるから，その一方をいきなり捨ててしまうわけにはいかない．そこで，その解釈は後まわしにして，とにかく (5) 式を承認し，固有ベクトルを求めれば，

$$\tan 2\theta=\frac{\hbar k}{mc}=\frac{p}{mc} \tag{6}$$

として

$$\begin{pmatrix}mc^2 & \pm cp\\ \pm cp & -mc^2\end{pmatrix}\begin{pmatrix}\cos\theta\\ \pm\sin\theta\end{pmatrix}=\sqrt{m^2c^4+c^2p^2}\begin{pmatrix}\cos\theta\\ \pm\sin\theta\end{pmatrix} \tag{7a}$$

$$\begin{pmatrix}mc^2 & \pm cp\\ \pm cp & -mc^2\end{pmatrix}\begin{pmatrix}\mp\sin\theta\\ \cos\theta\end{pmatrix}=-\sqrt{m^2c^4+c^2p^2}\begin{pmatrix}\mp\sin\theta\\ \cos\theta\end{pmatrix} \tag{7b}$$

となることは容易に確かめられる（これの求め方については (I) 巻の§8.7 を参照）．

そこで，(1) 式のように 4 行 1 列の表し方をすれば，エネルギー固有値 $\sqrt{m^2c^4+c^2p^2}$ をもつ状態は

$$\psi_{+\uparrow}=\mathrm{e}^{ikz-i\omega t}\begin{pmatrix}\cos\theta\\0\\\sin\theta\\0\end{pmatrix},\qquad \psi_{+\downarrow}=\mathrm{e}^{ikz-i\omega t}\begin{pmatrix}0\\\cos\theta\\0\\-\sin\theta\end{pmatrix} \tag{8a}$$

エネルギー固有値 $-\sqrt{m^2c^4+c^2p^2}$ をもつ状態は

$$\psi_{-\uparrow}=\mathrm{e}^{ikz+i\omega t}\begin{pmatrix}-\sin\theta\\0\\\cos\theta\\0\end{pmatrix},\qquad \psi_{-\downarrow}=\mathrm{e}^{ikz+i\omega t}\begin{pmatrix}0\\\sin\theta\\0\\\cos\theta\end{pmatrix} \tag{8b}$$

と表されることがわかる．ただし

$$\omega = \frac{1}{\hbar}\sqrt{m^2c^4 + c^2p^2}, \qquad k = \frac{p}{\hbar} \tag{9}$$

である．

(8a), (8b) 式の ψ につけた上下向きの矢印は，これらの関数が表す状態のスピンを示す．前節の (7) 式 (150 ページ) と前節 (3c) 式 (149 ページ) が示すように，スピンの z 成分は

$$s_z = \frac{\hbar}{2}\begin{pmatrix} 1 & 0 & 0 & 0 \\ 0 & -1 & 0 & 0 \\ 0 & 0 & 1 & 0 \\ 0 & 0 & 0 & -1 \end{pmatrix} \tag{10}$$

で表されるから

$$s_z\psi_{\pm\uparrow} = \frac{\hbar}{2}\psi_{\pm\uparrow}, \qquad s_z\psi_{\pm\downarrow} = -\frac{\hbar}{2}\psi_{\pm\downarrow} \tag{11}$$

となっていることがわかるからである．

［**例題**］　本文で行ったのと全く同じことを，x 方向に伝わる平面波について行え．このとき，エネルギーと s_z の同時固有関数を求めることができるかどうかを調べよ．

［**解**］　$\psi_j = u_j e^{ikx-i\omega t}$ とおいて§12.3 の (10a)〜(10d) 式に代入すると，

$$\begin{cases} \hbar\omega u_1 = mc^2u_1 + c\hbar k u_4 \\ \hbar\omega u_2 = mc^2u_2 + c\hbar k u_3 \\ \hbar\omega u_3 = -mc^2u_3 + c\hbar k u_2 \\ \hbar\omega u_4 = -mc^2u_4 + c\hbar k u_1 \end{cases}$$

これから本文と全く同様にして

$$\psi_+{}' = e^{ikx-i\omega t}\begin{pmatrix} \cos\theta \\ 0 \\ 0 \\ \sin\theta \end{pmatrix}, \qquad \psi_+{}'' = e^{ikx-i\omega t}\begin{pmatrix} 0 \\ \cos\theta \\ \sin\theta \\ 0 \end{pmatrix} \tag{12a}$$

$$\psi_-{}' = \mathrm{e}^{ikx+i\omega t}\begin{pmatrix} -\sin\theta \\ 0 \\ 0 \\ \cos\theta \end{pmatrix}, \quad \psi_-{}'' = \mathrm{e}^{ikx+i\omega t}\begin{pmatrix} 0 \\ -\sin\theta \\ \cos\theta \\ 0 \end{pmatrix} \tag{12b}$$

が得られる．ところが，これらの関数は明らかに（10）式の s_z の固有関数ではない．（10）式の固有関数になっているためには，

$$\begin{pmatrix} a \\ 0 \\ b \\ 0 \end{pmatrix} \quad \text{または} \quad \begin{pmatrix} 0 \\ c \\ 0 \\ d \end{pmatrix}$$

という形でなければいけない．しかし，同じエネルギー固有値に対応する（12a）式の $\psi_+{}'$ と $\psi_+{}''$，または（12b）式の $\psi_-{}'$ と $\psi_-{}''$ をどう組み合わせてもそうはならない．つまり，エネルギーと s_z との同時固有状態をつくることはできない．これは，ディラックのハミルトニアンが $\boldsymbol{l}$ または $\boldsymbol{s}$ だけとは可換でなく，$\boldsymbol{l}+\boldsymbol{s}$ となら交換するということの結果として出てくることなのである．z 方向の平面波の場合には，それが l_z の固有値 0 の状態になっているために，$j_z = s_z$ の固有状態となりえたのである．

§12.6　電子と陽電子

特殊相対論に基づく古典力学では，運動量 $\boldsymbol{p}$ と速度 $\boldsymbol{v}$ の関係は

$$\boldsymbol{p} = \frac{m\boldsymbol{v}}{\sqrt{1-\left(\dfrac{v}{c}\right)^2}} \tag{1}$$

で与えられる．これを用いれば，エネルギーは

$$\begin{aligned} \varepsilon &= \sqrt{m^2c^4 + p^2c^2} \\ &= mc^2\sqrt{1+\frac{p^2}{m^2c^2}} \end{aligned} \tag{2}$$

に（1）式を代入して

$$\varepsilon = \frac{mc^2}{\sqrt{1-\left(\dfrac{v}{c}\right)^2}} \tag{3}$$

というよく知られた形に書き表される．

(2) 式の関係式を，$\varepsilon = \hbar\omega$，$p = \hbar k$ によって波動力学の言葉に翻訳すれば

$$\omega = \frac{1}{\hbar}\sqrt{m^2c^4 + \hbar^2c^2k^2} \tag{4}$$

が得られるから，これから計算される群速度（(I) 巻の§3.6を参照）

$$v_g = \frac{d\omega}{dk} = \frac{c^2\hbar k}{\sqrt{m^2c^4 + \hbar^2c^2k^2}}$$
$$= \frac{c^2p}{\varepsilon} = \frac{p}{m}\sqrt{1 - \left(\frac{v}{c}\right)^2}$$

は，(1) 式で与えられる古典的（= 非量子論的）粒子の速度と一致する．

ところで，ディラック方程式から得られるエネルギー固有値は (2), (3) 式のものだけでなく，それの符号を変えた負エネルギーのものがともなっている．(4) 式にも ± の複号がつき，したがって v_g も $v_g = \pm p\sqrt{1-(v/c)^2}/m$ となる．実際，前節 (8b) 式の平面波では，運動量は $+z$ 方向に $\hbar k$（> 0，k は正としている）であるが，明らかに $-z$ 方向に進む形になっている（位相速度 ω/k）．ゆえに，これの k が少し異なるものを重ねて得られる波束の群速度 v_g も，$-z$ 方向をもつことは明らかである．

以上により，ディラック方程式から得られる負エネルギー状態の電子は，質量が負（静止質量 $-m$，運動しているときの質量 $-m/\sqrt{1-(v/c)^2}$）の粒子のように振舞う奇妙な性質のものであることがわかるであろう．このような電子は，引っ張るとそれと反対向きに動こうとする性質をもつという点で“ロバ”に似ているからというので，“ロバ電子”という名前をつけられたことがある．

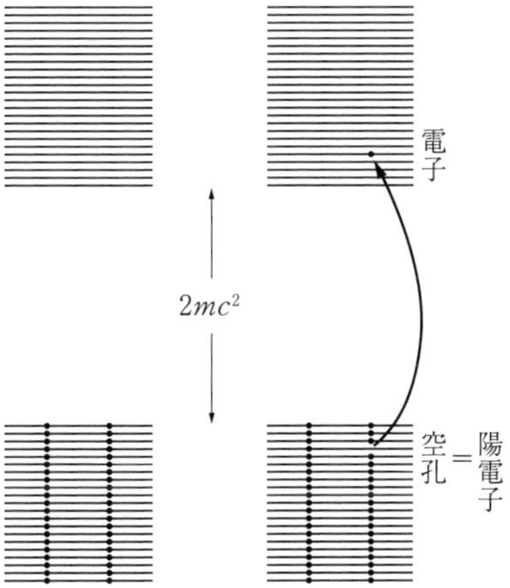

12-3 図　左のように負エネルギー状態が満員になっているのが真空．右のように電子が1個正エネルギーの準位へ上がると対生成が起こる．

ところで，こんな妙な性質の粒子はもちろん古典的自然界には見出されていない．正エネルギーの最低値 mc^2 と，負エネルギーの最高値 $-mc^2$ との間には，$2mc^2$ だけのギャップがある．古典力学ではエネルギーは連続的に変化するから，このギャップを飛び越えることは起こらないと考えて，負エネルギーの状態はわれわれの世界とは無縁のものとして捨ててしまうことも可能である．しかし，量子論ではエネルギー固有値がとびとびなことはきわめて普通であり，光子の放出・吸収によって，有限の値だけエネルギーの異なる状態へ遷移することが可能である．したがって，負エネルギーの状態は縁がないとして無視するわけにはいかない．

それどころか，エネルギーの低い状態の方が安定なので，電子は光子を放出して正エネルギーの状態から負エネルギーの状態へ，どんどん遷移してしまうはずであって，正エネルギー状態の電子（ロバ電子でない普通の電子）が安定に存在していることの方が不思議であるということになる．

この矛盾を救うため，ディラックは 1930 年にいわゆる**空孔理論**を提出した．電子のようにスピンが 1/2 の粒子はフェルミ - ディラックの統計に従うので，パウリの排他律が成り立ち，同じ状態を 2 個以上の粒子が占めることはない．そこでディラックは，われわれが完全な真空であると考えている状態においては，負エネルギーの状態はすべて電子で完全に埋められているのだ，と考えた．それ以上に余分の電子があれば，負エネルギー状態は満員でそこへ落ち込むことができないので，安定に正エネルギーの状態に存在していることができ，これが普通に電子としてわれわれが観測するものである．

また，もし真空に対して，たとえば γ 線というような形で，$2mc^2$ よりも大きなエネルギーを与えたとすると，これによって負エネルギー状態にあった電子が正エネルギー状態に遷移する．このとき，いままでロバ電子がつまっていた真空に電子 1 個分の**空孔**ができる．われわれは，この“空孔”と，正エネルギー状態に移って普通に振舞うようになった“電子”との**対**を得ることになる．これを**対生成**とよぶ．

このとき，ロバ電子の海（＝真空）の中にできた泡に相当する空孔は，一体どのように振舞うのであろうか．いま，有限体積の立方体内を考え，§11.1で行ったような周期的境界条件を設けて $\boldsymbol{k}$ の値をとびとびにしたとする．ある $\boldsymbol{k}$ をもち，スピンがたとえば上向きのロバ電子を正エネルギー状態に遷移させたとする．空孔のところでは，真空のときに比べて運動量が $\hbar\boldsymbol{k}$ だけ失われ，電荷とスピンがそれぞれ $-e$, $\hbar/2$ だけなくなったことになる．したがって，空孔は運動量 $-\hbar\boldsymbol{k}$ をもち，電荷 $+e$ をもつ下向きスピンの粒子のように行動するであろう．もちろん電荷は $+e+(-e)=0$ となって保存されている．それでは，質量はどうであろうか．

負の質量がなくなったのだから，空孔のところには正の質量があるとしてよいのであるが，その意味をもう少し考えてみよう．12-4図の2本の曲線は $k_y=k_z=0$ の場合に対し，$\varepsilon=\pm\sqrt{m^2c^4+c^2\hbar^2k^2}$ を書いたものである．k_x として許されるのは，境界条件から許されるとびとびの値である．下側の曲線上の黒丸は，これらの k_x の値に対する負エネルギー状態を占めている電子を表し，白丸は空孔を示す．いま，ここに $+x$ 方向の電場をかけたとすると，ロバ電子（電荷は $-e$）には $-x$ 方向の力が作用する．ところが，ロバ電子は力と反対向きに加速度を受けるから，図の黒丸は右向きに動こうとする．7, 8, …を占める電子は動こうとする先が全部つまっているから動きようがない．しかし，5は6に移りうるし，そうして5が空けば4がそこへ移動し，…というようになり，結局，空孔が図で左側へ移動することになる．空孔の場合，観測される運動量は $-\hbar\boldsymbol{k}$ であるから，みかけ上の運動量は図の6′の位置から5′→4′→3′→2′→… というように変化する．つまり，電場（$+x$ 方向）と同じ向きに加速さ

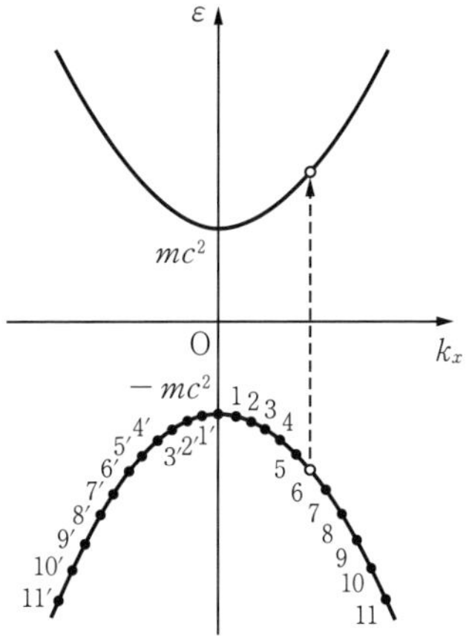

12-4図

れる.

以上により，空孔は，静止質量 m (>0)，電荷 $+e$ をもつ粒子のように振舞うことがわかる．この粒子を**陽電子**という．スピン（の大きさ）は電子と同じ 1/2 である．このような粒子は 1932 年に，ウィルソン霧箱で宇宙線を調べていたアンダーソン* によって発見され，それによってディラックの考えの正しいことが実証された.

陽電子は負エネルギー電子の空席であるから，そこへ普通の電子が落ち込めば陽電子と電子が同時に消滅する**対消滅**が起こる．このとき，エネルギーを γ 線として放出する．この現象も実測されている.

以上のような成功はおさめたが，真空中に無限個の電子がつまっているという考えは，はなはだ大きな問題を含んでいる．ただ 1 個の普通の電子を扱おうとしても，それが安定でいられるためには，そのバックに無限に多くの負エネルギー電子の存在を仮定せねばならず，必然的に無限個の多電子系を扱うことになってしまう．このため，ディラックの方程式やその波動関数を，単にシュレーディンガー方程式やその波動関数を相対論的に一般化したものと考えたのでは不十分であって，前章に述べた第 2 量子化を行ったとみて，$\psi(\boldsymbol{r}, t)$ を場の演算子とみなす扱いが要求される．また，上のような扱いでは，電子を普通の意味での粒子と考え，陽電子をそれの空孔とみなしたのであるが，逆に真空を“ロバ陽電子”の海とみなし，電子はそこにできた空孔である，と考えていけない理由は何もない．そこで，電子と陽電子とをもっと完全に対等に扱うような定式化が行われるようになった．しかし，これらについて述べることは本書の範囲を越えるので，素粒子論（場の量子論）の本にゆずることにし，本書ではシュレーディンガー方程式を一般化したという立

* Carl David Anderson（1905－1991）はアメリカの実験物理学者．陽電子の発見により，V. Hess とともに 1936 年にノーベル物理学賞を受けた．また，1937 年には，S. Neddermeyer とともに宇宙線中に中間子（ミュー中間子）を発見した（現在はミュー粒子とよばれている).

場で，もう少し調べることにしよう．

なお，ディラックの方程式は，電子以外のスピン 1/2 のフェルミ粒子（核子，ニュートリノ，ミュー粒子等）についても成り立つと考えられている．電子と陽電子のような関係を粒子と**反粒子**の関係であるといい，フェルミ粒子に対しては反粒子がともなうことが実験的にも確認されている．

宇宙のどこかに，われわれの銀河系とは逆の反粒子ばかりでできた星雲があって，それと衝突したらものすごい対消滅が起こって，太陽も地球も一瞬に消滅して γ 線のエネルギーになってしまうという可能性も考えられ，SF 小説などにもなっているのは周知のとおりである．

§12.7 電磁場内のディラック電子

電磁場を表すのに，ベクトルポテンシャル $\boldsymbol{A}$ と，スカラーポテンシャル Φ を

$$\boldsymbol{E} = -\mathrm{grad}\,\Phi - \frac{\partial \boldsymbol{A}}{\partial t}, \qquad \boldsymbol{B} = \mathrm{rot}\,\boldsymbol{A} \tag{1}$$

によって定義すると便利である．（I）巻の付録 3（7）式は非相対論的な場合の式であるが，この式は電磁場がないときの関係式から

$$\begin{aligned} \boldsymbol{p} &\longrightarrow \boldsymbol{p} - q\boldsymbol{A} \\ H &\longrightarrow H - q\Phi \end{aligned} \qquad (q \text{ は粒子の電荷}) \tag{2}$$

という置き換えをすることによって得られる．運動量とエネルギーが，$(p_x, p_y, p_z, \varepsilon/c)$ という 4 元ベクトルをつくることはすでに述べたが，このことと上の関係とを比較するならば，

$$A_x,\ \ A_y,\ \ A_z,\ \ \frac{\Phi}{c} \tag{3}$$

がやはり 4 元ベクトルをつくるのではあるまいかと当然考えられる．ここでその説明は省略するが，まさにそのとおりなのである．

そこで，ディラック方程式においても（2）式の置き換えをすれば，電磁場が存在する場合の方程式が得られると考えるのは全く自然である．q の代り

に電子の電荷 $-e$ を入れれば，電磁場がある場合のディラック方程式として

$$\left(i\hbar\frac{\partial}{\partial t}+e\Phi\right)\psi=\left\{c\alpha_1\left(-i\hbar\frac{\partial}{\partial x}+eA_x\right)+c\alpha_2\left(-i\hbar\frac{\partial}{\partial y}+eA_y\right)+c\alpha_3\left(-i\hbar\frac{\partial}{\partial z}+eA_z\right)+\beta mc^2\right\}\psi \qquad (4)$$

が得られる．あるいは，これを

$$i\hbar\frac{\partial\psi}{\partial t}=H\psi \qquad (5\mathrm{a})$$

$$H=c\alpha_1\left(-i\hbar\frac{\partial}{\partial x}+eA_x\right)+c\alpha_2\left(-i\hbar\frac{\partial}{\partial y}+eA_y\right)+c\alpha_3\left(-i\hbar\frac{\partial}{\partial z}+eA_z\right)+\beta mc^2-e\Phi \qquad (5\mathrm{b})$$

と書き，H を電磁場内の電子の相対論的ハミルトニアンと考えてもよい．

さて，(4) 式を

$$\left\{\left(i\hbar\frac{\partial}{\partial t}+e\Phi\right)-c\sum_{j=1}^{3}\alpha_j\left(-i\hbar\frac{\partial}{\partial x_j}+eA_j\right)-\beta mc^2\right\}\psi=0 \qquad (6)$$

（添字 $j=1,2,3$ は x,y,z の代り）

と記しておいて，これにさらに左から演算子

$$\left\{\left(i\hbar\frac{\partial}{\partial t}+e\Phi\right)+c\sum_{j=1}^{3}\alpha_j\left(-i\hbar\frac{\partial}{\partial x_j}+eA_j\right)+\beta mc^2\right\} \qquad (7)$$

を作用させる．$\alpha_1,\alpha_2,\alpha_3,\beta$ とその他の演算子とは交換すること*，これらは §12.3 の（3a)，(3b）式および（3c）式（144～145ページ）を満たすこと，Φ と $\boldsymbol{A}$ は（1）式で $\boldsymbol{E}$ や $\boldsymbol{B}$ と関係づけられていること，などを使って計算すると

$$\left\{\left(i\hbar\frac{\partial}{\partial t}+e\Phi\right)^2-c^2(\boldsymbol{p}+e\boldsymbol{A})^2-m^2c^4+ic\hbar e(\alpha_1E_x+\alpha_2E_y+\alpha_3E_z)+i\hbar c^2e(\alpha_1\alpha_2B_z+\alpha_2\alpha_3B_x+\alpha_2\alpha_1B_y)\right\}\psi=0 \qquad (8)$$

*　$\alpha_1,\alpha_2,\alpha_3,\beta$ は ψ の4成分に数を掛けたり入れ換えたりする演算子であるが，その他の演算子は ψ の成分 $\psi_j(\boldsymbol{r},t)$ の関数形を変えるはたらきをする．

を得ることができる．ここで§12.3の（4）式（145ページ）を使って行列 $\alpha_i\alpha_j$ を計算し，§12.4の（3a)～(3c）式（149ページ）と比べると

$$\begin{cases} \alpha_1\alpha_2 = i\sigma_z \\ \alpha_2\alpha_3 = i\sigma_x \\ \alpha_3\alpha_1 = i\sigma_y \end{cases} \tag{9}$$

の関係が容易に求められるから，（8）式の左辺の $\boldsymbol{B}$ の各成分を含む項は

$$-c^2e\hbar\boldsymbol{\sigma}\cdot\boldsymbol{B}\psi = 0$$

という形に書けることがわかる．ついでに，$\alpha_1, \alpha_2, \alpha_3$ を3成分とする3元ベクトルを $\boldsymbol{\alpha}$ と書くことにすれば，（8）式は次のようになる．

$$\left\{\left(i\hbar\frac{\partial}{\partial t} + e\Phi\right)^2 - c^2(\boldsymbol{p} + e\boldsymbol{A})^2 - m^2c^4 + ic\hbar e\boldsymbol{\alpha}\cdot\boldsymbol{E} - c^2e\hbar\boldsymbol{\sigma}\cdot\boldsymbol{B}\right\}\psi = 0 \tag{10}$$

非相対論的な場合と全く同様に，（10）式の定常解は

$$\psi(\boldsymbol{r}, t) = \mathrm{e}^{-i\varepsilon t/\hbar}\varphi(\boldsymbol{r}) \tag{11}$$

という形をもつ．$\varepsilon = \hbar\omega$ はエネルギーの固有値であり，$\varphi(\boldsymbol{r})$ は，（11）式を（10）式に代入して得られる方程式

$$\{(\varepsilon + e\Phi)^2 - c^2(\boldsymbol{p} + e\boldsymbol{A})^2 - m^2c^4 + ic\hbar e\boldsymbol{\alpha}\cdot\boldsymbol{E} - c^2e\hbar\boldsymbol{\sigma}\cdot\boldsymbol{B}\}\varphi(\boldsymbol{r}) = 0 \tag{12}$$

の解である．ただし，この $\varphi(\boldsymbol{r})$ は

$$\varphi(\boldsymbol{r}) = \begin{pmatrix} \varphi_1(\boldsymbol{r}) \\ \varphi_2(\boldsymbol{r}) \\ \varphi_3(\boldsymbol{r}) \\ \varphi_4(\boldsymbol{r}) \end{pmatrix} \tag{13}$$

という形をもつ4成分の関数である．*

* （I）巻の§6.3の考え方を適用すれば，4個の $\varphi_j(\boldsymbol{r})$ のそれぞれが無限次元のベクトルであって，（I）巻の§6.3（15）式のように表されるのである．

§12.5 で自由なディラック電子を調べた結果，§12.5 (8a)，(8b) 式（152 ページ）が得られたのであるが，これは

$\varepsilon = \sqrt{m^2c^4 + c^2p^2}$ という正エネルギーをもつ自由電子の $\varphi(\boldsymbol{r})$ は

$$\varphi_{+\uparrow}(\boldsymbol{r}) = \begin{pmatrix} \mathrm{e}^{ikz}\cos\theta \\ 0 \\ \mathrm{e}^{ikz}\sin\theta \\ 0 \end{pmatrix}, \quad \varphi_{+\downarrow}(\boldsymbol{r}) = \begin{pmatrix} 0 \\ \mathrm{e}^{ikz}\cos\theta \\ 0 \\ -\mathrm{e}^{ikz}\sin\theta \end{pmatrix} \tag{14a}$$

$\varepsilon = -\sqrt{m^2c^4 + c^2p^2}$ という負エネルギーをもつ自由電子の $\varphi(\boldsymbol{r})$ は

$$\varphi_{-\uparrow}(\boldsymbol{r}) = \begin{pmatrix} -\mathrm{e}^{ikz}\sin\theta \\ 0 \\ \mathrm{e}^{ikz}\cos\theta \\ 0 \end{pmatrix}, \quad \varphi_{-\downarrow}(\boldsymbol{r}) = \begin{pmatrix} 0 \\ \mathrm{e}^{ikz}\sin\theta \\ 0 \\ \mathrm{e}^{ikz}\cos\theta \end{pmatrix} \tag{14b}$$

と表されることを示している．ところで，この θ という角は 152 ページの §12.5 (6) 式で与えられるので，$p \ll mc$ であるような非相対論的な場合には非常に小さい．したがって，正エネルギーの状態に対する (14a) 式では，上側の 2 行が下側の 2 行に比べてずっと大きい．負エネルギーの場合の (14b) 式では逆である．0 が半分存在するのは，スピンを上向きまたは下向きに固定した（つまり，スピンの z 成分の固有状態を考えた）からである．

平面波でない場合にも同様であって，エネルギーが正で，$+mc^2$ に近いような場合には (13) 式の φ_1, φ_2 が大きく（スピンの向きによって一方が 0 または小さいことはありうる），φ_3 と φ_4 は小さい．このとき，φ_1 と φ_2 を**大きい成分**，φ_3 と φ_4 を**小さい成分**とよぶ．エネルギーが負で，$-mc^2$ に近い場合には大小の関係は逆になる．これを見るには，(4) 式

$$\left(i\hbar\frac{\partial}{\partial t} + e\Phi\right)\psi = \{c\boldsymbol{\alpha}\cdot(\boldsymbol{p} + e\boldsymbol{A}) + \beta mc^2\}\psi$$

に (11) 式を代入して得られる式

$$(\varepsilon + e\Phi - \beta mc^2)\varphi(\boldsymbol{r}) = c\boldsymbol{\alpha}\cdot(\boldsymbol{p} + e\boldsymbol{A})\varphi(\boldsymbol{r}) \tag{15}$$

をつくっておき，4 行 4 列の $\alpha_1, \alpha_2, \alpha_3$ はそれぞれ 2 行 2 列のパウリ行列*

* (I) 巻の §8.1 では $\boldsymbol{\sigma}$ と記したもの．本章では 4 行 4 列のものと区別するため $\boldsymbol{\sigma}'$ と書くことにする．

$$\sigma_x{}' = \begin{pmatrix} 0 & 1 \\ 1 & 0 \end{pmatrix}, \quad \sigma_y{}' = \begin{pmatrix} 0 & -i \\ i & 0 \end{pmatrix}, \quad \sigma_z{}' = \begin{pmatrix} 1 & 0 \\ 0 & -1 \end{pmatrix}$$

との間に

$$\alpha_1 = \left(\begin{array}{cc|cc} 0 & 0 & \multicolumn{2}{c}{\multirow{2}{*}{$\sigma_x{}'$}} \\ 0 & 0 & & \\ \hline \multicolumn{2}{c|}{\multirow{2}{*}{$\sigma_x{}'$}} & 0 & 0 \\ & & 0 & 0 \end{array}\right), \quad \alpha_2 = \left(\begin{array}{cc|cc} 0 & 0 & \multicolumn{2}{c}{\multirow{2}{*}{$\sigma_y{}'$}} \\ 0 & 0 & & \\ \hline \multicolumn{2}{c|}{\multirow{2}{*}{$\sigma_y{}'$}} & 0 & 0 \\ & & 0 & 0 \end{array}\right), \quad \alpha_3 = \left(\begin{array}{cc|cc} 0 & 0 & \multicolumn{2}{c}{\multirow{2}{*}{$\sigma_z{}'$}} \\ 0 & 0 & & \\ \hline \multicolumn{2}{c|}{\multirow{2}{*}{$\sigma_z{}'$}} & 0 & 0 \\ & & 0 & 0 \end{array}\right)$$

という関係をもつことを利用する．そうすると，4 行 4 列の演算子と 4 行 1 列の $\varphi(\boldsymbol{r})$ の積として書かれている (15) 式は，次のような 2 つの式に分けて書かれることが容易にわかる．

$$(\varepsilon + e\Phi - mc^2)\begin{pmatrix} \varphi_1 \\ \varphi_2 \end{pmatrix} = c\boldsymbol{\sigma}'\cdot(\boldsymbol{p} + e\boldsymbol{A})\begin{pmatrix} \varphi_3 \\ \varphi_4 \end{pmatrix} \tag{16a}$$

$$(\varepsilon + e\Phi + mc^2)\begin{pmatrix} \varphi_3 \\ \varphi_4 \end{pmatrix} = c\boldsymbol{\sigma}'\cdot(\boldsymbol{p} + e\boldsymbol{A})\begin{pmatrix} \varphi_1 \\ \varphi_2 \end{pmatrix} \tag{16b}$$

いま，この電子の速さを v とすれば，$c(\boldsymbol{p} + e\boldsymbol{A})$ という演算子は mcv の程度の値を与えるものである．また

$$\varepsilon = mc^2 + \varepsilon' \tag{17}$$

とおけば，ε' は電子のエネルギーから静止エネルギー mc^2 を除いた残りであるから，正エネルギーをもって非相対論的に扱ってもよい程度にゆっくりと運動している場合には

$$|\varepsilon'| \cong |\varepsilon' + e\Phi| \cong mv^2 \ll mc^2$$

である．また，$\varepsilon + e\Phi + mc^2 \cong 2mc^2$ である．したがって，(16a) 式と (16b) 式のどちらも

$$\begin{pmatrix} \varphi_3 \\ \varphi_4 \end{pmatrix} \cong \frac{v}{c}\begin{pmatrix} \varphi_1 \\ \varphi_2 \end{pmatrix}$$

を与える．

上と同様の考えを (12) 式に適用してみよう．非相対論的 (正) エネルギー

の場合を考え

$$(\varepsilon + e\Phi)^2 - m^2c^4 = (\varepsilon' + e\Phi + mc^2)^2 - m^2c^4$$
$$= 2mc^2(\varepsilon' + e\Phi) + (\varepsilon' + e\Phi)^2$$

として最後の項を省略し，パウリ行列を用いれば，(12) 式は

$$\{2mc^2(\varepsilon' + e\Phi) - c^2(\boldsymbol{p} + e\boldsymbol{A})^2 - c^2e\hbar\boldsymbol{\sigma}'\cdot\boldsymbol{B}\}\begin{pmatrix}\varphi_1\\ \varphi_2\end{pmatrix} + ic\hbar e\boldsymbol{\sigma}'\cdot\boldsymbol{E}\begin{pmatrix}\varphi_3\\ \varphi_4\end{pmatrix} = 0 \tag{18a}$$

$$\{2mc^2(\varepsilon' + e\Phi) - c^2(\boldsymbol{p} + e\boldsymbol{A})^2 - c^2e\hbar\boldsymbol{\sigma}'\cdot\boldsymbol{B}\}\begin{pmatrix}\varphi_3\\ \varphi_4\end{pmatrix} + ic\hbar e\boldsymbol{\sigma}'\cdot\boldsymbol{E}\begin{pmatrix}\varphi_1\\ \varphi_2\end{pmatrix} = 0 \tag{18b}$$

となる．(18a) 式の左辺で小さい成分の項を省略し，全体を $-2mc^2$ で割れば，非相対論的な場合に対する近似式として

$$\left\{\frac{1}{2m}(\boldsymbol{p} + e\boldsymbol{A})^2 + \frac{e\hbar}{2m}\boldsymbol{\sigma}'\cdot\boldsymbol{B} - e\Phi\right\}\begin{pmatrix}\varphi_1\\ \varphi_2\end{pmatrix} = \varepsilon'\begin{pmatrix}\varphi_1\\ \varphi_2\end{pmatrix} \tag{19}$$

が得られる．$\boldsymbol{p} = -i\hbar\nabla$ であるから，$(\boldsymbol{p} + e\boldsymbol{A})^2/2m - e\Phi$ は質量が m で電荷が $-e$ の粒子が $\boldsymbol{A}, \Phi$ で与えられる電磁場内を運動している場合のシュレーディンガーのハミルトニアンである．$\boldsymbol{B}$ を含む項は，ボーア磁子（(I) 巻の§8.3を参照）β_{B} を用いて

$$\frac{e\hbar}{2m}\boldsymbol{\sigma}'\cdot\boldsymbol{B} = \beta_{\mathrm{B}}\boldsymbol{\sigma}'\cdot\boldsymbol{B}$$

あるいは，スピン角運動量 $\boldsymbol{s} = (\hbar/2)\boldsymbol{\sigma}'$ を用いて

$$\frac{e\hbar}{2m}\boldsymbol{\sigma}'\cdot\boldsymbol{B} = 2\frac{\beta_{\mathrm{B}}}{\hbar}\boldsymbol{s}\cdot\boldsymbol{B} \tag{20}$$

と書かれるが，これは，(I) 巻の§8.7で述べたように，電子はスピン $\boldsymbol{s}$ にともなって $-2\beta_{\mathrm{B}}\boldsymbol{s}/\hbar$ という磁気モーメントをもち，それと磁場との相互作用によるゼーマンエネルギーが (20) 式で与えられることを示す．このように，非相対論的極限でシュレーディンガー方程式が得られると同時に，電子がスピンとそれにともなう磁気モーメントをもつこともディラックの電子論から

自動的に導かれることがわかる．

スピン軌道相互作用の導出

簡単のために磁場がないときを考えると，$\boldsymbol{A}=0$ としてよくなる．このとき，(16b) 式の左辺で $\varepsilon+e\Phi+mc^2$ を $2mc^2$ とおいて得られる近似式

$$\begin{pmatrix}\varphi_3\\ \varphi_4\end{pmatrix}=\frac{1}{2mc}(\boldsymbol{\sigma}'\cdot\boldsymbol{p})\begin{pmatrix}\varphi_1\\ \varphi_2\end{pmatrix}$$

を (18a) 式の左辺の第2項に代入すると

$$\frac{ie\hbar}{2m}(\boldsymbol{\sigma}'\cdot\boldsymbol{E})(\boldsymbol{\sigma}'\cdot\boldsymbol{p})\begin{pmatrix}\varphi_1\\ \varphi_2\end{pmatrix}$$

が得られる．(19) 式を求めるときにはこの項を省略したのであるが，これを省略せずに残しておけば，(19) 式の左辺には，

$$-\frac{ie\hbar}{4m^2c^2}(\boldsymbol{\sigma}'\cdot\boldsymbol{E})(\boldsymbol{\sigma}'\cdot\boldsymbol{p})\begin{pmatrix}\varphi_1\\ \varphi_2\end{pmatrix}$$

という項が付加される．容易に証明できる恒等式

$$(\boldsymbol{\sigma}'\cdot\boldsymbol{C})(\boldsymbol{\sigma}'\cdot\boldsymbol{D})=(\boldsymbol{C}\cdot\boldsymbol{D})+i(\boldsymbol{\sigma}'\cdot[\boldsymbol{C}\times\boldsymbol{D}]) \tag{21}$$

を適用すれば，これは

$$\left\{-\frac{ie\hbar}{4m^2c^2}(\boldsymbol{E}\cdot\boldsymbol{p})+\frac{e\hbar}{4m^2c^2}(\boldsymbol{\sigma}'\cdot[\boldsymbol{E}\times\boldsymbol{p}])\right\}\begin{pmatrix}\varphi_1\\ \varphi_2\end{pmatrix}$$

となる．この式の｛　｝内の第2項がスピン軌道相互作用を与える．

中心力場では

$$\boldsymbol{E}=-\mathrm{grad}\,\Phi(r)=-\boldsymbol{r}\left(\frac{1}{r}\frac{d\Phi}{dr}\right)$$

であるから

$$H'\equiv\frac{e\hbar}{4m^2c^2}(\boldsymbol{\sigma}'\cdot[\boldsymbol{E}\times\boldsymbol{p}])=-\frac{e\hbar}{4m^2c^2}\left(\frac{1}{r}\frac{d\Phi}{dr}\right)(\boldsymbol{\sigma}'\cdot[\boldsymbol{r}\times\boldsymbol{p}]) \tag{22}$$

となるが，

$$\boldsymbol{s} = \frac{\hbar}{2}\boldsymbol{\sigma}', \qquad [\boldsymbol{r} \times \boldsymbol{p}] = \boldsymbol{l}$$

であるから

$$H' = -\frac{e}{2m^2c^2}\left(\frac{1}{r}\frac{d\Phi}{dr}\right)(\boldsymbol{s}' \cdot \boldsymbol{l}) \tag{23}$$

と書かれることがわかる．これが（I）巻の§8.3で扱ったスピン軌道相互作用である．

シュレーディンガー近似に対する相対論的な補正項は，スピン軌道相互作用以外にもいろいろあるが，これが最も重要なのでここで取扱った．

13

光子とその放出・吸収

真空中の電磁場は電磁波の重ね合せで表すことができる．そうすると，各成分波は一定点（たとえば$\boldsymbol{r}=0$）でそれが起こす単振動の振幅と位相定数によってきまるから，電磁場というのは無限個の調和振動子の集まりと同等である．このように置き換えた上で，その各振動子を量子化すれば，各振動子のエネルギーは$n\hbar\omega$という形に書けるから，電磁場のエネルギーは$\sum_{\lambda} n_{\lambda}\hbar\omega_{\lambda}$（$\lambda$は電磁波の種類を区別する記号）と表されることになる．そこで，このn_{λ}を光子の数と考えれば，電磁場は光子の集まりとみなすことが可能になる．光子はボース粒子であり，運動量（大きさ$\hbar\omega_{\lambda}/c$）を運ぶことも導かれる．

この章ではさらに，電子系と光との相互作用のハミルトニアンを求め（§13.4），非定常状態の摂動論による扱い方の一般論を概観し（§13.5），それを用いて光の吸収・放出を論じる．

§13.1　電磁波の古典論

よく知られているように，電磁場はマクスウェルの方程式で記述される．真空中（粒子があるときには粒子と粒子の中間）では，電荷密度ρも電流密度$\boldsymbol{j}$も0であるから，マクスウェルの方程式は

$$\mathrm{rot}\,\boldsymbol{E}+\frac{\partial\boldsymbol{B}}{\partial t}=0,\qquad \mathrm{div}\,\boldsymbol{B}=0$$

$$\mathrm{rot}\,\boldsymbol{H}-\frac{\partial\boldsymbol{D}}{\partial t}=0,\qquad \mathrm{div}\,\boldsymbol{D}=0$$

と書けるが，$\boldsymbol{D}=\epsilon_0\boldsymbol{E}$，$\boldsymbol{B}=\mu_0\boldsymbol{H}$であるからこれらを$\boldsymbol{E}$と$\boldsymbol{B}$だけで表せば

$$\mathrm{rot}\,\boldsymbol{E} + \frac{\partial \boldsymbol{B}}{\partial t} = 0 \tag{1a}$$

$$\mathrm{rot}\,\boldsymbol{B} - \epsilon_0\mu_0 \frac{\partial \boldsymbol{E}}{\partial t} = 0 \tag{1b}$$

$$\mathrm{div}\,\boldsymbol{B} = \mathrm{div}\,\boldsymbol{E} = 0 \tag{1c}$$

となる．この $\boldsymbol{B}(\boldsymbol{r},t)$ と $\boldsymbol{E}(\boldsymbol{r},t)$ は上に見るように独立ではないが，ベクトルポテンシャル $\boldsymbol{A}(\boldsymbol{r},t)$ を用いれば，この $\boldsymbol{A}(\boldsymbol{r},t)$ だけで真空中の電磁場は完全に記述されることが証明されている．$\boldsymbol{A}(\boldsymbol{r},t)$ は

$$\boldsymbol{B} = \mathrm{rot}\,\boldsymbol{A} \tag{2}$$

によって定義される．そうすると，$\mathrm{div}\,\boldsymbol{B} = \mathrm{div}\,\mathrm{rot}\,\boldsymbol{A} = 0$ はベクトルの恒等式により自動的に満たされる．(2) 式を (1a) 式に代入すれば，$\boldsymbol{A}$ から $\boldsymbol{E}$ を求める式

$$\boldsymbol{E} = -\frac{\partial \boldsymbol{A}}{\partial t} \tag{3}$$

が得られる．(3) 式と (2) 式を (1b) 式に代入すれば，$\boldsymbol{A}$ をきめる微分方程式として

$$\nabla^2\boldsymbol{A} - \frac{1}{c^2}\frac{\partial^2 \boldsymbol{A}}{\partial t^2} = 0 \tag{4}$$

が容易に得られる．ただし

$$c = \sqrt{\frac{1}{\epsilon_0\mu_0}} = 3 \times 10^8\ \mathrm{m/s}$$

は真空中の光速である．(1a)～(1c) 式のうちで使っていないのは $\mathrm{div}\,\boldsymbol{E} = 0$ だけであるが，これを満たすためには

$$\mathrm{div}\,\boldsymbol{A} = 0 \tag{5}$$

でなければならないので，(4) 式の導出にも (5) 式を用いてある．

(4) 式は速さ c で伝わる波動を表す微分方程式で，この波がもちろん**電磁波**である．そこで，$\boldsymbol{A}(\boldsymbol{r},t)$ をフーリエ級数で表すことを試みよう．話を簡単にするために，いつもやるように電磁場は1辺の長さが L の立方体 (0 ≦

$x, y, z \leqq L$) の中にできているものとし，x, y, z の 3 方向について §11.1 と同じ周期的境界条件を課することにする．そうすると

$$k_x = \frac{2\pi}{L}n_x,\ \ k_y = \frac{2\pi}{L}n_y,\ \ k_z = \frac{2\pi}{L}n_z \qquad (n_x, n_y, n_z = 0, \pm 1, \pm 2, \cdots) \tag{6}$$

を満たす $\boldsymbol{k}$ を用いた平面波

$$\boldsymbol{A}(\boldsymbol{r}, t) = \boldsymbol{A}_0 \mathrm{e}^{i(\boldsymbol{k}\cdot\boldsymbol{r}-\omega t)} \tag{7}$$

をいろいろな $\boldsymbol{k}$ について重ね合わせればよいことになる．

まず，単独の平面波 (7) 式について $\boldsymbol{A}_0$ や ω がどうなるのかを調べてみよう．$\boldsymbol{A}$ が満たすべき関係式は (4) 式と (5) 式であるが，波動方程式 (4) に (7) 式を代入すれば，ただちに

$$({k_x}^2 + {k_y}^2 + {k_z}^2) = \frac{1}{c^2}\omega^2$$

が得られるから，$|\boldsymbol{k}| = k$ として

$$\omega = ck \tag{8}$$

が求められる．次に，(7) 式を (5) 式に代入すれば

$$\begin{aligned} 0 = \mathrm{div}\,\boldsymbol{A} &= \frac{\partial}{\partial x}A_{0x}\,\mathrm{e}^{i(\boldsymbol{k}\cdot\boldsymbol{r}-\omega t)} + \frac{\partial}{\partial y}A_{0y}\,\mathrm{e}^{i(\boldsymbol{k}\cdot\boldsymbol{r}-\omega t)} + \frac{\partial}{\partial z}A_{0z}\,\mathrm{e}^{i(\boldsymbol{k}\cdot\boldsymbol{r}-\omega t)} \\ &= i(A_{0x}k_x + A_{0y}k_y + A_{0z}k_z)\,\mathrm{e}^{i(\boldsymbol{k}\cdot\boldsymbol{r}-\omega t)} = i(\boldsymbol{A}_0\cdot\boldsymbol{k})\,\mathrm{e}^{i(\boldsymbol{k}\cdot\boldsymbol{r}-\omega t)} \end{aligned}$$

となるから

$$\boldsymbol{A}_0\cdot\boldsymbol{k} = 0 \tag{9}$$

つまり，$\boldsymbol{A}_0$ は $\boldsymbol{k}$（波の進行方向）に垂直であることがわかる．これは $\boldsymbol{A}$ の波が横波であることを示す．そこで $\boldsymbol{A}_0$ の方向をもつ単位ベクトルを $\boldsymbol{e}$ と書くことにすれば，

$$\boldsymbol{A}(\boldsymbol{r}, t) = \boldsymbol{e}A_0\mathrm{e}^{i(\boldsymbol{k}\cdot\boldsymbol{r}-\omega t)} \qquad (|\boldsymbol{A}_0| = A_0 \text{ は複素数}) \tag{10$'$}$$

となる．これを (3) 式と (2) 式に代入すれば

$$\boldsymbol{E}(\boldsymbol{r}, t) = i\omega\boldsymbol{e}A_0\mathrm{e}^{i(\boldsymbol{k}\cdot\boldsymbol{r}-\omega t)} \tag{11a$'$}$$

$$\boldsymbol{B}(\boldsymbol{r}, t) = i(\boldsymbol{k}\times\boldsymbol{e})A_0\mathrm{e}^{i(\boldsymbol{k}\cdot\boldsymbol{r}-\omega t)} \tag{11b$'$}$$

が得られる．

これらがマクスウェルの方程式を満たすことは保証されたわけだが，物理的な意味をもつためには $\boldsymbol{E}$ や $\boldsymbol{B}$ は実数を成分とするベクトルでなくては困る．これらがマクスウェルの方程式を満たすということは実部と虚部がそれぞれ満たすということであるから，(10)′, (11a)′, (11b)′ 式の実数部分だけをとったものを解として用いることもできる．あるいは，これらとその複素共役との和を採用してもよい．そこで，(10)′ 式の代りに

$$\boldsymbol{A}(\boldsymbol{r},t)=\sqrt{\frac{1}{V}}\,\boldsymbol{e}\,\{q_{\boldsymbol{k}}(t)\,\mathrm{e}^{i\boldsymbol{k}\cdot\boldsymbol{r}}+q_{\boldsymbol{k}}{}^{*}(t)\,\mathrm{e}^{-i\boldsymbol{k}\cdot\boldsymbol{r}}\} \tag{10}$$

とおくことにすると，マクスウェルの方程式を満たすためには

$$q_{\boldsymbol{k}}(t)=|q_{\boldsymbol{k}}|\,\mathrm{e}^{-i(\omega t+\delta)} \tag{10a}$$

であって，$\omega=c|\boldsymbol{k}|$ であればよいことになる．$|q_{\boldsymbol{k}}|$ と δ は任意であって，与えられた条件に応じてきまる．$V=L^3$ は体積である．(10) 式は，また

$$\boldsymbol{A}(\boldsymbol{r},t)=\sqrt{\frac{1}{V}}\,\boldsymbol{e}\,2|q_{\boldsymbol{k}}|\cos(\omega t-\boldsymbol{k}\cdot\boldsymbol{r}+\delta) \tag{10b}$$

とも書ける．これから

$$\boldsymbol{E}(\boldsymbol{r},t)=-\frac{\partial\boldsymbol{A}}{\partial t}=\sqrt{\frac{1}{V}}\,\boldsymbol{e}\,2|q_{\boldsymbol{k}}|\,\omega\sin(\omega t-\boldsymbol{k}\cdot\boldsymbol{r}+\delta) \tag{11a}$$

$$\boldsymbol{B}(\boldsymbol{r},t)=\mathrm{rot}\,\boldsymbol{A}=\sqrt{\frac{1}{V}}\,(\boldsymbol{k}\times\boldsymbol{e})\,2|q_{\boldsymbol{k}}|\sin(\omega t-\boldsymbol{k}\cdot\boldsymbol{r}+\delta) \tag{11b}$$

が得られる．つまり，$\boldsymbol{e}$ は $\boldsymbol{E}$ の方向（$\boldsymbol{k}$ に垂直）と一致し，$\boldsymbol{B}$ はこの $\boldsymbol{E}$ と $\boldsymbol{k}$ の両方に垂直である（13-1 図）．

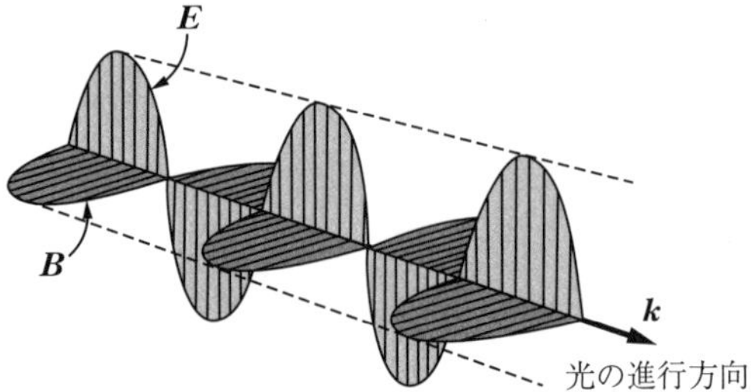

13-1 図　電磁波の進行方向と $\boldsymbol{E}$ と $\boldsymbol{B}$ の関係

さて，(10) 式は $\boldsymbol{k}$ のきまった 1 つの平面波であ

るが，一般の解は，あらゆる $\boldsymbol{k}$ に対するこのような平面波を重ねたものである．ところで，1つの $\boldsymbol{k}$ に対してそれに垂直な方向というのは1つの平面であるから，この平面内の勝手なベクトルは，互いに垂直な2つの単位ベクトルを用いて表すことができる．そこで，各 $\boldsymbol{k}$ ごとにこれに垂直で互いに直交する単位ベクトルを定め，これらを $\boldsymbol{e}_{k1}, \boldsymbol{e}_{k2}$ と記すことにしよう．そうすると（10）式を一般化したものは

$$\boldsymbol{A}(\boldsymbol{r}, t) = \sqrt{\frac{1}{V}} \sum_{\boldsymbol{k}} \sum_{\gamma=1}^{2} \boldsymbol{e}_{\boldsymbol{k}\gamma} \{q_{\boldsymbol{k}\gamma}(t) \mathrm{e}^{i\boldsymbol{k}\cdot\boldsymbol{r}} + q_{\boldsymbol{k}\gamma}{}^*(t) \mathrm{e}^{-i\boldsymbol{k}\cdot\boldsymbol{r}}\} \tag{12}$$

と書かれる．そして，$\boldsymbol{A}(\boldsymbol{r}, t)$ を決定するということは，すべての $(\boldsymbol{k}, \gamma)$ ごとに $q_{\boldsymbol{k}\gamma}(t)$ をきめるということと同等である．ただし，マクスウェルの方程式を満たすためには，$\omega_{\boldsymbol{k}} = c|\boldsymbol{k}|$ として

$$q_{\boldsymbol{k}\gamma}(t) = |q_{\boldsymbol{k}\gamma}| \exp\{-i(\omega_{\boldsymbol{k}} t + \delta_{\boldsymbol{k}\gamma})\}$$

という単振動でなければならないから，その振幅 $|q_{\boldsymbol{k}\gamma}|$ と位相定数 $\delta_{\boldsymbol{k}\gamma}$ をきめればよいのである．

$q_{\boldsymbol{k}\gamma}(t)$ の代りに

$$Q_{\boldsymbol{k}\gamma}(t) = q_{\boldsymbol{k}\gamma}(t) + q_{\boldsymbol{k}\gamma}{}^*(t) = 2|q_{\boldsymbol{k}\gamma}| \cos(\omega_{\boldsymbol{k}} t + \delta_{\boldsymbol{k}\gamma}) \tag{13}$$

とおけば，これは $(\boldsymbol{k}, \gamma)$ で指定される成分波が原点 $\boldsymbol{r} = 0$ に起こす $\boldsymbol{A}$ の振動であるが（(12) 式を見よ），すべての $(\boldsymbol{k}, \gamma)$ についてこの振動の振幅と位相定数をきめれば $\boldsymbol{A}(\boldsymbol{r}, t)$ が完全に決定されるといっても同じことである．そういう意味で，われわれの電磁場はこのような1次元調和振動子の集まり（∞ 個）と同等である．

なお，$\boldsymbol{E}$ と $\boldsymbol{B}$ は（11a），(11b）式を $\boldsymbol{k}, \gamma$ について加えた

$$\boldsymbol{E}(\boldsymbol{r}, t) = \sqrt{\frac{1}{V}} \sum_{\boldsymbol{k}} \sum_{\gamma} \boldsymbol{e}_{\boldsymbol{k}\gamma} i\omega_{\boldsymbol{k}} \{q_{\boldsymbol{k}\gamma}(t) \mathrm{e}^{i\boldsymbol{k}\cdot\boldsymbol{r}} - q_{\boldsymbol{k}\gamma}{}^*(t) \mathrm{e}^{-i\boldsymbol{k}\cdot\boldsymbol{r}}\} \tag{14a}$$

$$\boldsymbol{B}(\boldsymbol{r}, t) = \sqrt{\frac{1}{V}} \sum_{\boldsymbol{k}} \sum_{\gamma} (\boldsymbol{k} \times \boldsymbol{e}_{\boldsymbol{k}\gamma}) i \{q_{\boldsymbol{k}\gamma}(t) \mathrm{e}^{i\boldsymbol{k}\cdot\boldsymbol{r}} - q_{\boldsymbol{k}\gamma}{}^*(t) \mathrm{e}^{-i\boldsymbol{k}\cdot\boldsymbol{r}}\} \tag{14b}$$

で表される．

§13.2　光　子

電磁気学によれば，電磁場のエネルギー密度は一般に

$$U(\boldsymbol{r}, t) = \frac{1}{2}(\boldsymbol{D}\cdot\boldsymbol{E} + \boldsymbol{B}\cdot\boldsymbol{H}) \tag{1}$$

で与えられる．真空中では $\boldsymbol{D} = \epsilon_0\boldsymbol{E}$，$\boldsymbol{H} = \boldsymbol{B}/\mu_0$ であるから，これらを代入して U を $\boldsymbol{E}$ と $\boldsymbol{B}$ で表し，それに前節の (14a), (14b) 式を入れ，$\boldsymbol{r}$ について体積 $V = L^3$ 内で積分すれば，V 内の電磁場のエネルギーを $q_{\boldsymbol{k}\gamma}$ で表す式が得られる．それには

$$\begin{aligned}
\mathscr{H} &\equiv \iiint U\, d\boldsymbol{r} \\
&= \frac{-\epsilon_0}{2V}\sum_{\boldsymbol{k}\gamma}\sum_{\boldsymbol{k}'\gamma'}\left[(\boldsymbol{e}_{\boldsymbol{k}\gamma}\cdot\boldsymbol{e}_{\boldsymbol{k}'\gamma'})\omega_{\boldsymbol{k}}\omega_{\boldsymbol{k}'} + \frac{1}{\epsilon_0\mu_0}\{(\boldsymbol{k}\times\boldsymbol{e}_{\boldsymbol{k}\gamma})\cdot(\boldsymbol{k}'\times\boldsymbol{e}_{\boldsymbol{k}'\gamma'})\}\right] \\
&\quad\times\iiint\{q_{\boldsymbol{k}\gamma}q_{\boldsymbol{k}'\gamma'}\mathrm{e}^{i(\boldsymbol{k}+\boldsymbol{k}')\cdot\boldsymbol{r}} - q_{\boldsymbol{k}\gamma}q_{\boldsymbol{k}'\gamma'}{}^*\mathrm{e}^{i(\boldsymbol{k}-\boldsymbol{k}')\cdot\boldsymbol{r}} \\
&\qquad - q_{\boldsymbol{k}\gamma}{}^*q_{\boldsymbol{k}'\gamma'}\mathrm{e}^{-i(\boldsymbol{k}-\boldsymbol{k}')\cdot\boldsymbol{r}} + q_{\boldsymbol{k}\gamma}{}^*q_{\boldsymbol{k}'\gamma'}{}^*\mathrm{e}^{-i(\boldsymbol{k}+\boldsymbol{k}')\cdot\boldsymbol{r}}\}\, d\boldsymbol{r}
\end{aligned}$$

を計算すればよいが，右辺の積分で0にならないのは指数が0のものに限られるから，$\boldsymbol{k} = \pm\boldsymbol{k}'$ でなくてはならない．ところが，$\boldsymbol{k} = -\boldsymbol{k}'$ のとき，$\boldsymbol{e}_{\boldsymbol{k}1} = \boldsymbol{e}_{\boldsymbol{k}'1}$，$\boldsymbol{e}_{\boldsymbol{k}2} = \boldsymbol{e}_{\boldsymbol{k}'2}$ と選んでおくと，

$$(\boldsymbol{e}_{\boldsymbol{k}\gamma}\cdot\boldsymbol{e}_{\boldsymbol{k}'\gamma'})\omega_{\boldsymbol{k}}\omega_{\boldsymbol{k}'} + \frac{1}{\epsilon_0\mu_0}\{(\boldsymbol{k}\times\boldsymbol{e}_{\boldsymbol{k}\gamma})\cdot(\boldsymbol{k}'\times\boldsymbol{e}_{\boldsymbol{k}'\gamma'})\} = \delta_{\gamma\gamma'}\left(\omega_{\boldsymbol{k}}{}^2 - \frac{k^2}{\epsilon_0\mu_0}\right)$$

となり，$\omega_{\boldsymbol{k}} = ck$，$c^2 = 1/\epsilon_0\mu_0$ であるから，これは0となる．したがって，$\boldsymbol{k}$ と $\boldsymbol{k}'$ についての二重和は $\boldsymbol{k} = \boldsymbol{k}'$ に関する和だけになり，次式を得る．

$$\mathscr{H} = \frac{\epsilon_0}{2}\sum_{\boldsymbol{k},\gamma}(\omega_{\boldsymbol{k}}{}^2 + c^2k^2)(q_{\boldsymbol{k}\gamma}q_{\boldsymbol{k}\gamma}{}^* + q_{\boldsymbol{k}\gamma}{}^*q_{\boldsymbol{k}\gamma}) = \sum_{\boldsymbol{k},\gamma}2\epsilon_0\omega_{\boldsymbol{k}}{}^2q_{\boldsymbol{k}\gamma}{}^*q_{\boldsymbol{k}\gamma} \tag{2}$$

$q_{\boldsymbol{k}\gamma}(t)$ の代りに，前節の (13) 式で定義された $Q_{\boldsymbol{k}\gamma}(t)$ を用いて表すことを考えよう．(13) 式を t で微分すれば

$$\frac{dQ_{\boldsymbol{k}\gamma}(t)}{dt} = -i\omega_{\boldsymbol{k}}(q_{\boldsymbol{k}\gamma} - q_{\boldsymbol{k}\gamma}{}^*)$$

を得るから

$$\left(\frac{dQ_{\boldsymbol{k}\gamma}}{dt}\right)^2 = -\omega_{\boldsymbol{k}}{}^2(q_{\boldsymbol{k}\gamma}{}^2 - 2q_{\boldsymbol{k}\gamma}{}^* q_{\boldsymbol{k}\gamma} + q_{\boldsymbol{k}\gamma}{}^{*2})$$

また

$$\omega_{\boldsymbol{k}}{}^2 Q_{\boldsymbol{k}\gamma}{}^2 = \omega_{\boldsymbol{k}}{}^2(q_{\boldsymbol{k}\gamma}{}^2 + 2q_{\boldsymbol{k}\gamma}{}^* q_{\boldsymbol{k}\gamma} + q_{\boldsymbol{k}\gamma}{}^{*2})$$

であるから

$$\frac{1}{2}\left\{\left(\frac{dQ_{\boldsymbol{k}\gamma}}{dt}\right)^2 + \omega_{\boldsymbol{k}}{}^2 Q_{\boldsymbol{k}\gamma}{}^2\right\} = 2\omega_{\boldsymbol{k}}{}^2 q_{\boldsymbol{k}\gamma}{}^* q_{\boldsymbol{k}\gamma}$$

ゆえに，電磁場のエネルギーは次のように表されることがわかった．

$$\mathcal{H} = \sum_{\boldsymbol{k},\gamma} \frac{\epsilon_0}{2}\left\{\left(\frac{dQ_{\boldsymbol{k}\gamma}}{dt}\right)^2 + \omega_{\boldsymbol{k}}{}^2 Q_{\boldsymbol{k}\gamma}{}^2\right\} \tag{3}$$

この (3) 式と，質量が m で角振動数が ω の 1 次元調和振動子のエネルギー

$$\frac{m}{2}\left\{\left(\frac{dx}{dt}\right)^2 + \omega^2 x^2\right\}$$

とを比較してみると，電磁場は，各 $(\boldsymbol{k}, \gamma)$ に対する $Q_{\boldsymbol{k}\gamma}(t)$ の振幅と位相定数を指定すればきまるというだけでなく，エネルギーが振動子の和の形 (3) 式で表されるという点まで含めて，無限個の 1 次元調和振動子の集まりと同等であることがわかる（ジーンズの定理という）．

このように電磁場を振動子の集まりとみなすことにすると，$Q_{\boldsymbol{k}\gamma}$ はその“一般化された座標”である．フォノンのときと異なり，$\boldsymbol{k}$ の大きさに上限はないので，$Q_{\boldsymbol{k}\gamma}$ は無限個あるから，電磁場の自由度は ∞ である．量子論へ移るには，エネルギー $\mathcal{H}$ を座標とそれに共役な運動量で表さなければならない．すぐわかるように，$Q_{\boldsymbol{k}\gamma}$ に共役な一般化された運動量は*

$$P_{\boldsymbol{k}\gamma} = \epsilon_0 \frac{dQ_{\boldsymbol{k}\gamma}}{dt} \tag{4}$$

である．そこで，エネルギーを座標と運動量で表したハミルトニアンは

$$\mathcal{H} = \sum_{\boldsymbol{k},\gamma}\left(\frac{1}{2\epsilon_0}P_{\boldsymbol{k}\gamma}{}^2 + \frac{1}{2}\epsilon_0\omega_{\boldsymbol{k}}{}^2 Q_{\boldsymbol{k}\gamma}{}^2\right) \tag{5}$$

---

*　これは光（子）が運ぶ運動量（§13.3 を参照）とは別のものである．

と表されることがわかる．ここで，量子論へ移るには

$$P_{\boldsymbol{k}\gamma} \longrightarrow -i\hbar\frac{\partial}{\partial Q_{\boldsymbol{k}\gamma}} \tag{6}$$

という置き換えをすればよい．量子論的ハミルトニアンは

$$\mathscr{H} = \sum_{\boldsymbol{k},\gamma}\left(-\frac{\hbar^2}{2\epsilon_0}\frac{\partial^2}{\partial {Q_{\boldsymbol{k}\gamma}}^2} + \frac{1}{2}\epsilon_0{\omega_{\boldsymbol{k}}}^2{Q_{\boldsymbol{k}\gamma}}^2\right) \tag{7}$$

となる．

(7) 式で与えられるハミルトニアンの固有関数は，(I) 巻の§2.6 (24a) 式の積で与えられ，エネルギー固有値は，和

$$E_{[n]} = \sum_{\boldsymbol{k},\gamma}\left(n_{\boldsymbol{k}\gamma} + \frac{1}{2}\right)\hbar\omega_{\boldsymbol{k}} \qquad (n_{\boldsymbol{k}\gamma} = 0, 1, 2, \cdots) \tag{8}$$

で与えられる．添字 $[n]$ は $n_{\boldsymbol{k}\gamma}$ の組を代表して 1 つの文字で表したものである．ここで困るのは，右辺の（　）内の 1/2 である．振動子は無限にあるから $\sum_{\boldsymbol{k},\gamma}\hbar\omega_{\boldsymbol{k}}/2$ は発散する．しかし，これは $E_{[n]}$ に対する単なる付加定数であるし，後に (12) 式を出すときに見るような適当な方法で消去することもできるので，以下では省略することにする．そうすると

$$E_{[n]} = \sum_{\boldsymbol{k},\gamma} n_{\boldsymbol{k}\gamma}\hbar\omega_{\boldsymbol{k}} \tag{9}$$

が得られる．この式は，振動数が ν の電磁波のエネルギーは $h\nu$ $(=\hbar\omega)$ の整数倍に等しい，というプランクの量子仮説を表したものである．また，これをアインシュタイン流に考えれば，<u>$n_{\boldsymbol{k}\gamma}$ は光子の数を表す</u>，と解釈することができるのである．

1 次元調和振動子において，(I) 巻の§2.6 (27a), (27b) 式で定義された演算子 a^*, a は，振動量子数を 1 だけ増したり減らしたりする作用をもつものであった（(I) 巻の§2.6 (28) 式）．そこで，各 $(\boldsymbol{k}, \gamma)$ ごとに

$$\begin{cases} {a_{\boldsymbol{k}\gamma}}^* = \sqrt{\dfrac{\epsilon_0\omega_{\boldsymbol{k}}}{2\hbar}}\left(Q_{\boldsymbol{k}\gamma} - \dfrac{i}{\epsilon_0\omega_{\boldsymbol{k}}}P_{\boldsymbol{k}\gamma}\right) & \text{(10a)} \\ a_{\boldsymbol{k}\gamma} = \sqrt{\dfrac{\epsilon_0\omega_{\boldsymbol{k}}}{2\hbar}}\left(Q_{\boldsymbol{k}\gamma} + \dfrac{i}{\epsilon_0\omega_{\boldsymbol{k}}}P_{\boldsymbol{k}\gamma}\right) & \text{(10b)} \end{cases}$$

を定義すると，フォノンの場合（§11.9を参照）と全く同様に，これらは光子（フォトン）の生成・消滅演算子とみなすことができる．

前節の（13）式（171ページ）によれば $Q_{\boldsymbol{k}\gamma} = q_{\boldsymbol{k}\gamma} + q_{\boldsymbol{k}\gamma}{}^*$ であり

$$P_{\boldsymbol{k}\gamma} = \epsilon_0 \frac{dQ_{\boldsymbol{k}\gamma}}{dt} = \epsilon_0\left(\frac{dq_{\boldsymbol{k}\gamma}}{dt} + \frac{dq_{\boldsymbol{k}\gamma}{}^*}{dt}\right) = -i\epsilon_0\omega_{\boldsymbol{k}}(q_{\boldsymbol{k}\gamma} - q_{\boldsymbol{k}\gamma}{}^*)$$

であるから

$$\begin{cases} a_{\boldsymbol{k}\gamma}{}^* = \sqrt{\dfrac{2\epsilon_0\omega_{\boldsymbol{k}}}{\hbar}}\, q_{\boldsymbol{k}\gamma}{}^* & \text{(11a)} \\ a_{\boldsymbol{k}\gamma} = \sqrt{\dfrac{2\epsilon_0\omega_{\boldsymbol{k}}}{\hbar}}\, q_{\boldsymbol{k}\gamma} & \text{(11b)} \end{cases}$$

となっていることは容易にわかる．（5）式と（10a），(10b）式を比較する代りに，（2）式に（11a），(11b）式を入れれば

$$\mathscr{H} = \sum_{\boldsymbol{k},\gamma} \hbar\omega_{\boldsymbol{k}} a_{\boldsymbol{k}\gamma}{}^* a_{\boldsymbol{k}\gamma} \tag{12}$$

となって，$\hbar\omega_{\boldsymbol{k}}/2$ のつかない形が得られる．*

以上のように，電磁場は光子の集まりである，と考える立場をとるならば，すべての $(\boldsymbol{k}, \gamma)$ に対する $n_{\boldsymbol{k}\gamma}$ を並べた

$$|n_{\boldsymbol{k}_1 1}, n_{\boldsymbol{k}_1 2}, n_{\boldsymbol{k}_2 1}, \cdots, n_{\boldsymbol{k}\gamma}, \cdots\rangle$$

によって電磁場の状態を指定することができる．そして，$a_{\boldsymbol{k}\gamma}{}^*, a_{\boldsymbol{k}\gamma}$ は

$$a_{\boldsymbol{k}\gamma}{}^*|\cdots, n_{\boldsymbol{k}\gamma}, \cdots\rangle = \sqrt{n_{\boldsymbol{k}\gamma}+1}\,|\cdots, n_{\boldsymbol{k}\gamma}+1, \cdots\rangle \tag{13a}$$

$$a_{\boldsymbol{k}\gamma}|\cdots, n_{\boldsymbol{k}\gamma}, \cdots\rangle = \sqrt{n_{\boldsymbol{k}\gamma}}\,|\cdots, n_{\boldsymbol{k}\gamma}-1, \cdots\rangle \tag{13b}$$

$$a_{\boldsymbol{k}\gamma}{}^* a_{\boldsymbol{k}\gamma}|\cdots, n_{\boldsymbol{k}\gamma}, \cdots\rangle = n_{\boldsymbol{k}\gamma}|\cdots, n_{\boldsymbol{k}\gamma}, \cdots\rangle \tag{13c}$$

$$a_{\boldsymbol{k}\gamma} a_{\boldsymbol{k}\gamma}{}^*|\cdots, n_{\boldsymbol{k}\gamma}, \cdots\rangle = (n_{\boldsymbol{k}\gamma}+1)|\cdots, n_{\boldsymbol{k}\gamma}, \cdots\rangle \tag{13d}$$

を満たす．（13c），(13d）式より

$$a_{\boldsymbol{k}\gamma} a_{\boldsymbol{k}\gamma}{}^* - a_{\boldsymbol{k}\gamma}{}^* a_{\boldsymbol{k}\gamma} = 1 \tag{14}$$

---

* 古典論では $q^*q = qq^* = (q^*q + qq^*)/2$ であるが，量子化して演算子にすると $q^*q \neq qq^*$ となってしまう．q^*q としておいて演算子に移行すれば（12）式が得られる．$(q^*q + qq^*)/2$ としておいて移行すると，a^*a の代りに $a^*a + 1/2$ が得られる．このように，積のとり方が古典論では一義的でないので，（12）式のように都合のよい形が得られるようなものを採用する，ということにしておく．

が得られるが，その他のボース粒子に関する生成・消滅演算子の交換関係（§11.4 (9) 式，108 ページ）が満たされることは明らかであろう．したがって

光子はボース粒子である

ということがわかる．*

なお，$\boldsymbol{A}, \boldsymbol{E}$ と $\boldsymbol{B}$ — これらは物理量であるから量子論では当然のことながら演算子となる — を $a_{\boldsymbol{k}\gamma}, a_{\boldsymbol{k}\gamma}{}^*$ で表せば，

$$\boldsymbol{A}(\boldsymbol{r}) = \sqrt{\frac{\hbar}{2\epsilon_0 V}} \sum_{\boldsymbol{k},\gamma} \frac{\boldsymbol{e}_{\boldsymbol{k}\gamma}}{\sqrt{\omega_{\boldsymbol{k}}}} (\mathrm{e}^{i\boldsymbol{k}\cdot\boldsymbol{r}} a_{\boldsymbol{k}\gamma} + \mathrm{e}^{-i\boldsymbol{k}\cdot\boldsymbol{r}} a_{\boldsymbol{k}\gamma}{}^*) \tag{14a}$$

$$\boldsymbol{E}(\boldsymbol{r}) = \sqrt{\frac{\hbar}{2\epsilon_0 V}} \sum_{\boldsymbol{k},\gamma} \boldsymbol{e}_{\boldsymbol{k}\gamma} i\sqrt{\omega_{\boldsymbol{k}}} (\mathrm{e}^{i\boldsymbol{k}\cdot\boldsymbol{r}} a_{\boldsymbol{k}\gamma} - \mathrm{e}^{-i\boldsymbol{k}\cdot\boldsymbol{r}} a_{\boldsymbol{k}\gamma}{}^*) \tag{14b}$$

$$\boldsymbol{B}(\boldsymbol{r}) = \sqrt{\frac{\hbar}{2\epsilon_0 V}} \sum_{\boldsymbol{k},\gamma} (\boldsymbol{k} \times \boldsymbol{e}_{\boldsymbol{k}\gamma}) \frac{i}{\sqrt{\omega_{\boldsymbol{k}}}} (\mathrm{e}^{i\boldsymbol{k}\cdot\boldsymbol{r}} a_{\boldsymbol{k}\gamma} - \mathrm{e}^{-i\boldsymbol{k}\cdot\boldsymbol{r}} a_{\boldsymbol{k}\gamma}{}^*) \tag{14c}$$

となる．

シュレーディンガー表示（(I) 巻の§6.9 を参照）で粒子系を扱う場合に，粒子の座標 x, y, z などは t の関数であることが表面に出なかった．電磁場を振動子の集まりと見る立場では $Q_{\boldsymbol{k}\gamma}$ が粒子の座標に対応するので，シュレーディンガー表示を用いる限り，$Q_{\boldsymbol{k}\gamma}$ は t とは独立のようにみなすことになる．$q_{\boldsymbol{k}\gamma}, q_{\boldsymbol{k}\gamma}{}^*$ も同様であり，したがってわれわれは $a_{\boldsymbol{k}\gamma}, a_{\boldsymbol{k}\gamma}{}^*$ も t の関数とは考えない．そこで，上の式では時間を示す t の字を省いたのである．$\boldsymbol{r}$ は粒子（振動子あるいは光子）の座標でも何でもなく，ただ電磁場内の各点の位置を示すパラメータに過ぎない．

ハイゼンベルク表示に移るには，上の式の各項を $\mathrm{e}^{i\mathcal{H}t/\hbar}$ と $\mathrm{e}^{-i\mathcal{H}t/\hbar}$ で左右からはさめばよい．そうすると，左辺は $\boldsymbol{A}(\boldsymbol{r}, t), \boldsymbol{E}(\boldsymbol{r}, t), \boldsymbol{B}(\boldsymbol{r}, t)$ となるが，

* 電磁場を光子の集まりと見た場合，光子はボース統計に従う．しかし，同じ電磁場を振動子の集まりとみなした場合には，これらの振動子はボース粒子などではない．$(\boldsymbol{k}, \gamma)$ の異なる振動子は区別できるから，マクスウェル - ボルツマン統計を適用せねばならない．

右辺では

$$a_{k\gamma} \longrightarrow a_{k\gamma}(t) = \mathrm{e}^{i\mathcal{H}t/\hbar} a_{k\gamma} \mathrm{e}^{-i\mathcal{H}t/\hbar}$$

$$a_{k\gamma}{}^* \longrightarrow a_{k\gamma}{}^*(t) = \mathrm{e}^{i\mathcal{H}t/\hbar} a_{k\gamma}{}^* \mathrm{e}^{-i\mathcal{H}t/\hbar}$$

とすればよい．$\mathcal{H} = \sum_{\boldsymbol{k},\gamma} \hbar\omega_{\boldsymbol{k}} a_{\boldsymbol{k}\gamma}{}^* a_{\boldsymbol{k}\gamma}$ であるから

$$\mathrm{e}^{\pm i\mathcal{H}t/\hbar} |\cdots, n_{\boldsymbol{k}\gamma}, \cdots\rangle = \exp\left\{\pm i\left(\sum_{\boldsymbol{k},\gamma} n_{\boldsymbol{k}\gamma} \hbar\omega_{\boldsymbol{k}}\right)\frac{t}{\hbar}\right\} |\cdots, n_{\boldsymbol{k}\gamma}, \cdots\rangle$$

となることは明らかであろう．$a_{\boldsymbol{k}\gamma}, a_{\boldsymbol{k}\gamma}{}^*$ が $n_{\boldsymbol{k}\gamma}$ を 1 だけ増減させる演算子であることと，このこととを用いれば

$$\begin{cases} a_{\boldsymbol{k}\gamma}(t) = \mathrm{e}^{-i\omega_{\boldsymbol{k}}t} a_{\boldsymbol{k}\gamma} & \text{(15a)} \\ a_{\boldsymbol{k}\gamma}{}^*(t) = \mathrm{e}^{+i\omega_{\boldsymbol{k}}t} a_{\boldsymbol{k}\gamma}{}^* & \text{(15b)} \end{cases}$$

は容易に得られる．したがって，(14a)～(14c) 式の $a_{\boldsymbol{k}\gamma}, a_{\boldsymbol{k}\gamma}{}^*$ の代りに (15a), (15b) 式を入れれば，ハイゼンベルク表示での $\boldsymbol{A}(\boldsymbol{r}, t), \boldsymbol{E}(\boldsymbol{r}, t), \boldsymbol{B}(\boldsymbol{r}, t)$ の表式がただちに得られる．ただし，電磁場をかき乱す摂動があってハミルトニアンが $\mathcal{H} = \sum_{\boldsymbol{k},\gamma} \hbar\omega_{\boldsymbol{k}} a_{\boldsymbol{k}\gamma}{}^* a_{\boldsymbol{k}\gamma}$ と書けないときには，話はもっと複雑である．

§13.3　光子の運動量

電磁波はエネルギーと同時に運動量をも運ぶ．古典電磁気学によれば，運動量密度は

$$\boldsymbol{G} = \frac{1}{c^2\mu_0}(\boldsymbol{E} \times \boldsymbol{B}) \tag{1}$$

というベクトルで与えられる．$(\boldsymbol{E} \times \boldsymbol{B})/\mu_0$ は**ポインティングベクトル**という名でよばれ，エネルギー流を表す．この (1) 式をわれわれの体積 $V = L^3$ 内で積分すれば，飛び回っている光子系において，各光子が運んでいる運動量ベクトルの総和が得られるであろう．

$\boldsymbol{E}, \boldsymbol{B}$ に前節の (14b), (14c) 式の各式を代入すれば

$$\iiint \boldsymbol{G}\, d\boldsymbol{r} = \frac{-\hbar}{2V} \sum_{\boldsymbol{k},\gamma} \sum_{\boldsymbol{k}',\gamma} \sqrt{\frac{\omega_{\boldsymbol{k}'}}{\omega_{\boldsymbol{k}}}} \{\boldsymbol{e}_{\boldsymbol{k}'\gamma'} \times (\boldsymbol{k} \times \boldsymbol{e}_{\boldsymbol{k}\gamma})\}$$

$$\times \iiint \{\mathrm{e}^{i(\boldsymbol{k}+\boldsymbol{k}')\cdot\boldsymbol{r}} a_{\boldsymbol{k}'\gamma'} a_{\boldsymbol{k}\gamma} - \mathrm{e}^{-i(\boldsymbol{k}-\boldsymbol{k}')\cdot\boldsymbol{r}} a_{\boldsymbol{k}'\gamma'} a_{\boldsymbol{k}\gamma}{}^*$$

$$- \mathrm{e}^{+i(\boldsymbol{k}-\boldsymbol{k}')\cdot\boldsymbol{r}} a_{\boldsymbol{k}'\gamma'}{}^* a_{\boldsymbol{k}\gamma} + \mathrm{e}^{-i(\boldsymbol{k}+\boldsymbol{k}')\cdot\boldsymbol{r}} a_{\boldsymbol{k}'\gamma'}{}^* a_{\boldsymbol{k}\gamma}{}^*\}\, d\boldsymbol{r}$$

$$= \frac{\hbar}{2} \sum_{\boldsymbol{k},\gamma} \sum_{\boldsymbol{k}',\gamma'} \sqrt{\frac{\omega_{\boldsymbol{k}'}}{\omega_{\boldsymbol{k}}}} \{\boldsymbol{e}_{\boldsymbol{k}'\gamma'} \times (\boldsymbol{k} \times \boldsymbol{e}_{\boldsymbol{k}\gamma})\}\{(a_{\boldsymbol{k}'\gamma'} a_{\boldsymbol{k}\gamma}{}^* + a_{\boldsymbol{k}'\gamma'}{}^* a_{\boldsymbol{k}\gamma})\delta_{\boldsymbol{k},\boldsymbol{k}'}$$

$$- (a_{\boldsymbol{k}'\gamma'} a_{\boldsymbol{k}\gamma} + a_{\boldsymbol{k}'\gamma'}{}^* a_{\boldsymbol{k}\gamma}{}^*)\delta_{-\boldsymbol{k},\boldsymbol{k}'}\}$$

$$= \frac{\hbar}{2} \sum_{\boldsymbol{k}} \sum_{\gamma,\gamma'} \{\boldsymbol{e}_{\boldsymbol{k}\gamma'} \times (\boldsymbol{k} \times \boldsymbol{e}_{\boldsymbol{k}\gamma})\}(a_{\boldsymbol{k}\gamma'} a_{\boldsymbol{k}\gamma}{}^* + a_{\boldsymbol{k}\gamma'}{}^* a_{\boldsymbol{k}\gamma})$$

$$- \frac{\hbar}{2} \sum_{\boldsymbol{k}} \sum_{\gamma,\gamma'} \{\boldsymbol{e}_{-\boldsymbol{k}\gamma'} \times (\boldsymbol{k} \times \boldsymbol{e}_{\boldsymbol{k}\gamma})\}(a_{-\boldsymbol{k}\gamma'} a_{\boldsymbol{k}\gamma} + a_{-\boldsymbol{k}\gamma'}{}^* a_{\boldsymbol{k}\gamma}{}^*) \qquad (2)$$

を得る．ところで，すぐわかるように

$$\boldsymbol{e}_{\boldsymbol{k}\gamma'} \times (\boldsymbol{k} \times \boldsymbol{e}_{\boldsymbol{k}\gamma}) = \delta_{\gamma\gamma'}\boldsymbol{k}$$

である．また，13-2 図のように $\boldsymbol{e}_{\boldsymbol{k}\gamma}$ のとり方をきめておくと

$$\boldsymbol{e}_{-\boldsymbol{k}\gamma'} \times (\boldsymbol{k} \times \boldsymbol{e}_{\boldsymbol{k}\gamma})$$

$$= \begin{cases} \boldsymbol{k} & \gamma = \gamma' = 1 \text{ のとき} \\ -\boldsymbol{k} & \gamma = \gamma' = 2 \text{ のとき} \\ 0 & \gamma \neq \gamma' \text{ のとき} \end{cases}$$

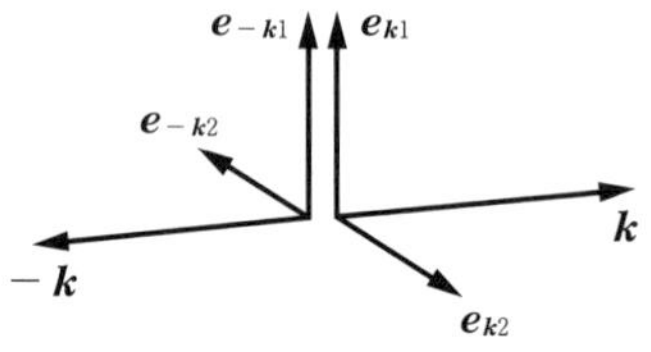

13-2 図

となるので，(2) 式の最後の和は

$$-\frac{\hbar}{2} \sum_{\boldsymbol{k}} \boldsymbol{k}\{(a_{-\boldsymbol{k}1} a_{\boldsymbol{k}1} + a_{-\boldsymbol{k}1}{}^* a_{\boldsymbol{k}1}{}^*) - (a_{-\boldsymbol{k}2} a_{\boldsymbol{k}2} + a_{-\boldsymbol{k}2}{}^* a_{\boldsymbol{k}2}{}^*)\} \qquad (3)$$

となるが，$a_{\boldsymbol{k}\gamma}$ と $a_{-\boldsymbol{k}\gamma}$ とは交換可能であるから，この $\boldsymbol{k}$ についての和をとるときに，$\boldsymbol{k} = \kappa$ の項と $\boldsymbol{k} = -\kappa$ の項とで｛　｝内は同じなのに外の $\boldsymbol{k}$ は符号が逆だから打ち消し合って消えてしまうことがわかる．ゆえに (3) ＝0 である．したがって，(2) 式でも $\boldsymbol{k}' = \boldsymbol{k}$ からきた項だけが残ることになり，

$$\iiint \boldsymbol{G}\, d\boldsymbol{r} = \sum_{\boldsymbol{k},\gamma} \frac{1}{2} \hbar\boldsymbol{k}(a_{\boldsymbol{k}\gamma} a_{\boldsymbol{k}\gamma}{}^* + a_{\boldsymbol{k}\gamma}{}^* a_{\boldsymbol{k}\gamma})$$

$$= \sum_{\boldsymbol{k},\gamma} \hbar\boldsymbol{k}\left(a_{\boldsymbol{k}\gamma}{}^* a_{\boldsymbol{k}\gamma} + \frac{1}{2}\right)$$

が得られる．前と同じ理由で 1/2 を省略するといってもよいが，今度は $\boldsymbol{k}$ についての和で，原点の反対側の 2 つずつで $\hbar\boldsymbol{k}/2$ が互いに打ち消し合うので，結局

$$\iiint \boldsymbol{G}\,d\boldsymbol{r} = \sum_{\boldsymbol{k},\gamma} \hbar\boldsymbol{k}\, a_{\boldsymbol{k}\gamma}{}^* a_{\boldsymbol{k}\gamma} \tag{4}$$

となることがわかる．$a_{\boldsymbol{k}\gamma}{}^* a_{\boldsymbol{k}\gamma}$ は $(\boldsymbol{k}, \gamma)$ で指定される光子の数であるから，(4) 式はそのような

光子 1 個は運動量 $\hbar\boldsymbol{k}$ を運ぶ

ということを表している．

§13.4 電子系と光の相互作用

荷電粒子は電磁場から力を受け，また電磁場をみずからつくり出す．したがって，荷電粒子に電磁波が当たれば粒子は力を受けて運動状態を変える．また，荷電粒子はその運動にともなって電磁波を放出する．このような，荷電粒子と電磁場との相互作用を量子力学的に扱うとどのようになるかを考えることにしよう．以下の議論は，すべてシュレーディンガー表示で行うことをあらかじめ断っておく．

荷電粒子といってもいろいろあるが，ここでは電子（質量 m, 電荷 $-e$）を考えることにし，非相対論的に扱うことにする．電磁波を考えないときの電子系のハミルトニアンを

$$\mathcal{H}_e = \sum_j \frac{1}{2m} p_j{}^2 + V(\boldsymbol{r}_1, \boldsymbol{r}_2, \cdots, \boldsymbol{r}_N) \tag{1}$$

とし，電子系がないとしたときの電磁場のハミルトニアンを

$$\mathcal{H}_{ph} = \sum_\lambda \hbar\omega_\lambda a_\lambda{}^* a_\lambda \tag{2}$$

とする．ただし，簡単のため $(\boldsymbol{k}, \gamma)$ をまとめて 1 つの文字 λ で表した．この (1) 式と (2) 式の単なる和を $\mathcal{H}_0$ と記すことにしよう．

$$\mathcal{H}_0 = \mathcal{H}_e + \mathcal{H}_{ph} \tag{3}$$

電子と電磁場の間に相互作用がなければ，両者が共存する系はこの $\mathcal{H}_0$ で規定されるはずであるから，その固有状態は，$\mathcal{H}_e$ だけの固有関数と $\mathcal{H}_{ph}$ の固有関数との単なる積で表され，エネルギーはそれぞれのエネルギー固有値の和になる．$\mathcal{H}_e$ の固有関数と固有値を $|a\rangle$，E_a とし，電磁場を光子数の数表示で $|n_1, n_2, \cdots, n_\lambda, \cdots\rangle$ のように表すことにすると，

$$\mathcal{H}_e|a\rangle = E_a|a\rangle \tag{4a}$$

$$\mathcal{H}_{ph}|n_1, n_2, \cdots, n_\lambda, \cdots\rangle = \sum_\lambda \hbar\omega_\lambda n_\lambda |n_1, n_2, \cdots, n_\lambda, \cdots\rangle \tag{4b}$$

であり，$\mathcal{H}_0$ の固有関数は

$$|a\,;[n]\rangle \equiv |a\rangle|n_1, n_2, \cdots, n_\lambda, \cdots\rangle \tag{5a}$$

固有値は

$$E_a + \sum_\lambda n_\lambda \hbar\omega_\lambda \tag{5b}$$

で与えられることになる．

ところが，実際には相互作用があるからこうはならない．そこでその相互作用を求めることにしよう．

(I) 巻の§8.5でも知ったように，ベクトルポテンシャル $\boldsymbol{A}$ で表される電磁場があるとき，電子の運動エネルギーは

$$\frac{1}{2m}\boldsymbol{p}_j{}^2 \longrightarrow \frac{1}{2m}\{\boldsymbol{p}_j + e\boldsymbol{A}(\boldsymbol{r}_j)\}^2$$

のように変化する．したがって，このために

$$\begin{aligned}\mathcal{H}' &\equiv \sum_j \left[\frac{1}{2m}\{\boldsymbol{p}_j + e\boldsymbol{A}(\boldsymbol{r}_j)\}^2 - \frac{1}{2m}\boldsymbol{p}_j{}^2\right] \\ &= \sum_j \frac{e}{2m}[\{\boldsymbol{p}_j\cdot\boldsymbol{A}(\boldsymbol{r}_j)\} + \{\boldsymbol{A}(\boldsymbol{r}_j)\cdot\boldsymbol{p}_j\}] + \frac{e^2}{2m}\sum_j \boldsymbol{A}^2(\boldsymbol{r}_j)\end{aligned}$$

だけ余計な項がつけ加わる．$\boldsymbol{p}_j = -i\hbar\nabla_j$ であるから

$$\boldsymbol{p}_j\cdot\boldsymbol{A}(\boldsymbol{r}_j) = -i\hbar\{\nabla_j\cdot\boldsymbol{A}(\boldsymbol{r}_j) + \boldsymbol{A}(\boldsymbol{r}_j)\cdot\nabla_j\}$$

となるが，§13.1の (5) 式 (168ページ) が示すように $\nabla_j\cdot\boldsymbol{A}(\boldsymbol{r}_j) = \mathrm{div}_j\,\boldsymbol{A}(\boldsymbol{r}_j)$

＝0であるから

$$\mathcal{H}' = \sum_j \frac{e}{m}\{\boldsymbol{A}(\boldsymbol{r}_j)\cdot\boldsymbol{p}_j\} + \frac{e^2}{2m}\sum_j \boldsymbol{A}^2(\boldsymbol{r}_j) \tag{6}$$

となることがわかる．このうち右辺の第1項を $\mathcal{H}^{(1)}$，第2項を $\mathcal{H}^{(2)}$ としよう．$\mathcal{H}^{(1)}$ の $\boldsymbol{A}(\boldsymbol{r}_j)$ に§13.2の（14a）式（176ページ）を代入すると

$$\mathcal{H}^{(1)} = \frac{e}{m}\sqrt{\frac{\hbar}{2\epsilon_0 V}}\sum_j\sum_{\boldsymbol{k},\gamma}\frac{1}{\sqrt{\omega_{\boldsymbol{k}}}}\{\mathrm{e}^{i\boldsymbol{k}\cdot\boldsymbol{r}_j}(\boldsymbol{e}_{\boldsymbol{k}\gamma}\cdot\boldsymbol{p}_j)\,a_{\boldsymbol{k}\gamma} + \mathrm{e}^{-i\boldsymbol{k}\cdot\boldsymbol{r}_j}(\boldsymbol{e}_{\boldsymbol{k}\gamma}\cdot\boldsymbol{p}_j)\,a_{\boldsymbol{k}\gamma}{}^*\} \tag{7}$$

のように $a_{\boldsymbol{k}\gamma}, a_{\boldsymbol{k}\gamma}{}^*$ の1次式が得られる．この演算子を（5a）式のような状態ベクトルに作用させると，光子の数が1個だけ増減する．これは後に述べるように，光子1個の放出・吸収を起こす項である．これに対し $\mathcal{H}^{(2)}$ は $a_{\boldsymbol{k}\gamma}$，$a_{\boldsymbol{k}\gamma}{}^*$ の2次式であるから，2個以上の光子が関係した高次の過程を与える．以下，本書では $\mathcal{H}^{(1)}$ だけを扱う．

［**例題**］　電子系を記述するのに，平面波 $\mathrm{e}^{i\kappa\cdot\boldsymbol{r}}/\sqrt{V}$ を用いた数表示を使い，その生成・消滅演算子を $b_{\kappa\uparrow}{}^*, b_{\kappa\downarrow}{}^*$ および $b_{\kappa\uparrow}, b_{\kappa\downarrow}$ とすると（↑↓はスピンの向きを示す），（7）式はどのように表されるか．

［**解**］　簡単のために1電子の波動関数 $\mathrm{e}^{i\kappa\cdot\boldsymbol{r}}/\sqrt{V}$ にスピンを含めたものを $|\kappa\uparrow\rangle$，$|\kappa\downarrow\rangle$ と記すことにする．§11.3により

$$\sum_j \mathrm{e}^{i\boldsymbol{k}\cdot\boldsymbol{r}_j}(\boldsymbol{e}_{\boldsymbol{k}\gamma}\cdot\boldsymbol{p}_j) \longrightarrow \sum_\kappa\sum_{\kappa'}\{\langle\kappa'\uparrow|\mathrm{e}^{i\boldsymbol{k}\cdot\boldsymbol{r}}(\boldsymbol{e}_{\boldsymbol{k}\gamma}\cdot\boldsymbol{p})|\kappa\uparrow\rangle b_{\kappa'\uparrow}{}^* b_{\kappa\uparrow} + \langle\kappa'\downarrow|\mathrm{e}^{i\boldsymbol{k}\cdot\boldsymbol{r}}(\boldsymbol{e}_{\boldsymbol{k}\gamma}\cdot\boldsymbol{p})|\kappa\downarrow\rangle b_{\kappa'\downarrow}{}^* b_{\kappa\downarrow}\}$$

と表されるが

$$\boldsymbol{p}|\kappa\uparrow\rangle = -i\hbar\nabla|\kappa\uparrow\rangle = \hbar\kappa|\kappa\uparrow\rangle$$
$$\boldsymbol{p}|\kappa\downarrow\rangle = -i\hbar\nabla|\kappa\downarrow\rangle = \hbar\kappa|\kappa\downarrow\rangle$$

であるから

$$(\text{上式}) = \sum_\kappa\sum_{\kappa'}(\boldsymbol{e}_{\boldsymbol{k}\gamma}\cdot\hbar\kappa)\{\langle\kappa'\uparrow|\mathrm{e}^{i\boldsymbol{k}\cdot\boldsymbol{r}}|\kappa\uparrow\rangle b_{\kappa'\uparrow}{}^* b_{\kappa\uparrow} + \langle\kappa'\downarrow|\mathrm{e}^{i\boldsymbol{k}\cdot\boldsymbol{r}}|\kappa\downarrow\rangle b_{\kappa'\downarrow}{}^* b_{\kappa\downarrow}\}$$

となる．ところで

$$\langle\kappa'\uparrow|\mathrm{e}^{i\boldsymbol{k}\cdot\boldsymbol{r}}|\kappa\uparrow\rangle = \frac{1}{V}\iiint \mathrm{e}^{i(\kappa+\boldsymbol{k}-\kappa')\cdot\boldsymbol{r}}\,d\boldsymbol{r} = \delta_{\kappa+\boldsymbol{k},\,\kappa'} \qquad (\downarrow\text{ も同じ}) \tag{8}$$

であるから，これは $\kappa' = \kappa + \boldsymbol{k}$ のものだけしか現れない．以上をまとめて

$$\sum_j \mathrm{e}^{i\boldsymbol{k}\cdot\boldsymbol{r}_j}(\boldsymbol{e}_{k\gamma}\cdot\boldsymbol{p}_j) = \sum_\kappa (\boldsymbol{e}_{k\gamma}\cdot\hbar\kappa)(b_{\kappa+\boldsymbol{k}\uparrow}{}^* b_{\kappa\uparrow} + b_{\kappa+\boldsymbol{k}\downarrow}{}^* b_{\kappa\downarrow}) \tag{9}$$

となることがわかる．これは，運動量が $\hbar\kappa$ の電子を消して $\hbar(\kappa + \boldsymbol{k})$ の電子をつくるという過程を表している．(7) 式が示すように，この項には光子の消滅演算子 $a_{k\gamma}$ が掛かっているから，これをもいっしょにして考えると，運動量が $\hbar\kappa$ の電子が，運動量 $\hbar\boldsymbol{k}$ の光子を吸収して，運動量が $\hbar(\kappa + \boldsymbol{k})$ となって散乱される過程であると考えることができる．このとき，運動量の保存則が成立していることに注意してほしい．全く同様のことを (7) 式の｛　｝内の第 2 項について行えば，これは電子 $\hbar\kappa$ が光子 $\hbar\boldsymbol{k}$ を放出して $\hbar(\kappa - \boldsymbol{k})$ になる過程を表していることがわかる．

§13.5　非定常状態の摂動論

電子系による光の放出や吸収を論じるときには，$\mathcal{H}_0$ の固有状態の 1 つ ── たとえば $|a\,;[n]\rangle = |a\,;n_1, n_2, \cdots\rangle$ ── から出発し，これに $\mathcal{H}'$ という摂動が加わったときに系の状態がどのように変化するかを調べる，という手順をとるのが普通である．これは，電子系と電磁場とを合わせた系の状態ベクトル（= 波動関数）の時間変化を扱うのであるから，時間を含むシュレーディンガー方程式

$$i\hbar\frac{\partial \Psi}{\partial t} = \mathcal{H}\Psi \tag{1}$$

によって調べなければならない問題である．ただし

$$\mathcal{H} = \mathcal{H}_0 + \mathcal{H}' \tag{2}$$

である．

ここで，$\mathcal{H}_0$ に対して $\mathcal{H}'$ を小さな摂動として扱おうというのであるが，その方法は非定常状態に対する**摂動論**としてよく知られているものなので，本節ではその一般論を説明する．

摂動論の常道として，$\mathcal{H}_0$ の固有値 E_n と固有関数 Φ_n は既知とする．つまり

$$\mathcal{H}_0\Phi_n = E_n\Phi_n \tag{3}$$

はすでに解けているとする．そうすると，$\mathcal{H}'$ がないときの (1) 式

$$i\hbar \frac{\partial \Psi_0}{\partial t} = \mathscr{H}_0 \Psi_0(t) \tag{4}$$

の一般解は，c_n を任意定数として

$$\Psi_0(t) = \sum_n c_n \exp\left(-\frac{iE_n t}{\hbar}\right)\Phi_n \tag{5}$$

の形に書くことができる．

たとえば，$t=0$ のときの Ψ_0 が与えられたとすると，それを完全系 $\Phi_1, \Phi_2, \Phi_3, \cdots$ で展開することができるから

$$\Psi_0(0) = \sum_n c_n \Phi_n \tag{6}$$

とおく．(6) 式の形式的な解は，(I) 巻の§6.4 (18) 式の考え方で

$$\Psi_0(t) = \exp\left(-\frac{i\mathscr{H}_0 t}{\hbar}\right)\Psi_0(0)$$

と書けるから，これに (6) 式を代入し，

$$\exp\left(-\frac{i\mathscr{H}_0 t}{\hbar}\right)\Phi_n = \exp\left(-\frac{iE_n t}{\hbar}\right)\Phi_n$$

であることを利用すれば (5) 式が得られる．

ハミルトニアンに $\mathscr{H}'$ が加わった場合には，(5) 式はそのままでは成立しない．しかし，$\Phi_1, \Phi_2, \Phi_3, \cdots$ は完全系であるから，(1) 式の解 Ψ もこれを用いて展開できるはずである．また，その展開係数は時間 t の関数であるが，$\mathscr{H}' \to 0$ の極限では (5) 式に帰着するはずである．ゆえに

$$\Psi(t) = \sum_n c_n(t) \exp\left(-\frac{iE_n t}{\hbar}\right)\Phi_n \tag{7}$$

とおいて $c_n(t)$ を t の関数としておけば，この $c_n(t)$ をきめることによって $\Psi(t)$ が求められることになる．

この (7) 式を (1) 式に代入すると，ただちに

$$i\hbar \sum_n \exp\left(-\frac{iE_n t}{\hbar}\right)\frac{dc_n}{dt}\Phi_n = \sum_n \exp\left(-\frac{iE_n t}{\hbar}\right)c_n(t)\mathscr{H}'\Phi_n$$

が得られる．これに左から Φ_f^* を掛けて積分すれば（つまり，Φ_f との内積を

とれば)，Φ_n の規格化直交性によって左辺は $n = f$ の項だけが残るので

$$i\hbar \exp\left(-\frac{iE_f t}{\hbar}\right)\frac{dc_f}{dt} = \sum_n \exp\left(-\frac{iE_n t}{\hbar}\right)c_n(t)\langle f|\mathcal{H}'|n\rangle \qquad (8)$$

が得られる．

ここで近似を入れる．初期条件として，本節の最初にも触れたように，系は摂動がないときのハミルトニアン $\mathcal{H}_0$ の１つの固有状態 Φ_i にあったとする．すなわち

$$\Psi(0) = \Phi_i \qquad (9)$$

あるいは，

$$c_i(0) = 1, \qquad c_n(0) = 0 \qquad (n \neq i) \qquad (10)$$

であったとする．この Φ_i を**始状態**とよぶ．そうすると，$t > 0$ においては $c_i(t)$ は１から変化し，$c_n(t)$ $(n \neq i)$ も一般には０でなくなるのであるが，時間があまり経過しないうちは，

$$c_i(t) \cong 1, \qquad c_n(t) \cong 0 \qquad (n \neq i) \qquad (11)$$

としてもあまり誤差は大きくないであろう．そこで，(8) 式右辺の $c_n(t)$ にこの (11) 式の近似を用いるのである．そうすると，$f \neq i$ に対し

$$i\hbar\frac{dc_f}{dt} = \exp\left\{\frac{i(E_f - E_i)t}{\hbar}\right\}\langle f|\mathcal{H}'|i\rangle$$

を得るから，t について積分し，$c_f(0) = 0$ となる解を求めると

$$c_f(t) = \langle f|\mathcal{H}'|i\rangle\frac{1 - \exp(i\omega_{fi}t)}{\hbar\omega_{fi}} \qquad (12)$$

が求められる．ただし

$$\omega_{fi} = \frac{E_f - E_i}{\hbar} \qquad (13)$$

とおいた．

$f = i$ に対しては，(8) 式の右辺の $c_n(t)$ のうち $c_i(t)$ だけをそのまま（1 とおかずに）残せば

$$i\hbar \frac{dc_i}{dt} = \langle i|\mathcal{H}'|i\rangle c_i(t) \tag{14}$$

を得るから，$c_i(0) = 1$ として積分すれば，

$$c_i(t) = \exp\left\{-i\langle i|\mathcal{H}'|i\rangle \frac{t}{\hbar}\right\} \tag{15}$$

となることがわかる．

さて，$\Psi(t)$ が (7) 式のように表されているということはどういう意味であろうか．(I) 巻の§3.4 によれば，波動関数をある演算子の固有関数で展開したときの係数の絶対値の2乗は，その演算子に対応する物理量を測定したときに該当する固有値を得る確率を表している．*　この考えを (7) 式に適用すれば，この式の意味は，$\Psi(t)$ で表される系について物理量 $\mathcal{H}_0$ (前節の例でいうならば，電子系のエネルギー固有値と光子数 $n_1, n_2, \cdots$) の測定を行った場合に，その固有状態 $\Phi_1, \Phi_2, \cdots, \Phi_n, \cdots$ に見出される確率が

$$|c_1(t)|^2, \quad |c_2(t)|^2, \quad \cdots, \quad |c_n(t)|^2, \quad \cdots$$

で与えられるということである．因子 $\exp(-iE_nt/\hbar)$ は，これの複素共役 $\exp(+iE_nt/\hbar)$ との積が1になってしまうので結果には影響しない．

最初の仮定により，われわれの系は初めに $\Psi(0) = \Phi_i$ であったのだから，時間の経過とともに Φ_i 以外の状態 Φ_f に見出される確率が0でなくなってきているということは，この時間の間に Φ_i という状態から Φ_f という状態に**遷移**（または転移ともいう）が起こっている確率が $|c_f(t)|^2$ に等しいということを意味する．

(7) 式の $\Psi(t)$ は t の連続関数として，時間とともに次第に変化するのであるが，その解釈は上記のようであって，$\Phi_i \rightarrow \Phi_f$ という遷移が起こっているとすれば，それは t だけの時間のどこかで突然に起こっていたと考えるより他はない．なぜならば，$\mathcal{H}_0$ の固有状態は $\Phi_1, \Phi_2, \Phi_3, \cdots$ というようにとびとびであって，これら相互の間で1つから他へと徐々に連続的に変化するわけ

---

*　(I) 巻の§3.4 (6) 式の $c_n(t)$ に対応するのが本節の $c_n(t)\exp(-iE_nt/\hbar)$ である．

にはいかないからである．

0 でない $|c_n(t)|^2$ はいろいろあるし，$|c_i(t)|^2$ もただちに 0 になってしまうわけではないから，時刻 t に $\mathscr{H}_0$ を測定したときに，系はまだ Φ_i という状態にとどまっているかもしれないし，他の Φ_n に移っているとしても，いろいろある状態のうちのどれになっているのかは観測してみなければわからない．観測すれば系はどれか 1 つの Φ_n に見出されるのであって，はじめの Φ_i から少し変化した状態に見出されるとか，いくつかの Φ_n を混ぜ合わせたような状態に見出される，というようなことはない．したがって，$t>0$ で $\mathscr{H}_0$ を観測する限り，系は Φ_i のままにとどまっているか，どれか他の Φ_m に遷移しているか，のどちらかである．そして，t の連続関数（7）式は，そのような遷移がどれにどの割合で起こっているかを確率的に与えてくれるのである．

そうすると，われわれの近似で，$\Phi_i \to \Phi_f$ という遷移の起こっている確率 ── **遷移確率**という ── を与える式は，（12）式の絶対値の 2 乗をとって

$$|c_f(t)|^2 = |\langle f|\mathscr{H}'|i\rangle|^2 \frac{2(1-\cos\omega_{fi}t)}{\hbar^2{\omega_{fi}}^2}$$

$$= |\langle f|\mathscr{H}'|i\rangle|^2 \left(\frac{2\sin\dfrac{\omega_{fi}t}{2}}{\hbar\omega_{fi}}\right)^2 \tag{16}$$

となることがわかる．この式は，われわれの用いた近似から考えて，t の小さいときにしか使えないことは明らかであろう．Φ_f のことを**終状態**とよぶ．

はじめの状態 Φ_i にとどまっている確率は，（15）式から求めると 1 になってしまうが，これは 13-3 図から理解できる．$\Psi(t)$ や Φ_n はヒルベルト空間（無限次元のベクトル空間）内の長さ 1 のベクトルであるが，これを実ベクトルのようにみなし，Φ_i というベクトルを含む 3 次元の部分だけをとり出したものが 13-3 図である．$t=0$ に $\Psi(t)$ は Φ_i に一致していたのであるが，時間とともにそれが少し傾いて図の $\Psi(t)$ のようになるわけである．この運動を起こさせる $\mathscr{H}'$ は小さい摂動と考えているし，t も短いとしているので，この

傾きの角 δ は微小量である．そうすると，$f \neq i$ に対する $c_f(t)$ はだいたいにおいて $\sin\delta \cong \delta$ の程度の微小量である．これに対し $c_i(t)$ は $\cos\delta \cong 1-\delta^2/2$ の程度であるから，1との差は2次の微小量である．この2次の量まで求めておかなければ，$\cos^2\delta \cong (1-\delta^2/2)^2 \cong 1-\delta^2$ の1との差も得られないことになる．

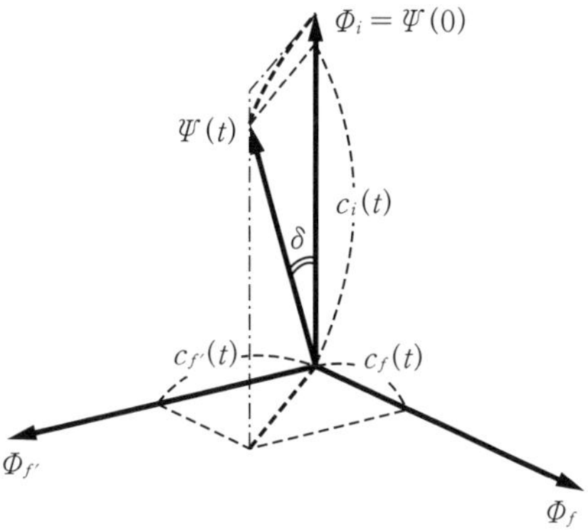

13-3図

§13.6　光の放出と吸収

前節の一般論を，§13.4で考えた電子系による光の放出と吸収に適用することを考えよう．摂動としては $\mathcal{H}^{(1)}$ だけを考慮することにする．§13.4 (7)式（181ページ）をもう一度記せば

$$\mathcal{H}^{(1)} = \frac{e}{m}\sqrt{\frac{\hbar}{2\epsilon_0 V}} \sum_j \sum_{\boldsymbol{k},\gamma} \frac{1}{\sqrt{\omega_{\boldsymbol{k}}}} \{ \mathrm{e}^{i\boldsymbol{k}\cdot\boldsymbol{r}_j}(\boldsymbol{e}_{\boldsymbol{k}\gamma}\cdot\boldsymbol{p}_j)\, a_{\boldsymbol{k}\gamma} + \mathrm{e}^{-i\boldsymbol{k}\cdot\boldsymbol{r}_j}(\boldsymbol{e}_{\boldsymbol{k}\gamma}\cdot\boldsymbol{p}_j)\, a_{\boldsymbol{k}\gamma}{}^* \} \tag{1}$$

である．$\mathcal{H}_0 = \mathcal{H}_e + \mathcal{H}_{ph}$ の固有関数は

$$|a\,;[n]\rangle \equiv |a\rangle |n_1, n_2, \cdots, n_{\boldsymbol{k}\gamma}, \cdots\rangle \tag{2}$$

であるから，上の $\mathcal{H}^{(1)}$ によって結びつく（つまり $\mathcal{H}^{(1)}$ の行列要素が0でない）2つの状態は，どれか一か所の $n_{\boldsymbol{k}\gamma}$ が1だけ異なるものである．いま，前節 (16) 式の Φ_i に対応する始状態を (2) 式の状態とすれば，遷移によって移る終状態の Φ_f は次のようになる．

$$\begin{array}{l} \Phi_i = |a\rangle |n_1, n_2, \cdots, n_{\boldsymbol{k}\gamma}, \cdots\rangle \\ \downarrow \qquad \downarrow \qquad\qquad\qquad \downarrow \\ \Phi_f = |b\rangle |n_1, n_2, \cdots, n_{\boldsymbol{k}\gamma} \pm 1, \cdots\rangle \end{array}$$

これに対する行列要素は，(1) 式のうちの $a_{k\gamma}$ を含む項による遷移では

$$\langle f|\mathscr{H}^{(1)}|i\rangle = \frac{e}{m}\sqrt{\frac{\hbar}{2\epsilon_0 V\omega_{\boldsymbol{k}}}}\langle b|\sum_j \mathrm{e}^{i\boldsymbol{k}\cdot\boldsymbol{r}_j}(\boldsymbol{e}_{k\gamma}\cdot\boldsymbol{p}_j)|a\rangle\langle n_{k\gamma}-1|a_{k\gamma}|n_{k\gamma}\rangle \tag{3a}$$

となる．これは $n_{k\gamma}$ が 1 だけ遷移によって減るのであるから，光の**吸収**とそれにともなう電子系の状態変化 $|a\rangle\to|b\rangle$ を表す．

(1) 式のうちの $a_{k\gamma}{}^*$ を含む項による遷移に対しては

$$\langle f|\mathscr{H}^{(1)}|i\rangle = \frac{e}{m}\sqrt{\frac{\hbar}{2\epsilon_0 V\omega_{\boldsymbol{k}}}}\langle b|\sum_j \mathrm{e}^{-i\boldsymbol{k}\cdot\boldsymbol{r}_j}(\boldsymbol{e}_{k\gamma}\cdot\boldsymbol{p}_j)|a\rangle\langle n_{k\gamma}+1|a_{k\gamma}{}^*|n_{k\gamma}\rangle \tag{3b}$$

が得られる．これは光の**放出**を表す．$a_{k\gamma}, a_{k\gamma}{}^*$ は

$$\langle n_{k\gamma}-1|a_{k\gamma}|n_{k\gamma}\rangle = \sqrt{n_{k\gamma}}$$

$$\langle n_{k\gamma}+1|a_{k\gamma}{}^*|n_{k\gamma}\rangle = \sqrt{n_{k\gamma}+1}$$

という性質をもっているから，これらを (3a), (3b) 式に入れて，遷移確率 $|c_f(t)|^2$ を計算すると，吸収の確率は最初に存在した光子の数 $n_{k\gamma}$ に比例し，放出の確率は $n_{k\gamma}+1$ に比例することがわかる．吸収が $n_{k\gamma}$ に比例するのは当然と考えられる．放出の場合には，$n_{k\gamma}$ に比例する部分を**誘発放出**，$+1$ から出てくる寄与の部分を**自発放出**という．自発放出は，最初に該当する光子が全く存在しない真暗闇でも起こる放出である．

前節の (16) 式 (186 ページ) を見ると，遷移 $\Phi_i\to\Phi_f$ の確率 $|c_f(t)|^2$ は

$$\left(\frac{2\sin\dfrac{\omega_{fi}t}{2}}{\hbar\omega_{fi}}\right)^2 \qquad (\text{ただし } \hbar\omega_{fi}=E_f-E_i) \tag{4}$$

に比例している．われわれの場合，

E_i に相当するのは，$E_a+(n_1\hbar\omega_1+n_2\hbar\omega_2+\cdots+n_{k\gamma}\hbar\omega_{\boldsymbol{k}}+\cdots)$

E_f に相当するのは，$E_b+\{n_1\hbar\omega_1+n_2\hbar\omega_2+\cdots+(n_{k\gamma}\pm1)\hbar\omega_{\boldsymbol{k}}+\cdots\}$

であるから，

$$\hbar\omega_{fi} = E_b - E_a \pm \hbar\omega_{\boldsymbol{k}} \qquad \text{(複号上側は放出，下側は吸収)} \tag{5}$$

である．ゆえに，(4) 式はいまの場合，次のようになる．

$$\left\{\frac{2\sin\dfrac{1}{2}\left(\dfrac{E_b - E_a}{\hbar} \pm \omega_{\boldsymbol{k}}\right)t}{E_b - E_a \pm \hbar\omega_{\boldsymbol{k}}}\right\}^2 \tag{4$'$}$$

ところで，電子系として原子や分子のようにミクロなものを考える場合には，そのエネルギーレベルはとびとびであって間隔はかなり広い（eV の程度）．これに対し，電磁場を考える空間はマクロの広さのものであり，このために $\boldsymbol{k}$ の分布は密であって，それに対応する $\hbar\omega_{\boldsymbol{k}}$ の分布も連続的とみなしてよいくらいである．

§11.1（91 ページ，11-2 図を参照）で調べたように，体積 $V = L^3$ の空間に周期的境界条件を設けたときには k_x, k_y, k_z はそれぞれ $2\pi/L$ の間隔で並ぶ．ゆえに，隣り合う $|\boldsymbol{k}|$ の間隔は L^{-1} の程度の大きさである．電磁波の場合には，エネルギーは $\hbar\omega_{\boldsymbol{k}} = \hbar ck$ であるから，L^{-1} 程度の Δk に対するエネルギー差は $\Delta\varepsilon = \hbar c/L$ となる．$\hbar$ と c に数値を入れると $\hbar c \cong 3 \times 10^{-26}\,\mathrm{J{\cdot}m}$ であるから，L として，たとえば $20\,\mathrm{cm} = 0.2\,\mathrm{m}$ をとると

$$\Delta\varepsilon \cong 1.6 \times 10^{-25}\,\mathrm{erg} \cong 10^{-6}\,\mathrm{eV}$$

となることがわかる．

実際に光の吸収や放出の実験を行う場合にはどうであろうか．よく知られているように，高温の固体や液体から出る熱放射の光は連続スペクトルをもつ．ゆえに，これらの光が充満している空間では，連続的に分布する無数の $\boldsymbol{k}$ に対し，存在する光子の $n_{\boldsymbol{k}\gamma}$ は $\boldsymbol{k}$ の連続関数と考えてよいように分布している．気体を放電管などで発光させた場合には，その光は線スペクトルをもつから，特定の波長の光子だけがたくさん存在することになる．したがって，$n_{\boldsymbol{k}\gamma}$ は $\boldsymbol{k}$ の連続関数ではなくて，何か δ 関数的なものになると考えられるかもしれない．しかしこの場合でも，光を出す原子や分子は飛び回っており，

その運動の方向と放射する光の方向とは関係がないので，ドップラー効果によって，放出された光の波長は静止しているものが出す光のそれからいろいろにずれている．したがって，線スペクトルの光といっても，その振動数分布はある極大値のまわりに幅をもったものになっている．

さて，このように $\omega_{\boldsymbol{k}}$ の分布が連続的で，$n_{\boldsymbol{k}\gamma}$ も $\boldsymbol{k}$ の連続関数になっているのだとすると，始状態を

$$|a\rangle|n_1, n_2, \cdots, n_{\boldsymbol{k}\gamma}, \cdots\rangle$$

ときめたにしても，遷移後の終状態

$$|b\rangle|n_1, n_2, \cdots, n_{\boldsymbol{k}\gamma}\pm 1, \cdots\rangle$$

を１つに限って実験と比較するようなことは不可能である．$|b\rangle$ はきまるにしても，光の $\boldsymbol{k}$ の方は連続的に分布しているからである．つまり，電子系と電磁場を合わせたもののエネルギー（$\mathscr{H}_0 = \mathscr{H}_e + \mathscr{H}_{ph}$ のエネルギー固有値）の分布は連続的なので，特定の２つの Φ_f と Φ_i について (5) 式の $\hbar\omega_{fi}$ を考えるというわけにいかないのである．Φ_i の方はきまっているにしても，Φ_f としては連続的に分布する多数の状態群を考えねばならない．

$\omega_{\boldsymbol{k}}$ を連続変数と考えたとすると，(4)′ 式で与えられる因子は変化する．そのありさまを 13-4 図に示してある．t として $2\pi/\omega_{\boldsymbol{k}}$ よりずっと長い時間を考える限り，この図の極大は極めて鋭く，δ 関数とみなしてよいくらいである．極大の位置は $\omega_{fi}=0$，つまり

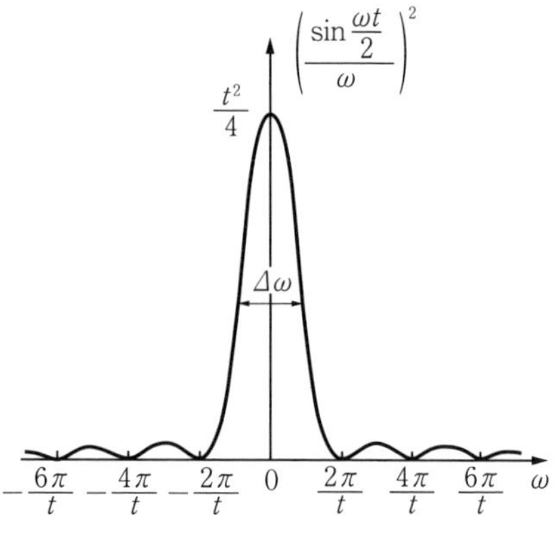

13-4 図　$\Delta\omega$ が小さいとき，これを δ 関数で置き換えてよい．

$$E_b - E_a = \mp\hbar\omega_{\boldsymbol{k}} \qquad \text{(複号上側は放出，下側は吸収)} \tag{6}$$

のところにある．この (6) 式は，放出または吸収される光子のエネルギーが

遷移前後の電子系のエネルギーの差に等しいというボーアの振動数条件（(I) 巻の§1.1）になっている．したがって，この条件を満たすような遷移が最も起こりやすいことになる．しかし，正確に (6) 式を満たす光子だけが放出または吸収されるわけではなく，13-4 図のピーク程度の幅内のものは許されるわけである．これは，時間とエネルギーの不確定さの積が $\hbar$ 程度以下になりえないということ（(I) 巻の§2.2 (2) 式）と関連している．いまの場合，$\Phi_i \to \Phi_f$ という遷移が t だけの間のいつ起こったのか不確定だからである．

さて，t はあまり長いと $c_i(t) \cong 1$ などという近似が使えなくなるから困るが，これが 10^{-7} s 以下というような場合を考えることはまずない．したがって，13-4 図の中央のピークの幅（$\sim 2\pi/t$）は $10^7\,\mathrm{s}^{-1}$ よりずっと小さいと思ってよい．一方，光の ω は $10^{16}\,\mathrm{s}^{-1}$ といった大きな値をもち，線スペクトルの自然幅とよばれる最小限の幅でも $10^7\,\mathrm{s}^{-1}$ よりはずっと大きいのが普通である．そうすると，電子に当たる光の強さの振動数分布を $I(\omega_{\boldsymbol{k}}) \propto n_{\boldsymbol{k}\gamma}$ とするとき，$\omega_{\boldsymbol{k}}$ による $I(\omega_{\boldsymbol{k}})$ の変化は 13-4 図の波形よりもずっとゆるやかであると考えてよい．つまり，終状態群 Φ_f のどれについても $n_{\boldsymbol{k}\gamma}$ は等しく，行列要素 (3a), (3b) 式は共通だと考えてさしつかえない．前節の (16) 式でいえば，多数の終状態をまとめて考えるときには，$|\langle f|\mathcal{H}|i\rangle|^2$ を定数と考えてよいということである．

公式

$$\int_{-\infty}^{\infty}\left(\frac{\sin x}{x}\right)^2 dx = \pi$$

を用いると，$\omega_{\boldsymbol{k}} = \omega_{ab} = \mp (E_b - E_a)/\hbar$ のあたりでゆるやかに変化する関数 $F(\omega)$ と (4)′ 式の積については

$$\int_{-\infty}^{\infty} F(\omega_{\boldsymbol{k}}) \left\{ \frac{2\sin\dfrac{1}{2}\left(\dfrac{E_b - E_a}{\hbar} \pm \omega_{\boldsymbol{k}}\right)t}{E_b - E_a \pm \hbar\omega_{\boldsymbol{k}}} \right\}^2 d\omega_{\boldsymbol{k}}$$

$$= F(\omega_{ab})\int_{-\infty}^{\infty}\left\{\frac{2\sin\frac{1}{2}(\omega_{\boldsymbol{k}}-\omega_{ab})t}{\hbar(\omega_{\boldsymbol{k}}-\omega_{ab})}\right\}^2 d\omega_{\boldsymbol{k}}$$

$$= \frac{2\pi}{\hbar^2}F(\omega_{ab})\,t$$

が得られるから，(4)′ 式（つまり上の $\{\cdots\}^2$）は

$$(4)' = \frac{2\pi}{\hbar^2}t\,\delta(\omega_{\boldsymbol{k}}-\omega_{ab}) \tag{7}$$

のように置き換えてよいことがわかる．

以上により，たくさんの Φ_f のうちのどれについても，遷移 $\Phi_i \to \Phi_f$ による $|c_f(t)|^2$ は

$$|c_f(t)|^2 = |\langle f|\mathcal{H}^{(1)}|i\rangle|^2\frac{2\pi}{\hbar^2}t\,\delta(\omega_{\boldsymbol{k}}-\omega_{ab}) \tag{8}$$

で与えられることが示された．右辺は t に比例するので，

$$[\text{単位時間あたりの遷移 }\Phi_i \to \Phi_f\text{ の確率}] = \frac{2\pi}{\hbar^2}|\langle f|\mathcal{H}^{(1)}|i\rangle|^2\,\delta(\omega_{\boldsymbol{k}}-\omega_{ab}) \tag{9}$$

が得られる．これを**フェルミの黄金律**とよぶ．最後の δ 関数は，ボーアの振動数条件を示す因子である．

この節で得られたような，時間に比例する遷移確率は，13-4 図のピークが十分鋭いような条件 $t \gg 2\pi/\omega_{\boldsymbol{k}}$ を満足する程度に長い時間に対し成り立つ．一方，§13.5 で $|c_f|^2$ の式を求めるときに用いた近似から考えると，t はあまり長くてはいけない．この両方の条件を満たす t が存在するためには，摂動（すなわち，光と電子系の相互作用）が十分弱いことが必要である．普通の光の放出・吸収では，この条件は十分にかなえられている．

§13.7 許容遷移と禁止遷移

前節で調べたように，$\mathcal{H}^{(1)}$ により電子系が光子を放出したり吸収したりす

る場合の遷移確率は

$$\left\langle b \left| \frac{e}{m} \sum_j \mathrm{e}^{\pm i\boldsymbol{k}\cdot\boldsymbol{r}_j} (\boldsymbol{e}_{k\gamma}\cdot\boldsymbol{p}_j) \right| a \right\rangle \tag{1}$$

の絶対値の2乗に比例する．ただし，$|a\rangle, |b\rangle$ はこの過程の前後における電子系の状態である．

原子とか小さな分子が可視光を放出したり吸収したりする場合を考えると，光の波長は原子や分子よりずっと大きい．この場合，電子の波動関数の広がりは原子や分子の大きさの程度であるから，原点を分子や原子の中心にとっておくと，$|a\rangle$ や $|b\rangle$ が0でないような $\boldsymbol{r}_j$（j は電子の番号）の範囲では $\boldsymbol{k}\cdot\boldsymbol{r}_j$ は1よりずっと小さい．なぜなら，$k = 2\pi/$(波長) だからである．そこで（1）式の中の $\exp(\pm i\boldsymbol{k}\cdot\boldsymbol{r}_j)$ を次のように展開することが許される．

$$\exp(\pm i\boldsymbol{k}\cdot\boldsymbol{r}_j) = 1 \pm i\boldsymbol{k}\cdot\boldsymbol{r}_j - \frac{1}{2}(\boldsymbol{k}\cdot\boldsymbol{r}_j)^2 + \cdots \tag{2}$$

この第1項だけをとると，（1）式は

$$\left\langle b \left| \frac{e}{m} \sum_j (\boldsymbol{e}_{k\gamma}\cdot\boldsymbol{p}_j) \right| a \right\rangle \tag{3}$$

となる．

いま，電子系のハミルトニアン

$$\mathscr{H}_e = \sum_j \frac{1}{2m}\boldsymbol{p}_j{}^2 + V(\boldsymbol{r}_1, \boldsymbol{r}_2, \cdots, \boldsymbol{r}_N) \tag{4}$$

と $\boldsymbol{r}_j$ との交換関係を調べてみると，x 成分は

$$\begin{aligned}[\mathscr{H}_e, x_j] &\equiv \mathscr{H}_e x_j - x_j \mathscr{H}_e \\ &= \frac{1}{2m}(\boldsymbol{p}_j{}^2 x_j - x_j \boldsymbol{p}_j{}^2) \\ &= \frac{-\hbar^2}{2m}\left(\frac{\partial^2}{\partial x_j{}^2} x_j - x_j \frac{\partial^2}{\partial x_j{}^2}\right) = -\frac{\hbar^2}{m}\frac{\partial}{\partial x_j} = -i\frac{\hbar}{m} p_{jx}\end{aligned}$$

となり，y 成分や z 成分も同様であるから，まとめて

$$\boldsymbol{p}_j = i\frac{m}{\hbar}(\mathscr{H}_e \boldsymbol{r}_j - \boldsymbol{r}_j \mathscr{H}_e)$$

と書けることがわかる．ゆえに

$$\langle b|\boldsymbol{p}_j|a\rangle = \frac{im}{\hbar}\langle b|\mathscr{H}_e\boldsymbol{r}_j - \boldsymbol{r}_j\mathscr{H}_e|a\rangle$$
$$= \frac{im}{\hbar}(E_b - E_a)\langle b|\boldsymbol{r}_j|a\rangle \tag{5}$$

と書き直せる．ただし，ここで，

$$\mathscr{H}_e|a\rangle = E_a|a\rangle, \quad \langle b|\mathscr{H}_e = \langle b|E_b = E_b\langle b|$$

を用いた．(5) 式を用いれば，(3) 式は

$$\left\langle b\left|\frac{e}{m}\sum_j(\boldsymbol{e}_{k\gamma}\cdot\boldsymbol{p}_j)\right|a\right\rangle = \frac{i}{\hbar}(E_b - E_a)\left\langle b\left|e\sum_j(\boldsymbol{e}_{k\gamma}\cdot\boldsymbol{r}_j)\right|a\right\rangle \tag{6}$$

となる．

ところで

$$\boldsymbol{P} = -e\sum_j\boldsymbol{r}_j \tag{7}$$

という量（ベクトル）は，電子系の**電気双極子モーメント**とよばれる量である．

いま，電荷 $q_1, q_2, \cdots$ をもつ粒子が $\boldsymbol{r}_1, \boldsymbol{r}_2, \cdots$ という位置に存在する場合を考える．粒子が 13-5 図（a）のように配置されているときを考えると，明らかに $\sum_j q_j\boldsymbol{r}_j = 0$ である．ところが，(b) のようなときには $\sum_j q_j\boldsymbol{r}_j \neq 0$ で，図の例では下向きのベクトルになる．特に (c) の場合には最も簡単で，$\sum_j q_j\boldsymbol{r}_j = q(\boldsymbol{r}_1 - \boldsymbol{r}_2)$ となり，これは大きさが ql で，負電荷 → 正電荷 の方向をもったベクトルになる．これは，この正負電荷対の電気双極子モーメントである．これを一般化して，$\boldsymbol{P} = \sum_j q_j\boldsymbol{r}_j$ のことを，その系の電気双極子モーメントとよぶのである．

この $\boldsymbol{P}$ を用いて表せば，(6) 式は

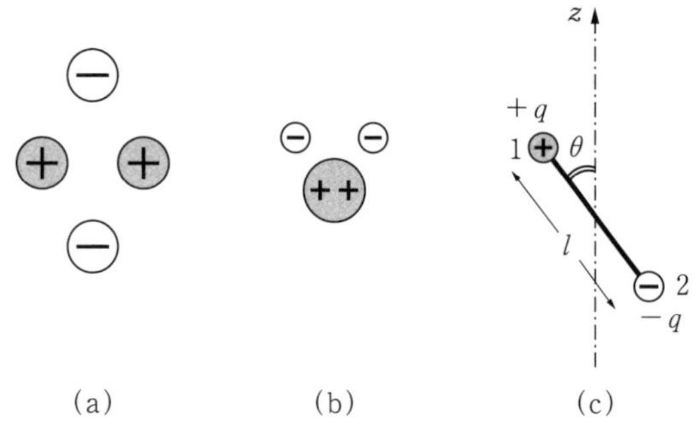

13-5 図

$$\left\langle b \left| \frac{e}{m} \sum_j (\boldsymbol{e}_{k\gamma} \cdot \boldsymbol{p}_j) \right| a \right\rangle = \frac{-i}{\hbar} (E_b - E_a) \langle b | (\boldsymbol{e}_{k\gamma} \cdot \boldsymbol{P}) | a \rangle \qquad (8)$$

と書かれる．電子系の 2 つの状態 $|a\rangle$ と $|b\rangle$ の間にこの (8) 式のような $\boldsymbol{e}_{k\gamma} \cdot \boldsymbol{P}$ ── 電気双極子モーメントの光の電場ベクトル方向の成分 ── の行列要素が存在する場合には，これによって遷移が起こる．この機構による遷移を**電気双極子遷移**とよぶ．2 つの状態間に電気双極子遷移が可能なとき，これらの状態間には遷移が許されている（**許容遷移**）という．$\boldsymbol{e}_{k\gamma} \cdot \boldsymbol{P}$ の行列要素が 0 のときには，その状態間の遷移は禁止されている（**禁止遷移**）という．

電気双極子遷移は，電子系の位置に電磁波がつくる振動電場内での電子系の位置エネルギーによるものであることが，次のようにして示される．§13.2 の (14b) 式（176 ページ）を用いると，原点 $\boldsymbol{r} = 0$ における電場は

$$\boldsymbol{E}(0) = \sqrt{\frac{\hbar}{2\epsilon_0 V}} \sum_{\boldsymbol{k},\gamma} \boldsymbol{e}_{k\gamma} i \sqrt{\omega_{\boldsymbol{k}}} (a_{\boldsymbol{k}\gamma} - a_{\boldsymbol{k}\gamma}{}^*)$$

で与えられる．一様な電場 $\boldsymbol{E}$ 内の点 $\boldsymbol{r}$ に電荷 q をもった粒子があるときに，その位置エネルギーは $-q(\boldsymbol{E} \cdot \boldsymbol{r})$ と書けるから，上記の $\boldsymbol{E}(0)$ を $\boldsymbol{r} = 0$ の付近で一定とみなすと，この中に置かれたわれわれの電子系の位置エネルギーは

$$e \sum_j \{\boldsymbol{E}(0) \cdot \boldsymbol{r}_j\} = -\{\boldsymbol{E}(0) \cdot \boldsymbol{P}\}$$

と書かれる．$\boldsymbol{E}(0)$ に上の表式を代入すれば

$$-\{\boldsymbol{E}(0) \cdot \boldsymbol{P}\} = \sqrt{\frac{\hbar}{2\epsilon_0 V}} \sum_{\boldsymbol{k},\gamma} \frac{-i}{\sqrt{\omega_{\boldsymbol{k}}}} (\boldsymbol{e}_{k\gamma} \cdot \boldsymbol{P}) \omega_{\boldsymbol{k}} (a_{\boldsymbol{k}\gamma} - a_{\boldsymbol{k}\gamma}{}^*)$$

となる．これの行列要素をとり，$\omega_{\boldsymbol{k}} = |E_b - E_a|/\hbar$ であることを利用すれば，(8) 式に残りの因子を掛けたものが得られる．

遷移が禁止されているときには，(2) 式の展開の第 2 項以下を考えなければならない．第 2 項をとると

$$\pm i \left\langle b \left| \frac{e}{m} \sum_j (\boldsymbol{k} \cdot \boldsymbol{r}_j)(\boldsymbol{e}_{k\gamma} \cdot \boldsymbol{p}_j) \right| a \right\rangle$$

となるが，$\boldsymbol{k}$ の方向を x 軸，$\boldsymbol{e}_{k\gamma}$ の方向を y 軸にとると，この式は

$$\pm \hbar k \left\langle b \left| \frac{e}{m} \sum_j x_j \frac{\partial}{\partial y_j} \right| a \right\rangle$$

となるが

$$x_j \frac{\partial}{\partial y_j} = \frac{1}{2}\left\{\left(x_j \frac{\partial}{\partial y_j} + y_j \frac{\partial}{\partial x_j}\right) + \left(x_j \frac{\partial}{\partial y_j} - y_j \frac{\partial}{\partial x_j}\right)\right\}$$

とおいて代入し，この｛　｝内の第1項（　）内の $\partial/\partial x_j$, $\partial/\partial y_j$ に対しては (8) 式を導いたのと同様な方法を適用すると*

$$\begin{aligned}\hbar k \left\langle b \left| \frac{e}{m} \sum_j x_j \frac{\partial}{\partial y_j} \right| a \right\rangle &= -\frac{1}{2} ke \frac{E_b - E_a}{\hbar} \left\langle b \left| \sum_j x_j y_j \right| a \right\rangle \\ &\qquad + \frac{1}{2} \hbar k \frac{e}{m} \left\langle b \left| \sum_j \left(x_j \frac{\partial}{\partial y_j} - y_j \frac{\partial}{\partial x_j} \right) \right| a \right\rangle \\ &= -\frac{1}{2} ke \frac{E_b - E_a}{\hbar} \left\langle b \left| \sum_j x_j y_j \right| a \right\rangle + \frac{i}{2} \frac{ke}{m} \langle b | L_z | a \rangle \end{aligned} \tag{9}$$

が得られる．ただし

$$L_z = -i\hbar \sum_j \left(x_j \frac{\partial}{\partial y_j} - y_j \frac{\partial}{\partial x_j} \right)$$

は電子系の全軌道角運動量である．

(9) 式の第1項は，**電気四重極子モーメント**というテンソルの xy 成分 $(-e \sum_j x_j y_j)$ の行列要素を含むので，これによって起こる遷移を**電気四重極子遷移**という．その遷移確率は，原子の場合に，電気双極子遷移の約 10000 分の1程度の小さなものである．

(9) 式の最後の項は軌道角運動量を含み，これによる磁気モーメントと電磁波の磁気ベクトル $\boldsymbol{B}$ との相互作用に由来する．これによる遷移を**磁気双極子遷移**とよぶ．いままでは電子のスピンを考えてこなかったが，スピンにともなう磁気モーメントと $\boldsymbol{B}$ との間のゼーマンエネルギー $\mathcal{H}^{(1)}$ を付加する

*　$[\mathcal{H}_e, x_j y_j] = -\dfrac{i\hbar}{m}(x_j p_{jy} + y_j p_{jx})$

必要がある．それには $\boldsymbol{L}$ を $\boldsymbol{L}+2\boldsymbol{S}$ に置き換えればよい．磁気双極子遷移は，磁気共鳴などでは重要な役割を演ずる（次節の［例題］を参照）．

［例題］ x 方向に進む，電場ベクトルが y 方向をもつ電磁波に対して，原点における B_z と，電子系の $(e/2m)\boldsymbol{L}_z$ との積の表式を求め，(9) 式の最後の項と比較せよ．

［解］ §13.2（14c）式（176 ページ）から

$$B_z(0)=\sqrt{\frac{\hbar}{2\epsilon_0 V}}\frac{i}{\sqrt{\omega_{\boldsymbol{k}}}}k(a_{\boldsymbol{k}\gamma}-a_{\boldsymbol{k}\gamma}{}^*)$$

となることはすぐわかる．ゆえに，ゼーマンエネルギーの式として

$$\frac{e}{2m}B_z(0)L_z=\sqrt{\frac{\hbar}{2\epsilon_0 V}}\frac{i}{\sqrt{\omega_{\boldsymbol{k}}}}\frac{e}{2m}kL_z(a_{\boldsymbol{k}\gamma}-a_{\boldsymbol{k}\gamma}{}^*)$$

を得る．(9) 式の最後の項に $\mathcal{H}^{(1)}$ に含まれていた残りの因子を掛ければ，まさにこのゼーマンエネルギーの行列要素に一致する．✒

§13.8 選択規則

電子系* の 2 つの状態 $|a\rangle, |b\rangle$ の間に遷移が可能かどうかは，行列要素

$$\left\langle b\left|\sum_j \mathrm{e}^{\pm i\boldsymbol{k}\cdot\boldsymbol{r}_j}(\boldsymbol{e}_{\boldsymbol{k}\gamma}\cdot\boldsymbol{p}_j)\right|a\right\rangle \tag{1}$$

が 0 になるかどうかできまる．

特に電子系の状態が平面波でつくったスレイター行列式あるいは数表示で表されるときには，§13.4 の (8) 式（181 ページ）が示すように，電子のうちの 1 個が，スピンはそのままで運動量を $\pm\hbar\boldsymbol{k}$ だけ変化したような状態が結ばれる．しかし，これによる自由電子のエネルギーの変化は

$$\frac{\hbar^2}{2m}\{(\boldsymbol{\kappa}\pm\boldsymbol{k})^2-\boldsymbol{\kappa}^2\}=\frac{\hbar^2}{2m}\{\boldsymbol{k}^2\pm 2(\boldsymbol{k}\cdot\boldsymbol{\kappa})\}$$

であって，これはこのとき放出または吸収される光子のエネルギー $\hbar ck$ より

* いままで電子系を考えていたが，電荷や質量に特別な値を仮定したわけではないので，一般の粒子系に適用できることが大部分である．

ずっと小さいので，ボーアの振動数条件を満足させられない．このため，自由電子は光子を1個放出したり吸収したりすることはできない．言い換えれば，自由電子の場合には運動量の保存則が必要なので，これとエネルギー保存則とを両方満たすように光子を放出したり吸収したりすることができないのである．

前節で調べたように，電子系が光の波長に比べてずっと小さい範囲に局在しているときには，遷移を電気双極子遷移（許容遷移），磁気双極子遷移，電気四重極子遷移などに分類することができる．そして，これらの遷移が起こるかどうかは，対応する演算子 $\boldsymbol{P}, \boldsymbol{L}, \sum_{i,j} x_j y_i$ など（これらを**遷移モーメント**という）の行列要素が0にならないかどうかできまる．

どの場合にも，行列要素をとるべき演算子は1粒子演算子（1個の粒子に対する演算子の和）であるから，一方の状態 $|a\rangle$ が1つのスレイター行列式で表される関数ならば，その相手の $|b\rangle$ は，$|a\rangle$ のうちの1つの列だけを他の関数（スピンはもとのまま）に変えたもの，またはその1次結合でなければならない．たとえば

$$|a\rangle = |\phi_\alpha \ \phi_\beta \ \cdots \ \phi_\mu \ \cdots| \tag{2a}$$

$$|b\rangle = |\phi_\alpha \ \phi_\beta \ \cdots \ \phi_\nu \ \cdots| \tag{2b}$$

であるとすると，$\boldsymbol{e}_\lambda$ 方向に偏った（電場ベクトル $\boldsymbol{E}$ の方向が $\boldsymbol{e}_\lambda$）光を放出または吸収して $|a\rangle \to |b\rangle$ という電気双極子遷移が許されるためには

$$\langle b|(\boldsymbol{e}_\lambda\cdot\boldsymbol{P})|a\rangle \neq 0, \qquad \langle\phi_\nu|(\boldsymbol{e}_\lambda\cdot\boldsymbol{r})|\phi_\mu\rangle \neq 0 \tag{3}$$

でなくてはならない．$(\boldsymbol{e}_\lambda\cdot\boldsymbol{r})$ はスピンを含まないから，ϕ_μ と ϕ_ν のスピン部分は同じ（どちらも α か，またはどちらも β）でなければならない．軌道部分を $\varphi_s(\boldsymbol{r}), \varphi_w(\boldsymbol{r})$ とし，スピン座標での積分（2項の和）を行ってしまえば，(3) 式は

$$\iiint \varphi_w{}^*(\boldsymbol{r})\,(\boldsymbol{e}_\lambda\cdot\boldsymbol{r})\,\varphi_s(\boldsymbol{r})\,d\boldsymbol{r} \neq 0 \tag{4}$$

となる．

ここで特に電子が球対称のポテンシャルの中で運動している原子などの場合を考えると，

$$\varphi_s(\boldsymbol{r}) = R_s(r)\,Y_l{}^m(\theta,\phi) \tag{5a}$$

$$\varphi_w(\boldsymbol{r}) = R_w(r)\,Y_{l'}{}^{m'}(\theta,\phi) \tag{5b}$$

と書かれる．一方，（I）巻の§11.2にある $Y_l{}^m$ の表式を用いると

$$x = r\sin\theta\cos\phi = \sqrt{\frac{2\pi}{3}}\,r\{-Y_1{}^1(\theta,\phi) + Y_1{}^{-1}(\theta,\phi)\}$$

$$y = r\sin\theta\sin\phi = i\sqrt{\frac{2\pi}{3}}\,r\{Y_1{}^1(\theta,\phi) + Y_1{}^{-1}(\theta,\phi)\}$$

$$z = r\cos\theta = \sqrt{\frac{4\pi}{3}}\,r\,Y_1{}^0(\theta,\phi)$$

であるから，$(\boldsymbol{e}_\lambda\cdot\boldsymbol{r})$ の行列要素は，たとえば $\boldsymbol{e}_\lambda /\!/ z$ のときには

$$\iiint \varphi_w{}^*(\boldsymbol{r})\,z\,\varphi_s(\boldsymbol{r})\,d\boldsymbol{r}$$

$$= \sqrt{\frac{4\pi}{3}}\int_0^\infty R_w{}^*(r)\,R_s(r)\,r^3\,dr$$

$$\times \iint Y_{l'}{}^{m'*}(\theta,\phi)\,Y_1{}^0(\theta,\phi)\,Y_l{}^m(\theta,\phi)\sin\theta\,d\theta\,d\phi$$

となる．この式が0になるかどうかをきめるのは，θ と ϕ に関する積分の部分である．3個の $Y_l{}^m$ の積の積分がどうなるかは公式ができていて，それを利用すれば一般論もできるのであるが，ここでは必要な結果だけを引用しておくにとどめよう．それによると，上のような積分が0にならないのは，$l' = l \pm 1$，$m' = m$ のときに限られる．

また，$\boldsymbol{e}_\lambda$ が x や y 方向のときには，$\varphi_w{}^*$ と φ_s とで x や y をはさんだ積分が必要となり，

$$\iint Y_{l'}{}^{m'*}(\theta,\phi)\,Y_1{}^{\pm1}(\theta,\phi)\,Y_l{}^m(\theta,\phi)\sin\theta\,d\theta\,d\phi$$

という積分を考えなければならない．この積分が残るのは，$l' = l \pm 1$，$m' = m \pm 1$（複号は同順でなくてよい）のときに限られる．

以上によって，原子内電子に電気双極子遷移が許されるための条件として，次の規則が得られる．

方位量子数と磁気量子数が (l, m) の軌道から (l', m') の軌道への電気双極子遷移が許されるのは

$$l' = l \pm 1$$

のときであり，電場ベクトルが z 方向を向いている光ならば $m' = m$，それが x または y 方向にある光では $m' = m \pm 1$ である．

このような規則を**選択規則**という．

多電子系の状態が，$\boldsymbol{L}, \boldsymbol{S}, \boldsymbol{J}$ やその磁気量子数で指定される場合には，それらは一般にはいくつものスレイター行列式の 1 次結合で与えられるので，選択規則の求め方は上記の 1 電子の場合のように簡単にはいかない．このような場合には回転群の表現論というものを使うと一般的な議論ができるのであるが，ここではその結果だけを記しておく．

［電気双極子遷移の選択規則］

J の変化　$\Delta J = 0, \pm 1$　（ただし $0 \leftrightarrow 0$ は禁止）

L の変化　$\Delta L = 0, \pm 1$　（ただし $0 \leftrightarrow 0$ は禁止）

S の変化　$\Delta S = 0$

M_L, M_J の変化　$$\Delta M = \begin{cases} 0 & \boldsymbol{e}_\lambda \parallel z \text{ のとき} \\ \pm 1 & \boldsymbol{e}_\lambda \perp z \text{ のとき} \end{cases}$$

［例題］ $S = 5/2$，$L = 0$ の基底状態をもつイオンがある．z 方向に強さ B_0 の一様な静磁場をかけたときの準位の分裂はどうなるか．また，こうして分裂した準位間に電気双極子遷移は可能か．磁気双極子遷移ならどうか．

［解］ $L = 0$ であるから $J = S$ であり，状態は M_S だけで指定される $2S + 1 = 6$ 個である．磁場がなければこれは縮退しているが，磁場によるゼーマンエネルギー*

* スピン $\boldsymbol{S} = \sum_j \boldsymbol{s}_j$ による磁気モーメントは $-2\beta_B \boldsymbol{s}/\hbar$ である（164 ページ，（I）巻の §8.6 を参照）．

$$\mathscr{H}_Z = \frac{2\beta_B B_0 S_z}{\hbar}$$

のために準位は分裂する．M_S で指定される 6 個の状態を $|M_S\rangle$ と記すことにすると，すぐわかるように

$$\mathscr{H}_Z|M_S\rangle = 2\beta_B B_0 M_S |M_S\rangle$$

であるから，これらは $\mathscr{H}_Z$ の固有状態にもなっており，$\mathscr{H}_Z$ によるエネルギーの変化は M_S に比例する．ゆえに，準位は 13-6 図のように等間隔 $2\beta_B B_0$ の 6 個にそのまま分かれる．

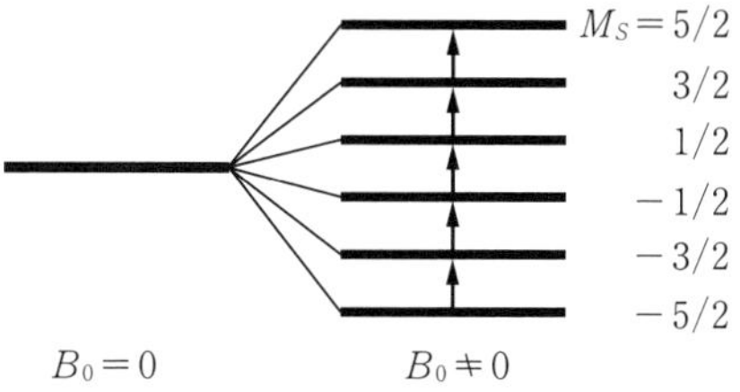

13-6 図 z 方向の静磁場 B_0 で右のように分かれた準位の間に，x 方向の振動磁場で磁気双極子遷移を起こさせるのが ESR.

これらの準位の各状態を表す関数は，M_S が異なるだけで，$L = 0$, $S = 5/2 = J$ は全部共通である．L について，$0 \leftrightarrow 0$ の遷移は禁止なので，電気双極子遷移は起こらない．

磁気双極子遷移の行列要素は，当てる電磁波の磁場ベクトルの方向を ξ とすると，$\boldsymbol{L} + 2\boldsymbol{S}$ の ξ 成分について計算すればよい．いまの例では $L = 0$ なので，S_ξ の行列要素を求めればよい．

$$\xi = z \quad \text{ならば} \quad \langle M_S'|S_z|M_S\rangle = \begin{cases} M_S\hbar & (M_S' = M_S \text{ のとき}) \\ 0 & (M_S' \neq M_S \text{ のとき}) \end{cases}$$

$$\xi = x \quad \text{ならば} \quad \langle M_S'|S_x|M_S\rangle = \frac{1}{2}\langle M_S'|(S_+ + S_-)|M_S\rangle$$

であるが

$$S_\pm|M_S\rangle = \hbar\sqrt{(S \mp M_S)(S \pm M_S + 1)}\,|M_S \pm 1\rangle$$

であるから

$$\langle M_S'|S_x|M_S\rangle = \begin{cases} \dfrac{\hbar}{2}\sqrt{(S \mp M_S)(S \pm M_S + 1)} & (M_S' = M_S \pm 1 \text{ のとき}) \\ 0 & (\text{それ以外のとき}) \end{cases}$$

であることがわかる．$S_y = (S_+ - S_-)/2i$ に対しては

$$\langle M_S'|S_y|M_S\rangle = \begin{cases} \pm\dfrac{\hbar}{2i}\sqrt{(S \mp M_S)(S \pm M_S + 1)} & (M_S' = M_S \pm 1 \text{ のとき}) \\ 0 & (\text{それ以外のとき}) \end{cases}$$

である．

ゼーマン効果で分かれた準位は M_S の異なるものであるから，これら異なる準位の間では S_z の行列要素は 0 であり，したがって，z 方向（静磁場 B_0 の方向）に磁気

ベクトルが向いているような電磁波による遷移は起こらない．静磁場に垂直な面（xy 面）内に磁場ベクトルがあるような電磁波によって，$\Delta M_S = \pm 1$ の磁気双極子遷移が起こる．このような吸収は**電子スピン共鳴**（ESR と略す）とよばれ，マイクロ波領域の電磁波で実験される．

§13.9　振動子の強さ

電子系の 2 つの状態が与えられたとき，これらの間での遷移がどういう確率で起こるかは，電磁場の状態と電子系の構造の両方に関係する．そのうち，電子系の構造に関する部分は

$$F_{ab} \equiv \left|\left\langle b \left| \frac{e}{m} \sum_j \mathrm{e}^{\pm i\boldsymbol{k}\cdot\boldsymbol{r}_j} (\boldsymbol{e}_{k\gamma}\cdot\boldsymbol{p}_j) \right| a \right\rangle\right|^2 \tag{1}$$

という因子で与えられる．

特に電子系が考えている電磁波の波長よりもずっと小さい範囲に局在しているときには，第 1 近似として，電気双極子遷移の場合の

$$\begin{aligned} F_{ab} &= \left|\left\langle b \left| \frac{e}{m} \sum_j (\boldsymbol{e}_{k\gamma}\cdot\boldsymbol{p}_j) \right| a \right\rangle\right|^2 \\ &= \left(\frac{E_b - E_a}{\hbar}\right)^2 |\langle b|(\boldsymbol{e}_{k\gamma}\cdot\boldsymbol{P})|a\rangle|^2 \end{aligned} \tag{2}$$

を計算すればよいことを知った．これが 0 になる ── つまり $|a\rangle \to |b\rangle$ が禁止されている ── ときには，

$$F_{ab}' = \left\{\frac{ke(E_b - E_a)}{2\hbar}\right\}^2 \left|\left\langle b \left| \sum_j x_j y_j \right| a \right\rangle\right|^2 \tag{2a}$$

または

$$F_{ab}'' = \left(\frac{ke}{2m}\right)^2 |\langle b|L_z + 2S_z|a\rangle|^2 \tag{2b}$$

を計算する必要がある．ただし，(2a), (2b) 式では $\boldsymbol{k} /\!/ x$，$\boldsymbol{e}_{k\gamma} /\!/ y$ ととった．

ところで，光学の実験などでは，$|a\rangle \to |b\rangle$ という遷移による，角振動数 $|E_b - E_a|/\hbar$ のスペクトル線の“強さ”を問題にすることが多い．その場合には，上記の量を計算してその数値を使って強さを示してもよいのであろう

が，普通は他に標準とするものをとって，それとの比で表す．その標準にするものとしては，電子と同じ質量，電荷をもち，考えている光の電場ベクトルの方向に単振動をしている1次元調和振動子を採用する．この調和振動子は，その角振動数が，考えている遷移で放出または吸収される光の角振動数と一致するように，力の定数をとっておくものとし，それの基底状態と第1励起状態との間の遷移確率を比較の標準に選ぼうというのである．

いま考えている遷移で放出または吸収される光の角振動数を ω_0 とする．

$$\hbar\omega_0 = |E_b - E_a|$$

この角振動数 ω_0 で x 軸上を単振動する電子があったとすると，それを量子化した場合のエネルギーレベルは等間隔 $\hbar\omega_0$ で並ぶ．いま，この振動子に，x 方向に $\boldsymbol{E}$ が振動している光を当てるとき，基底状態と第1励起状態との間の遷移確率をきめるものは，(2) 式に対応して

$$F_{ab}{}^{(0)} = \omega_0{}^2|\langle 1|ex|0\rangle|^2 \tag{3}$$

という量である．ところで，(I) 巻の§2.6の

$$x = \sqrt{\frac{\hbar}{2m\omega_0}}(a + a^*)$$

および，(I) 巻の§2.6 (28) 式

$$a^*|n\rangle = \sqrt{n+1}\,|n+1\rangle, \qquad a|n\rangle = \sqrt{n}\,|n-1\rangle$$

を用いると，

$$x|0\rangle = \sqrt{\frac{\hbar}{2m\omega_0}}(a + a^*)|0\rangle = \sqrt{\frac{\hbar}{2m\omega_0}}\,|1\rangle$$

であるから

$$\langle 1|x|0\rangle = \sqrt{\frac{\hbar}{2m\omega_0}}$$

であることがわかり，したがって

$$F_{ab}{}^{(0)} = e^2\omega_0{}^2\frac{\hbar}{2m\omega_0} = \frac{e^2\hbar\omega_0}{2m} \tag{4}$$

が得られる．

そこで，$|a\rangle \to |b\rangle$ の電気双極子遷移が許されているときには，それの F_{ab} と，この（4）式との比

$$f_{ab} \equiv \frac{F_{ab}}{F_{ab}{}^{(0)}} = \frac{2m\omega_0}{e^2\hbar} |\langle b|(\boldsymbol{e}_{k\gamma}\cdot\boldsymbol{P})|a\rangle|^2 \tag{5}$$

をとって，これでこの遷移の強さを表す．f_{ab} のことを，この遷移の**振動子強度**または**振動子の強さ**とよんでいる．

［例題］　基底状態（1s）にある水素原子に，電場ベクトルが z 方向をもつような直線偏光を当てて，2p 状態に電気双極子遷移を起こさせるときの振動子の強さを計算せよ．ただし

1s 軌道関数の動径部分　$R_{1s}(r) = \sqrt{\dfrac{4}{a_0{}^3}}\,\mathrm{e}^{-r/a_0}$

2p 軌道関数の動径部分　$R_{2p}(r) = \sqrt{\dfrac{1}{24a_0{}^5}}\,r\mathrm{e}^{-r/2a_0}$

である（a_0 はボーア半径）．

［解］　$\boldsymbol{e}_{k\gamma}\cdot\boldsymbol{P} = -ez = -er\cos\theta$ であるから，選択規則により磁気量子数は変化しない．つまり，2p のうちで，この遷移に関与するのは $m=0$ の状態だけである．ゆえに，$Y_0{}^0 = 1/\sqrt{4\pi}$ および $Y_1{}^0 = \sqrt{3/4\pi}\cos\theta$ を用いると

$$\begin{aligned}
&\langle 2\mathrm{p}, 0|-ez|1\mathrm{s}\rangle \\
&\quad = -e\int_0^\infty R_{2p}(r)R_{1s}(r)r^3\,dr \iint \frac{1}{\sqrt{4\pi}}\sqrt{\frac{3}{4\pi}}\cos^2\theta\sin\theta\,d\theta\,d\phi \\
&\quad = \frac{-e}{\sqrt{6a_0{}^4}}\int_0^\infty \mathrm{e}^{-3r/2a_0}\,r^4\,dr\,\frac{\sqrt{3}}{4\pi}\int d\phi\int\cos^2\theta\sin\theta\,d\theta \\
&\quad = -\frac{256a_0e}{243\sqrt{2}}
\end{aligned}$$

を得る．ところで

$$a_0 = \frac{4\pi\epsilon_0\hbar^2}{me^2}$$

であり，$1\mathrm{s} \leftrightarrow 2\mathrm{p}$ のエネルギー差を（I）巻の§4.3（6）式から求めると

$$\omega_0 = \frac{3}{4}\frac{me^4}{(4\pi\epsilon_0)^2\cdot 2\hbar^3}$$

である．これらを（5）式に入れて数値を求めれば

$$f_{1\mathrm{s}\cdot 2\mathrm{p}} = 0.42$$

となることがわかる.

原子の電気双極子遷移の振動子の強さはだいたい，このように1の程度の数である．禁止遷移になると1よりずっと小さい．

(Ⅰ)・(Ⅱ) 巻 総合索引

（ページを示す数字は，ローマン体は「(Ⅰ) 巻」を，イタリック体は「(Ⅱ) 巻」を示す）

ソ

タ

チ

ツ

テ

ト

ラ

リ

ル

レ

ロ

著者略歴

小出　昭一郎（こいで　しょういちろう）

1927 年生まれ．旧制静岡高等学校より東京大学理学部卒業．東京大学助手，助教授，教授，山梨大学学長を歴任．東京大学・山梨大学名誉教授．理学博士．専攻は分子物理学，固体物理学．

基礎物理学選書 5B　**量子力学（Ⅱ）（新装版）**

1969 年 12 月 10 日　第 1 版発行
1990 年 10 月 5 日　改訂第 22 版発行
2020 年 11 月 15 日　第 40 版 2 刷発行
2022 年 6 月 1 日　新装第 1 版 1 刷発行

検印省略

定価はカバーに表示してあります．

著作者　小出昭一郎
発行者　吉野和浩
発行所　東京都千代田区四番町 8-1
電話 03-3262-9166（代）
郵便番号 102-0081
株式会社 裳華房
印刷所　株式会社 精興社
製本所　牧製本印刷株式会社

一般社団法人
自然科学書協会会員

JCOPY〈出版者著作権管理機構 委託出版物〉
本書の無断複製は著作権法上での例外を除き禁じられています．複製される場合は，そのつど事前に，出版者著作権管理機構（電話 03-5244-5088，FAX 03-5244-5089，e-mail: info@jcopy.or.jp）の許諾を得てください．

ISBN 978-4-7853-2143-7

© 小出昭一郎　2022　　Printed in Japan

基礎物理学選書2　量子論（新装版）

小出昭一郎 著　Ａ５判／212頁／定価 2750円（税込）

量子力学の筋道をできるだけ正確に理解できるような自習書として書かれた，大変定評のあるロングセラーの教科書・参考書の新装版．内容については，ほぼ改訂時のままとした上で，レイアウトやデザインを見直し，誤植や用語の不統一の修正などを行った．

【主要目次】 1．量子力学の誕生　2．シュレーディンガーの波動方程式　3．定常状態の波動関数　4．固有値と期待値　5．原子・分子と固体　6．電子と光

基礎物理学選書17　量子力学演習（新装版）

小出昭一郎・水野幸夫 共著　Ａ５判／248頁／定価 2970円（税込）

1978年の刊行以来，多くの支持を集めてきた好評のロングセラーが，より親しみやすいレイアウトと文字づかいで，新装版となって登場．

意欲をそぐような難問は避け，また結果よりも考え方の筋道が大切という立場から問題をセレクト，段階的に配列し，ていねいすぎるほどの解答を記し，解説を加えた．

【主要目次】 1．前期量子論　2．波動関数の一般的性質　3．簡単な系　4．演算子と行列　5．近似法

物理学講義　量子力学入門　―その誕生と発展に沿って―

松下　貢 著　Ａ５判／292頁／定価 3190円（税込）

初学者にはわかりにくい量子力学の世界を，おおむね科学の歴史を辿りながら解きほぐし，量子力学の誕生から現代科学への応用までの発展に沿って丁寧に紹介した．量子力学がどうして必要とされるようになったのかをスモールステップで解説することで，量子力学と古典物理学との違いをはっきりと浮き上がらせ，初学者が量子力学を学習する上での“早道”となることを目標にした．

【主要目次】 1．原子・分子の実在　2．電子の発見　3．原子の構造　4．原子の世界の不思議な現象　5．量子という考え方の誕生　6．ボーアの古典量子論　7．粒子・波動の2重性　8．量子力学の誕生　9．量子力学の基本原理と法則　10．量子力学の応用

本質から理解する　数学的手法

荒木　修・齋藤智彦 共著　Ａ５判／210頁／定価 2530円（税込）

大学理工系の初学年で学ぶ基礎数学について，「学ぶことにどんな意味があるのか」「何が重要か」「本質は何か」「何の役に立つのか」という問題意識を常に持って考えるためのヒントや解答を記した．話の流れを重視した「読み物」風のスタイルで，直感に訴えるような図や絵を多用した．

【主要目次】 1．基本の「き」　2．テイラー展開　3．多変数・ベクトル関数の微分　4．線積分・面積分・体積積分　5．ベクトル場の発散と回転　6．フーリエ級数・変換とラプラス変換　7．微分方程式　8．行列と線形代数　9．群論の初歩

裳華房ホームページ　https://www.shokabo.co.jp/

主 要 定 数

光　速　度	$c = 2.99792458 \times 10^{8}$ m/s
電子の質量	$m_e = 9.1093837 \times 10^{-31}$ kg
陽子の質量	$M_p = 1.6726219 \times 10^{-27}$ kg
中性子の質量	$M_n = 1.6749286 \times 10^{-27}$ kg
電 気 素 量	$e = 1.60217663 \times 10^{-19}$ C
プランクの定数	$h = 6.6260702 \times 10^{-34}$ J・s
	$\hbar = 1.05457182 \times 10^{-34}$ J・s
ボーア半径	$a_0 = 5.29177211 \times 10^{-11}$ m
リュードベリ定数	$R_\infty = 1.0973731568 \times 10^{7}$ m^{-1}
ボーア磁子	$\beta_B = 9.2740101 \times 10^{-24}$ A・m^2
ボルツマン定数	$k_B = 1.380649 \times 10^{-23}$ J/K
アボガドロ定数	$N_A = 6.0221408 \times 10^{23}$ mol^{-1}
原子量規準	$^{12}C = 12.000$

エネルギー諸単位換算表

	[K]	[cm^{-1}]	[eV]	[J]
1 K =	1	0.69504	0.86174×10^{-4}	1.38066×10^{-23}
1 cm^{-1} =	1.43877	1	1.23984×10^{-4}	1.98645×10^{-23}
1 eV =	1.16044×10^{4}	0.80655×10^{4}	1	1.60218×10^{-19}

1 K は $T = 1$ K に対する $k_B T$ の値.
1 cm^{-1} は波長 1 cm（すなわち 1 cm の中の波数が 1）の光子の $h\nu$.